KB089045

진로진학지도 프로그램의 기획 및 운영

한국생애개발상담학회
진로진학상담총서 05

진로진학지도 프로그램의 기획 및 운영

2017년 8월 31일 초판 1쇄 찍음
2024년 6월 3일 초판 4쇄 펴냄

지은이 선혜연·이제경·이자명·이명희

편집 임현규
디자인 김진운
본문조판 디자인 시
마케팅 김현주

펴낸이 윤철호
펴낸곳 ㈜사회평론아카데미
등록번호 2013-000247(2013년 8월 23일)
전화 02-326-1545
팩스 02-326-1626
주소 03993 서울특별시 마포구 월드컵북로6길 56
이메일 academy@sapyoung.com
홈페이지 www.sapyoung.com

ⓒ 선혜연·이제경·이자명·이명희, 2017

ISBN 979-11-88108-23-7 94370

* 사전 동의 없는 무단 전재 및 복제를 금합니다.
* 잘못 만들어진 책은 바꾸어 드립니다.

진로진학지도 프로그램의 기획 및 운영

선혜연·이제경·이자명·이명희 지음

사회평론아카데미

차례

4부   진로진학지도 프로그램의 실제

현대사회에 들어서면서 실로 다양한 직업이 생겨나고 여러 가지 형태의 진로개발이 이루어지고 있습니다. 더 많은 가능성은 더 많은 고민을 만들고, 더 나은 방법을 찾기 위한 노력으로 이어지고 있습니다. 청소년들이 자신의 꿈을 찾아가는 길을 조력하는 진로교육과 진로상담은 바로 이런 노력의 대표적인 방법으로 사회적으로 큰 관심을 받고 있습니다. 최근 국가적으로 초중등 교육과 대학 교육까지 이어지는 진로교육 정책이 수립되고 전국적으로 초중등 교육현장에 진로진학상담교사가 배치되어 본격적인 진로교육 및 상담의 시대가 시작되고 있습니다. 이러한 때 체계적인 진로전담교원양성 과정을 지원하는 한국생애개발상담학회 진로진학상담총서 중 이 책『진로진학지도 프로그램의 기획 및 운영』이 출판되어 기쁜 마음이 더합니다.

이 책은 우리나라 학교 진로교육 및 상담현장에서 자주 활용되는 진로진학지도 프로그램을 기획하고 개발하여 그 효과를 검증하는 과정까지를 상세히 담고 있습니다. 학교현장에서 대다수 학생들을 대상으로 하여 진로문제와 발달과업을 해결하는 데 도움이 되는 프로그램을 개발하는 것은 결코 쉬운 일이 아닙니다. 더구나 최근 강조되는 이론적 기초에 입각한 체계적 개발 모형에 대해 실제 교육현장에서 활용할 수 있도록 다루는 책자는 많지 않습니다. 이런 현실적 필요와 문제의식에서 출발하여 이 책은 크게 세 가지에 주안점을 두었습니다.

첫째, 이론에 기초한 체계적인 프로그램 개발 과정을 소개하고 특히 집단프로그램 개발 절차를 가능한 상세히 제시하였습니다. 먼저 1부에서는 진로진학지도 프로그램을 개발하기에 앞서 갖춰야하는 이론적 기초에 대한 내용을 다루고 있습니다. 본격적인 프로그램 개발과정은 2부와 3부에 걸쳐 세부적으로 기술하였는데, 특히 2부에서는 진로진학지도 프로그램을 기획하고 구성하는 과정을 담았고, 3부에서는 개발된 프로그램을 운영하고 그 효과를 평가하는 내용을 담았습니다. 마지막으로 4부에서는 실제 학교 교육현장에서 유용하게 활용 가능한 다양한 진로진학지도 프로그램들을 소개하고 있습니다.

둘째, 이 책은 최대한 학교현장의 진로진학상담에 대한 내용을 충분히 반영하고, 현장의 진로진학상담교사나 이를 준비하는 예비 교사들이 보다 쉽고 현장감 있게 학습할 수 있도록 구성하였습니다. 일반적인 프로그램 개발 과정이 진로진학지도 프로그램을 개발하는 데 구체적으로 어떻게 적용될 수 있는지를 가능한 한 예시를 통해 드러냈습니다. 또한 각 장의 앞부분에 학습목표를 제시하고 마지막에 그 장에서 학습한 내용을 토대로 진로진학지도 프로그램 개발에 대한 간단한 연습이 가능하도록 연구과제를 제시하였습니다.

마지막으로, 이 책은 최근 개발된 진로진학지도 프로그램들과 다양한 활동들을 담고 있어 학교현장의 교사가 이러한 프로그램을 직접 활용해 보거나 활동들을 이용하여 효과적으로 프로그램을 수정·보완할 수 있게 했다는 특징이 있습니다.

이 책이 출간되기까지 여러 측면에서 도움을 주신 사회평론아카데미의 여러분들께 감사를 드립니다. 마지막으로 우리 저자들은 우리나라 진로교육 및 상담의 선도적 역할을 실천적으로 담당하고 있는 진로담당 현직 교사와 예비 교사들이 이 책을 바탕으로 과학적이며 체계적인 지식을 쌓아 현장에서 적용할 수 있는 researcher-practitioner로서의 전문성을 갖추게 되기를 희망합니다.

저자 대표 선혜연

1부

진로진학지도
프로그램의
이해

1장

청소년 진로발달과 진로교육

이제경

목표

1) 청소년 진로교육의 필요성을 이해하고 설명할 수 있다.

2) 청소년 진로발달의 특징이 무엇인지 말할 수 있다.

3) 청소년을 위한 진로교육의 목표와 내용에 대해 말할 수 있다.

이 장에서는 진로진학지도 프로그램의 활용에 앞서 진로진학상담교사가 우선적으로 알아야 할 청소년 진로발달의 특징과 이를 토대로 한 청소년 진로교육의 목표와 내용에 대해서 살펴보고자 한다.

1 청소년 진로발달

1) 진로교육의 필요성

지난 2015년 12월 23일 공포된 진로교육법은 '학생에게 다양한 진로교육 기회를 제공함으로써 변화하는 직업세계에 능동적으로 대처하고 학생의 소질과 적성을 최대한 실현하여 국민의 행복한 삶과 경제 사회 발전에 기여함을 목적으로 한다'고 밝히고 있다. 우리나라 진로교육법에서 말하는 주요 개념들은 '진로교육', '진로상담', '진로체험', '진로정보', '수업' 등인데, 이들의 의미를 다음과 같이 규정하고 있다. ① "진로교육"이란 국가 및 지방자치단체 등이 학생에게 자신의 소질과 적성을 바탕으로 직업세계를 이해하고 자신의 진로를 탐색·설계할 수 있도록 학교와 지역사회의 협력을 통하여 진로수업, 진로심리검사, 진로상담, 진로정보 제공, 진로체험, 취업지원 등을 제공하는 활동을 말한다. ② "진로상담"이란 학생에게 진로정보를 제공하고 진로에 관한 조언과 지도 등을 하는 활동(온라인으로 하는 활동을 포함한다)을 말한다. ③ "진로체험"이란 학생이 직업 현장을 방문하여 직업인과의 대화, 견학 및 체험을 하는 직업체험과, 진로캠프·진로특강 등 학교 내외의 진로교육 프로그램에 참여하는 활동을 말한다. ④ "진로정보"란 학생이 진로를 선택할 때 필요로 하는 정보로 개인에 대한 정보, 직업에 대한 정보, 노동시장을 포함한 사회 환경에 대한 정보 등을 말한다. ⑤ "수업"이란 「초·중등교육법」제24조에 따른 수업을 말한다.

진로교육이 청소년에게 왜 필요한가에 대해서는 여러 가지 측면에서 살펴볼 수가 있을 것이다. 대표적으로 김충기 등(2016)은 개인적 측면과 국가·사회적 측면으로 나누어 그 필요성을 언급하고 특히 아동기나 청소년기는 개인의 자아정체감이 형성되고 확립되어 가는 시기라는 점에서 개인적으로나 국가·사회적인 측면에서나 진로교육의 중요성과 그 필요성을 강조하고 있다. 각각의 영역에서 구체적인 이유를 살펴보자.

(1) 개인적 차원

개인적인 측면에서 진로교육의 필요성을 살펴보면 다음과 같다. ① 현대 산업사회를 살아가는 대부분의 국민들에게 진로문제가 절실하게 요구됨에도 불구하고 학교교육이 제대로 대응하지 못하고 있다. 학생들에게 일과 직업세계에 관련된 자아인식의 능력을 길러주지 못하고 오로지 주입식 주지교육에만 치우쳐 있어 사회 및 직업 생활 준비의 문제가 심각하다. ② 산업사회의 급격한 발전 추세에 따라 복잡하고 다양한 일과 직업의 종류 및 본질에 대한 객관적 이해가 필요한데, 학교교육은 이에 대해 아무런 대책이나 역할을 못하고 있다. ③ 학생들에게 일과 직업에 대한 올바른 가치관이나 태도 및 윤리의 형성이 요구된다. ④ 학생들에게 인생의 목표 설정과 직업선택에 있어서 유연성과 다양성이 결여되어 있다. ⑤ 학교교육에서 암기위주의 주입식 교육과 대학입시를 겨냥한 학력위주의 교육은 학생들의 적성·흥미·능력·인성을 무시한 채 점수 따기 경쟁만을 조장하여 학생들이 소신을 가지고 생애목표를 달성하는 데 큰 장애요인이 되고 있다. ⑥ 개인의 가정여건과 능력을 고려하지 않고 무조건 고학력만을 선호하여 개인적으로 물심양면의 손해를 보고 있다. 즉, 분수에 맞지 않는 선택의 문제가 있다.

(2) 국가·사회적 차원

국가·사회적인 측면에서도 7가지의 진로교육의 필요성을 제시하고 있는데 구체적으로 살펴보면 다음과 같다. ① 진로교육이 학교에서 실시됨으로써 사회와 국가 발전에 필요한 다양한 인력의 균형된 개발을 유도하는 데 기여하며 ② 과열과외 및 재수생 누적에 대한 문제해결의 방편이 될 수 있으며 ③ 무직 청소년 문제를 해결하기 위한 묘

안이 될 수 있다 ④ 국민들의 직업수행에 있어서 생산성과 적응이 긍정적으로 고양될 수 있다 ⑤ 적재적소에 알맞은 인재를 양성함으로써 건전한 직업인을 육성하며 ⑥ 누구나 타고난 재능을 유감없이 발휘하여 선택한 직업에 만족하고 보람과 긍지를 느끼며 자아실현에 이를 수 있다 ⑦ 가치관 및 직업윤리관 교육을 통하여 장래의 원만한 직업생활과 성공적인 자아상 정립에 도움을 줄 수 있다.

간략히 개인적, 국가·사회적 관점에서 진로교육이 청소년들에게 왜 필요한지를 살펴보았다. 무엇보다 진로상담의 대가인 사비카스(Savickas)는 다음과 같이 진로에 대한 인식의 전환과 능동적 대처의 필요성을 강조한 바 있다. 그동안 우리가 안정적인 조직에서 진로를 개발(develop)해 왔다면 디지털혁명 이후 우리는 각자의 진로를 잘 관리(manage)해야 하고 이렇게 경력관리의 책임이 조직에서 개인에게로 옮겨지면서 개인이 어떻게 생애 동안 일자리 변화에 대처해야 할지에 대한 새로운 질문이 대두된다(Savickas, 2010). 이렇듯 21세기의 진로변화는 당연히 교육현장에서의 진로상담 및 진로교육이 어떻게 이루어져야 하는가에 대해 새로운 요구를 하고 있다. 이러한 요구는 21세기 주인공이 될 청소년 진로상담에서도 적용되어야 할 것이다.

우리나라 청소년의 대표적인 고민은 진로와 성적이 1, 2위를 차지하고 있다. 사실 이러한 경향은 많은 대학생들을 대상으로 한 연구결과에서도 크게 다르지 않다. 대학생 역시 여전히 구체적 진로대안이 없거나, 전공과 적성의 불일치, 취업걱정, 직업선택 및 구직방법, 진로결정에 대한 부모와의 갈등, 진로계획 실천의 어려움 등(이제경 외, 2012)으로 고민하고 있다. 즉, 대학진학을 했음에도 불구하고 진로문제는 사라지는 것이 아니라 구체적인 내용과 의미가 달라졌을 뿐이다. 따라서 우리는 청소년 진로상담을 이해하는 과정에서 대학 진학 위주의 접근이나 대학 진학 후 취업을 목표로 하는 단기적 관점에서 벗어나야 하며, 진로가 갖는 전 생애적 관점을 이해하고, 청소년기의 중고등학교 학생들이 갖는 발달적 특성에 대한 이해를 토대로 발달단계에 필요하고 이에 적합한 진로교육이나 지도가 이루어져야 할 것이다.

2) 청소년 진로발달의 특징

많은 진로발달이론가들은 관심의 초점을 청소년기에 둔다. 왜냐하면 청소년기에는 진로선택을 위한 많은 교육적 수행이 이루어지기 때문이다. 따라서 생애단계이론가들은 진로선택과정에서 개인에게 중요한 발달과업이 무엇인지를 확인하도록 돕는다(Sharf, 2008). 특히 우리나라의 청소년은 그간 치열한 입시 스트레스 속에서 전 생애적 관점에서 삶의 가장 핵심적 주제라고 할 수 있는 진로에 대한 고민으로부터 소외되어 있었고, 입시 위주의 학업과 진학중심의 진로교육은 '어떻게 살아야 할 것인가' 혹은 '내 삶 속에서 일이 주는 의미는 무엇인가'와 같은 진로교육의 주제와 분리되어 있었다.

여기서는 일반적인 주요 청소년 발달이론이 진로지도 및 상담을 포함해 진로교육 전반에 시사하는 바를 살펴보고자 한다(Nieles & Bowlesbey, 2005; Sharf, 2006; 김봉환 외, 2006; 김봉환 외, 2010). 즉, 청소년을 대상으로 하는 진로상담에서는 몇 가지 기본적으로 고려되어야 하는 발달적 특성이 있다. 대상이 청소년이라는 점에서 에릭슨(Erikson, 1963)의 발달이론과 피아제(Piaget, 1977)의 인지발달이론을 잘 이해하고 진로교육 측면에서도 통합적으로 접근해야 할 것이다(이제경, 2014).

(1) 인지발달: 추상적 사고의 중요성

우선 추상적 사고능력은 학생들이 자신의 진로계획을 세워나가는 데에도 매우 촉진적으로 작용한다. Piaget(1977)에 의하면 문제해결능력과 계획능력이 발달하는 단계는 바로 청소년기부터인데, 이때 나이에 따라 청소년들은 다양한 상황에서 자기를 들여다보고 자신에 대해 생각하면서 계획을 점점 더 정리해간다는 것이다. 이 시기에 청소년은 몇 년 전보다 자신이 일할 직업에 대해 더 정확한 그림을 그릴 수 있게 된다. 이미 우리가 잘 알고 있다시피 피아제의 인지발달단계의 마지막에 일어나는 이 능력을 형식적 사고라고 부른다. 물론 청소년이 이렇게 추상적으로 사고할 수 있는 능력을 발달시키는 시기에는 개인차가 있다. 따라서 진로교육장면에서도 이러한 추상적 사고와 같은 인지적 발달수준을 고려해야 하며, 개인차라는 관점에서도 진로교육의 방법이나 내용 등을 고려해야 한다.

(2) 성격발달: 자아정체감 형성의 중요성

피아제가 청소년기를 혼란의 시기라고 했듯이 에릭슨(1963)은 심리사회적 발달 관점에서 청소년기를 정체성과 역할혼미의 시기라고 보았다. 이는 대부분의 진로진학상담교사가 이미 잘 알고 있는 바이며, '자아정체감'의 형성은 성격뿐 아니라, 진로발달 측면에서도 매우 중요한 의미가 있다. 특히 에릭슨의 초기 발달단계가 근면성과 성취에 초점을 맞추고 있다. 청소년 시기가 되면 이들은 자신의 세계에 의문을 가지기 시작한다. 즉, 신체적으로는 큰 변화가 일어나기 시작하며, 이는 성적인 측면에서도 큰 변화를 겪으면서 동시에 다양한 진로와 관련된 중요한 결정들을 하게 된다. 즉 '진로', '직업', '대학' 등과 같은 것들을 결정해야 하는데, 이는 향후 자신의 진로뿐 아니라 삶에도 지속적으로 영향을 준다는 점에서 중요하다.

초등학교에 입학하기 이전인 아동의 경우는 에릭슨 발달단계의 8단계 중 첫 두 단계에 해당할 것이다(Nieles & Bowlesbey, 2005). 이 두 단계에서 성공적으로 과업을 달성하게 되면 신뢰와 자율성이 발달하게 된다. 따라서 아이들은 학교에 들어가면서 세상에서 만나는 어른들을 신뢰하게 되며 어려움들에 잘 대처할 수 있다고 믿는다. 신뢰와 자기효능감의 관점에서 기능하는 아이들은 학교에서 주어지는 과제들에 대해서도 긍정적이고 열정적 태도로 임하게 될 것이다. 이때 신뢰와 자율성이 제대로 이루어지지 못한 경우는 다른 태도로 임하게 될 것이다. 또한 그들이 부딪히게 되는 과업들을 수행해내는 능력에 대해서도 확신이 없게 된다. 또한 에릭슨(1963)은 초등학교시기에 아이들은 주도성과 근면성을 기르게 되는데 이러한 발달의 질적인 측면이 진로발달과정에서 핵심적이라고 보았다. 이 특성이 발달되지 않으면 아이들은 죄의식과 열등감을 경험하게 된다. 이러한 부정적인 결과는 결국 자신들의 진로발달을 이끌어나가는 데 필요한 능동적이고 폭넓은 탐색을 하지 못하게 한다. 주도성과 근면성이 발달하게 되면 이때 아이들은 자신과 세상에 대한 정부를 탐색하고 수집하는 데 대한 자극체로서 호기심을 갖게 된다. 더욱이 아이들은 자신의 힘으로 무언가를 하기 시작하고 자기주도적인 활동을 통해서 긍정적인 성과를 내게 될 때 효능감(feeling of personal effectiveness)을 갖게 된다.

이어서 중고등학생이 되면 학생들은 초등학교 때보다 어려운 발달과업들을 겪게 된다. 에릭슨(1963)은 12세에서 18세인 청소년시기에는 자신의 정체감을 형성해야 한다고 보았다. 정체감 형성이 제대로 이루어지지 않으면, 청소년들은 주어지는 과제들을 다루는 데 혼란을 겪게 된다는 점에서 그 중요성이 있다.

(3) 청소년기 진로발달: 잠정기

긴즈버그(Ginzberg) 등의 진로발달이론에서는, 직업선택 과정을 환상기, 잠정기, 현실기로 나누고 있다. 이중에서도 연령을 기준으로 살펴보면 청소년기에 해당하는 잠정기는 대략 11세에서 17세로, 다시 4단계로 구분된다. 즉, 흥미단계, 능력단계, 가치단계, 전환단계로 나뉜다. 여기서는 중고등학교 시기에 해당하는 잠정기의 특징과 진로교육에서 고려해야 할 부분을 찾아보고자 한다.

먼저 흥미발달 측면에서 살펴보자. 약 11세 정도의 아이들은 그 이전 단계에서 놀이와 상상으로 미래 직업에 몰입했던 환상기에서 벗어나 자신의 흥미에 바탕을 두고 선택을 하기 시작하며, 특히 남학생의 경우는 아버지의 진로와 관계가 있는 선택을 하는 것 같다. 즉, 현재 자신의 흥미를 바탕으로 아버지와 동일 직업을 선택할지 말지를 결정하게 된다고 한다. 또한 학생들은 자신의 흥미가 변화될 것이라든지 나중에 다른 선택을 할 가능성이 있다는 것도 잘 알고 있다. 하지만 선택하기까지 시간이 많다고 생각하기 때문에 대안선택에 대해서 막연하거나 관심이 없다. 그 다음 단계인 능력단계는 주로 중학교, 즉 13~14세에 해당되는데, 2~3년 전보다는 자신의 능력 면에서 좀 더 정확한 평가를 할 수 있는 시기이다. 즉, 흥미를 바탕으로 자신이 좋아하는 일과 할 수 있는 일에 대한 평가가 이루어지는 시기이기도 할 것이다. 따라서 13~14세에는 교육과정이 직업준비에 더욱 중요해진다고 보았다. 또한, 학생들의 시간조망능력이 향상되고, 자기 자신과 미래에 대해 좀 더 현실적인 관점을 갖게 된다(Ginzberg et al., 1951). 이때 청소년들의 선택은 흥미나 부모가 잘하는 것에 기반을 둔다고 보았고, 특히 자신의 자질을 평가할 능력이 부족할 때에는 부모가 대신해서 결정을 내려주기도 한다는 것이다. 그 밖에도 가치발달은 청소년기 진로결정에서 매우 중요한 주제인데, 앞서 살펴본 바와 같이 인지능력의 향상과 더불어 "돈을 버는 것이 좋을까?", "남을 돕는 것이 좋을까?"와 같은 추상적인 질문을 하기 시작한다(Sharf, 2008).

(4) 진로발달에서의 진로성숙

Super(1955)는 직업의 성숙을 다음의 5가지 요인으로 기술하였는데, 첫째는 진로
선택과 직업정보 관련 사항을 다루는 직업선택에 대한 경향성, 둘째는 선호 직업에 대
한 정보와 계획, 즉 일하고자 하는 직업에 대해 개인이 갖고 있는 특별한 정보, 셋째, 계
속적인 직업선택의 안정성뿐 아니라 직업분야와 수준 내에서의 일관성까지도 관계되
는 직업선호도의 일관성, 넷째, 직무 태도의 7가지 목록을 포함한 특성의 구체화, 다섯
째, 선택과 능력, 활동, 흥미 사이의 관계를 언급하는 직업 선호도 분별이 해당된다.

또한 Super는 학생들이 단지 고등학생(9학년)이 되었다고 해서 자기 미래 진로를
계획할 준비가 되었다고는 보지 않았다. 즉, 개인 간에 진로성숙의 차이가 있다고 봤기
때문에 진로성숙의 다른 요소들을 잘 이해하는 것이 중요하다. 진로발달이나 진로성숙
과 관련해서 주로 검사를 통해 학생들의 진로계획이나 진로탐색과 같은 진로발달에 대
한 태도와, 의사결정능력이나 직업정보와 같은 진로발달에 대한 지식 및 기술을 평가
하고 세부 요인별로 살펴봄으로써 보다 구체적으로 학생들에게 어떤 도움을 줄 수 있
는지 판단할 수 있다(Sharf, 2008).

2 청소년 진로교육의 목표 및 내용

지금까지 청소년 진로교육이 왜 필요한지, 그리고 진로교육현장에서 고려해야 할
청소년들의 진로와 관련된 발달적 특성을 간략히 살펴보았다. 청소년들의 발달적 특성
을 고려하고 발달과정에서 나타나는 개인차를 충분히 고려한 진로교육의 방향은 이어
서 살펴볼 청소년 진로교육의 목표나 내용과 무관하지 않을 것이다. 그럼, 청소년 진로
교육이 목표로 삼아야 할 구체적인 사항에 대해서 살펴보자.

1) 청소년 진로교육의 목표

모든 상담에서 그렇듯이 상담의 목표를 명확히 이해하는 것은 상담의 성과를 무엇이라고 볼 것인가를 이해하는 데 매우 중요하다. 마찬가지로 교사 및 전문상담자 역시 청소년 진로상담을 할 때 진로지도 및 상담을 왜 하는 것이며 궁극적으로 지향하는 목표가 무엇인지에 대한 인식이 필요하다. 상담 장면에서는 학생과 상담자 간의 상담목표에 대한 합의와 명확한 이해가 우선시되어야 할 것이다. 따라서 여기서는 청소년을 대상으로 한 진로지도 및 상담에서 목표가 무엇인지를 살펴보고자 한다.

(1) 진로지도 및 상담의 일반적인 목표

Sharf(2008)는 진로상담의 주요 목표를 두 가지로 보았는데, 하나는 직업선택이고 또 하나는 직업적응이라고 하였다. 즉, 진로선택이 보통 14세 이전에 이루어지는 것으로 언급되나 대부분은 고등학교, 대학교 과정 중에 이루어진다는 것이다. 이는 우리나라 청소년의 경우도 마찬가지로, 초등학교와 중학교에서는 특별히 진로나 직업선택이 이루어진다고 볼 수는 없을 것이다. 그렇기 때문에 초등학교와 중학교 청소년의 경우는 진로문제의 중요성을 인식하지 못하고 진학이나 학업문제에 더 큰 비중을 두게 된다. 이러한 특성은 직업적응은 직업선택 이후의 성인에 해당하는 문제라 하더라도 직업선택이 그야말로 직업을 결정해야 하는 그 순간, 즉 고등학교를 졸업한 후 취업을 통해 일을 시작하거나 대학 졸업 후 일을 시작해야 하는 경우에만 해당된다고 생각하기 쉽다. 즉, 그 순간에서야 특정의 직업을 선택하는 것이라고 생각한다는 것이다. 하지만 직업선택을 포함하는 진로문제는 보다 장기적으로 발달적으로 이루어지며 평생을 거쳐 이루어지는 주제인 것이다. 따라서 청소년 진로상담에서는 언제나 직업선택과 직업적응이 성공적으로 이루어질 수 있도록 학생 때부터 진로에 대한 인식을 확장하고 실질적인 능력을 갖추도록 돕는 것이 필요하다.

김봉환 등(2006)은 주요한 우리나라 진로상담에서의 목표를 5가지로 제시하고 있는데 이를 살펴보면 다음과 같다. 첫째, 자신에 관한 보다 정확한 이해증진, 즉 각 개인이 적절한 일과 직업을 선택하기 위해서는 무엇보다도 개인의 가치관, 능력, 성격, 적성, 흥미, 신체적 특성 및 주변 환경 등에 대한 올바른 이해가 필수적이라고 할 수 있다. 둘째, 직업세계에 대한 이해증진으로 복잡한 현대 사회에서 올바른 진로발달을 촉진하기 위해서는 무엇보다도 다양한 일의 종류, 직업세계의 구조, 직업세계의 특성, 변화하는 직업의 요구조건과 필요한 기술, 고용기회 및 경향, 피고용자와 고용자와의 관계 등에 대한 객관적 이해와 정확한 정보수집이 필수이다. 셋째, 합리적인 의사결정능력의 증진, 진로상담에서는 자신에 대한 이해와 직업세계에 대한 이해를 토대로 의사결정을 내리는 것이 무엇보다도 중요하다. 즉, 진로 및 직업결정에 대한 능력이 필요하다. 그러나 Gelatt(1962)는 진로지도의 중요한 목적 중의 하나로 학생들로 하여금 훌륭한 결정을 내릴 수 있도록 돕는 것이라고 가정하면서도 결정은 결과만 가지고 평가할 것이 아니라 결정을 내리게 되는 과정에 의한 평가가 중요하다고 주장한 바 있다. 즉, 청소년을 위한 진로상담에서는 청소년의 진로에 관한 의사결정 '과정'에 초점을 두고 의사결정 기술을 훈련·학습하도록 조력하는 것이 주요 목표이다. 넷째, 정보탐색 및 활용능력의 함양, 올바른 진로선택 및 결정은 객관적이고 정확한 정보탐색 및 활용능력이 필요하다. 많은 경우, 제한적인 정보나 왜곡된 정보를 가지고 자신의 진로를 결정하여 좀 더 나은 선택의 기회가 제약되는 경우가 많다. 즉, 내담자가 정확한 정보를 알고 선택하는 informed choice가 이루어질 수 있도록 상담자는 조력할 수 있어야 할 것이다. 특히 내담자가 스스로 자신에게 필요한 정보를 판단하고 이에 따라 정보를 탐색하고 수집, 활용하는 능력을 갖추도록 할 필요가 있다. 다섯째, 일과 직업세계에 대한 올바른 가치관 및 태도 형성이다.

이재창(1997)은 청소년들로 하여금 올바른 직업관과 직업의식을 형성하도록 하기 위해서는 첫째, 일을 목적보다는 수단으로 여기는 생각에서 벗어나도록 하며, 둘째, 직업에 대한 편견을 버려야 하고, 셋째, 성역할에 대한 고정관념에서 벗어나야 한다고 보았다. 따라서 일과 직업에 대한 잘못된 견해를 수정하여 올바른 직업관과 직업의식을 갖도록 돕는 것이 중요한 진로상담 및 지도의 목표 중 하나라고 할 수 있다. 그밖에도 강진령, 연문희(2009: 258)는 진로상담의 목표를 학생 개개인의 자기이해 도모, 일의 세계에 대한 이해 증진, 진로의사결정능력 함양, 그리고 일에 대한 긍정적 태도 형성 등을 들고 있다.

(2) 진로교육법과 진로목표

학교 교육과정 내에서 진로교육의 위상은 실과와 기술·가정 과목의 한 단원으로 편성·운영되는 것에서 시작하여 「진로와 직업」교과가 중등학교의 선택과목으로 채택되는 단계에 이르기까지 점진적인 발전을 이루어 왔으나 사실상 특정 교과의 지위에서 크게 벗어나지 못하는 한계가 있었다(교육부, 2016). 그러나 최근 몇 년 사이에 창의적 체험활동의 진로활동 편성, 자유학기제 운영, 진로교육법 제정 등을 거치면서 진로교육의 역할과 위상은 급격하게 확대되고 있다. 진로교육은 더 이상 특정 교과 중 하나로 국한되는 것이 아니라 학교 교육과정의 전반을 아우르는 중요한 교육으로서 자리매김하게 되었다(교육부, 2016. p.3)

우리나라 진로교육법 제4조의 내용을 보면, 우리나라 진로교육의 기본 방향을 다음과 같이 정하고 있다. ① 진로교육은 변화하는 직업세계와 평생학습사회에 적극적으로 대응할 수 있도록 스스로 진로를 개척하고 지속적으로 개발해 나갈 수 있는 진로개발역량의 함양을 목표로 한다. ② 모든 학생은 발달 단계 및 개인의 소질과 적성에 맞는 진로교육을 받을 권리를 가진다. ③ 진로교육은 학생의 참여와 직업에 대한 체험을 바탕으로 이루어져야 한다. ④ 진로교육은 국가 및 지역사회의 협력과 참여 속에 다양한 사회적 인프라를 활용하여 이루어져야 한다.

이를 토대로 청소년의 진로발달을 위한 학교 진로교육의 목표는 다음과 같다. "학생 자신의 진로를 창의적으로 개발하고 지속적으로 발전시켜 성숙한 민주시민으로서 행복한 삶을 살아갈 수 있는 역량을 기른다". 이를 위한 구체적인 목표는 다음의 4가지로 제시할 수 있다. 즉, 자아이해와 사회적 역량개발, 일과 직업세계의 이해, 진로탐색, 진로 디자인과 준비라는 4가지로 나누어 볼 수가 있다(교육부, 2016).

- 첫째, 긍정적 자아개념을 형성하고 소질과 적성에 대하여 정확하고 객관적으로 이해하며 타인과 적절하게 관계를 맺고 소통할 수 있는 역량을 기른다.
- 둘째, 일과 직업의 중요성과 가치, 직업세계의 다양성과 변화를 이해하고, 건강한 직업의식을 배양한다.
- 셋째, 자신의 진로와 관련된 교육 기회 및 직업정보를 적극적이고 체계적으로

탐색하고 체험하며 활용하는 역량을 기른다.

• 넷째, 자기이해와 다양한 진로탐색을 바탕으로 자신의 진로를 창의적으로 설계하고 적절한 계획을 수립하고 준비하는 역량을 기른다.

(3) 학교수준별 진로교육 목표

중학교와 고등학교에서의 진로교육 목표를 나누어 살펴보면 다음과 같다. 우선 중학교에서는 초등학교에서 함양한 진로개발 역량의 기초를 발전시키고, 다양한 직업세계와 교육 기회를 탐색하여 중학교 생활 및 이후의 진로설계를 준비하도록 돕는 것이 주된 목표이다(교육부, 2016).

□ 중학교 진로교육의 목표

초등학교에서 함양한 진로개발역량의 기초를 발전시키고, 다양한 직업세계와 교육 기회를 탐색하여 중학교 생활 및 이후의 진로를 설계하고 준비한다.

• 긍정적 자아개념을 강화하고 자신의 특성에 대한 이해의 폭을 넓히며 다양한 사회적 관계에서의 대인관계능력 및 의사소통역량을 발전시킨다.
• 직업세계의 다양함과 역동적인 변화의 모습을 이해하고 직업에 대한 건강한 가치관과 진취적 태도를 갖춘다.
• 다양한 정보원을 활용하여 중학교 이후의 교육 및 직업정보를 파악하고, 관심 분야의 진로경로를 탐색하는 역량을 기른다.
• 자신에게 적합한 진로목표를 수립하고, 중학교 이후의 진로를 다양하고 창의적으로 설계하고 실천하기 위한 역량을 기른다.

□ 일반고등학교 진로교육의 목표

미래 직업세계 변화에 대한 이해를 바탕으로 자신의 진로목표를 세우고 구체적인 정보탐색을 통해 고등학교 이후의 진로계획을 수립하고 실천하기 위한 역량을 개발한다.

- 자신에 대한 종합적인 이해를 통해 긍정적인 자아정체감을 형성하고 직업생활에 필요한 대인관계 및 의사소통역량을 발전시킨다.
- 미래 직업세계의 변화가 자신의 진로에 미치는 영향을 파악하여 대비하는 역량을 기르고 건강한 직업의식과 태도를 갖춘다.
- 자신의 관심 직업, 전공, 고등교육 기회에 대한 구체적인 정보를 탐색하고 활용하는 역량을 기른다.
- 자신의 진로목표를 바탕으로 고등학교 이후 진로에 대하여 체계적인 계획을 수립하고 상황 변화에 대응하는 역량을 기른다.

□ 특성화고등학교 진로교육의 목표

산업수요와 미래 직업세계 변화에 대한 이해를 바탕으로 자신의 진로목표를 세우고 구체적인 정보탐색을 통해 고등학교 이후의 진로계획을 수립하고 실천하기 위한 역량을 개발한다.

- 자신에 대한 종합적인 이해를 통해 긍정적인 자아정체감을 형성하고 직업생활에 필요한 대인관계 및 의사소통역량을 발전시킨다.
- 미래 직업세계의 변화가 자신의 진로에 미치는 영향을 파악하여 대비하는 역량을 기르고 건강한 직업의식과 태도를 갖춘다.
- 자신의 관심 직업, 취업 기회, 평생학습의 기회에 대한 구체적인 정보를 탐색하고 체험하며 활용하는 역량을 기른다.
- 자신의 진로목표를 바탕으로 고등학교 이후 진로에 대하여 체계적인 계획을 수립하고 상황 변화에 대응하는 역량을 기른다.

2) 청소년 진로교육의 내용

이러한 진로교육의 목표를 토대로 중학교와 고등학교 청소년기 동안 다루어야 할 세부 진로교육의 내용은 어떠한지 살펴보자. 진로교육을 통해 달성해야 할 성취기준의 구성차원과 관련해 세부적으로 살펴보면 다음과 같다.

(1) 진로교육 목표와 성취기준의 구성

교육부(2016)는 학교 진로교육 목표에 따른 성취기준의 구성차원을 다음과 같이 제시하고 있다. 즉, 학교 진로교육 목표와 성취기준 개정안은 2012년과 동일하게 진로 교육 영역, 학교급의 두 가지 차원을 토대로 구성하였다. 진로교육 영역은 2012년과 동일하게 I. 자아이해와 사회적 역량 개발, II. 일과 직업세계 이해, III. 진로탐색, IV. 진로 디자인과 준비의 4가지 대영역으로 유지하였고, 4가지 대영역을 각각 2가지로 나누어 총 8가지의 중영역으로 세분화하였다. 단, 현장에서의 적용을 보다 용이하게 하기 위하여 대영역과 중영역의 명칭을 일부 수정하였다(교육부, 2016. p.14).

학교급 또한 초등학교, 중학교, 일반고등학교, 특성화고등학교의 4가지로 구분하였는데 일차적으로는 초등학교, 중학교, 고등학교의 3개 학교급으로 구분하되 고등학교의 진로교육은 학교 유형별 설립목적이나 교육과정의 차이를 반영할 필요가 있어 일반고등학교와 특성화고등학교로 구분하였던 선행연구의 체계를 유지하고 있다(교육부, 2016. p.15).

(2) 진로교육 목표와 핵심역량과의 관계

교육부(2016, p.16)에서는 학교 진로교육 목표와 성취기준의 대영역과 중영역은 진로개발역량으로서 핵심 역량을 지향하며, 초·중등 교육과정 총론의 6가지 역량과 직·간접적으로 관련되어 있다(표 1-1 참조).

표 1-1 대영역과 중영역의 신구 명칭 비교

2012년도		2015년도	
대영역	중영역	대영역	중영역
자아이해와 사회적 역량 개발	자아이해 및 긍정적 자아개념 형성	자아이해와 사회적 역량 개발	자아이해 및 긍정적 자아개념 형성
	대인관계 및 의사소통 역량 개발		대인관계 및 의사소통 역량 개발
일과 직업세계의 이해	**일과 직업의 이해**	**일과 직업세계 이해**	**변화하는 직업세계 이해**
	건강한 직업의식 형성		건강한 직업의식 형성
진로탐색	교육 기회의 탐색	진로탐색	교육 기회의 탐색
	직업정보의 탐색		직업정보의 탐색
진로 디자인과 준비	진로의사결정능력 개발	진로 디자인과 준비	진로의사결정능력 개발
	진로계획과 준비		진로**설계**와 준비

출처: 교육부(2016). **2015 학교 진로교육 목표와 성취기준**. p. 15.

총론에서 제시한 6가지 역량인 자기관리 역량, 지식 정보처리 역량, 창의적 사고 역량, 심미적 감성 역량, 의사소통역량, 공동체 역량을 학교 진로교육을 통해서도 구현하기 위하여 진로교육의 대영역을 자아이해와 사회적 역량, 일과 직업세계 이해 역량, 진로탐색 역량, 진로 디자인과 준비 역량의 4가지로 설정하였다. 이는 자기이해, 직업세계 이해, 진로탐색 및 합리적인 연결이라는 전통적인 진로교육의 이론적 근거를 토대로 진로개발역량을 구성하되, 현대사회의 다양한 변화에 적응하고 효과적으로 대응하기 위하여 자신의 진로를 적극적으로 설계하고 구성한다는 의미로서의 진로 디자인과 준비 역량을 포함하였다는 데에 의의가 있다.

이와 같은 4가지 진로개발역량은 다시 각 2가지로 구분하여 자아이해 및 긍정적 자아개념 형성 역량, 대인관계 및 의사소통역량, 변화하는 직업세계 이해 역량, 건강한 직업의식 형성 역량, 교육 기회 탐색 역량, 직업정보탐색 역량, 진로의사결정능력 역량, 진로설계와 준비 역량의 8가지로 세분하였다. 이를 그림으로 나타내면 그림 1-1과 같다.

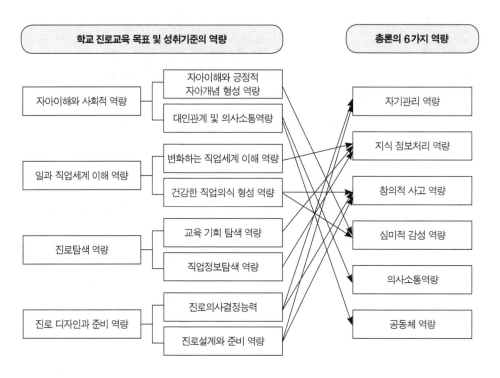

그림 1-1 학교 진로교육 목표 및 성취기준의 역량과 총론의 역량 관계도

출처: 교육부(2016). **2015 학교 진로교육 목표와 성취기준.** p. 16.

(3) 학교급별 진로교육 내용

앞서 살펴본 바와 같이 청소년은 단계에 따라 고려해야 할 주요 진로 특징이 있다. 이는 곧 청소년 진로교육의 목표 및 주요 내용의 방향을 잡는 데 매우 중요하게 반영되어야 할 것이다. 여기서는 중학교와 고등학교에서 다루어져야 할 주요 청소년 진로교육의 내용을 간략히 살펴보고자 한다(김계현 외, 2009; 김봉환·김병석·정철영, 2006)

① 중학교

중학교 시기는 진로탐색의 시기로서 특히 직업에 대한 지식과 진로결정 기술의 확립이 중요한 시기이다. 이때에는 초등학교에서 강조되던 일에 대한 안내를 계속 하는 동시에 긍정적인 자아개념의 발달과 의사결정능력의 증진을 기하고, 직업정보 및 탐색적인 경험을 제공해주며 학생들로 하여금 자신의 진로계획을 세워 보도록 도와주는 것이 중요하다. Zunker(1999)도 중학교 진로지도에서 다루어야 할 내용으로, 의사결정과 문제해결 기술의 증진, 자아개념을 교육 및 직업적 목표와 연계시키는 일, 학생의 장점

표 1-2 우리나라 중학교(2015.09) 진로와 직업 교과 내용 체계

영역	핵심개념	내용	내용 요소	기능
자아이해와 사회적 역량 개발	자아이해 및 긍정적 자아개념 형성	자아이해가 긍정적 자아개념 형성의 토대가 된다.	자아존중감과 자기효능감	사고 기능 조직 기능
			자신의 특성(적성, 흥미 등) 탐색	
	대인관계 및 의사소통역량 개발	사회적 역량은 대인관계 및 의사소통역량을 통해 형성된다.	상황에 맞는 대인관계능력	사회적 기능, 문제해결 기능
			효과적인 의사소통 방법	
일과 직업세계 이해	변화하는 직업세계 이해	사회 변화에 따라 직업은 다양하게 변화한다.	직업의 역할, 다양한 직업 유형	사고 기능, 조직 기능, 문제해결 기능
			사회 변화에 따른 직업의 변화	
			창업과 창직	
	건강한 직업의식 형성	건강한 직업생활에는 건강한 직업의식이 필요하다.	직업에 대한 긍정적 가치관	사고 기능, 사회적 기능, 조직 기능
			직업인으로서의 직업윤리와 권리	
			직업에 대한 고정관념 극복	
진로탐색	교육 기회의 탐색	자신의 진로탐색을 위해 진로를 공부할 필요가 있다.	진로에서 학습의 중요성	사고 기능, 조직 기능
			고등학교 유형과 특성	
	직업정보의 탐색	직업정보를 탐색하는 것은 직업이해에 필요하다.	체험활동을 통한 직업정보 탐색	사회적 기능, 문제해결 기능, 조직 기능
			직업정보를 활용한 직업이해	
진로 디자인과 준비	진로의사결정능력 개발	진로의사결정능력은 장애가 되는 요인을 해결함으로써 길러진다.	진로의사결정능력 함양	사고 기능, 문제해결 기능, 조직 기능
			진로장벽 요인의 해결	
	진로설계와 준비	진로 준비는 진로계획에서 시작된다.	잠정적인 진로 목표 설정	사고 기능, 문제해결 기능, 조직 기능
			고등학교 진학 계획 수립	

출처: 중학교 선택 교과 교육과정(별책18). 교육부 고시 제2015-74호

과 능력을 다루는 일, 직업탐색의 4가지를 제안하고 있다.

② 고등학교

진로발달이론가들의 견해에 따르면 고등학교 시기는 잠정기와 전환기에 해당된다. 학생 개인의 욕구, 흥미, 능력, 가치관 등을 고려하여 잠정적인 진로를 선택하게 되고, 환상, 놀이, 교과, 일 등을 통해서도 시도된다. 그러나 이러한 선택은 현실적인 요인이 고려되지 않았기 때문에 진로계획은 잠정적인 것이다. 그럼에도 불구하고 고등학생은 학교를 졸업한 후에 직면하게 될 현실을 심각하게 고려하지 않을 수 없다. 따라서 자신의 능력, 적성, 흥미, 경제적 여건, 직업포부, 중요한 타인의 의견 등을 고려해서 진로를 선택하고 개척하는 탐색과 준비를 해야 한다. 우리나라 상황에서는 평생교육을 위하여 상급학교로 진학할 것인지 아니면 직업세계에 입문할 것인지를 결정해야 하기 때문에 진학지도와 취업지도가 중요한 과제로 등장한다.

표 1-3 우리나라 고등학교(2015.09) 진로와 직업 교과 내용 체계

영역	핵심 개념	일반화된 지식	내용 요소	기능
자아 이해와 사회적 역량 개발	자아이해 및 긍정적 자아개념 형성	자아이해가 긍정적 자아개념 형성의 토대가 된다.	자아정체감과 자기효능감	사고 기능, 조직 기능
			자신의 강점과 능력	사고 기능, 조직 기능
	대인관계 및 의사소통 역량 개발	사회적 역량은 대인관계 및 의사소통역량을 통해 형성된다.	자신의 대인관계능력	사회적 기능
			상황에 따른 의사소통 능력	사회적 기능, 문제해결 기능
일과 직업세계 이해	변화하는 직업세계 이해	직업세계의 변화는 자신의 진로에 영향을 미칠 수 있다.	미래 직업세계와 인재상	사고 기능, 조직 기능
			직업세계 변화에 따른 자신의 진로	사고 기능, 문제해결 기능
			창업과 창직	문제해결 기능
	건강한 직업의식 형성	건강한 직업생활에는 건강한 직업의식이 필요하다.	직업 선택에 필요한 태도	사고 기능
			직업인으로서의 윤리와 권리	사고 기능

			진로에 대한 자기주도적 학습	사고 기능
진로 탐색	교육 기회의 탐색	개인의 진로 개발을 위해 교육 기회를 제공하는 교육기관들이 다양하게 존재한다.	대학 진학 정보	사고 기능, 조직 기능
			지속적인 진로개발을 위한 평생학습	문제해결 기능, 조직 기능
	직업정보의 탐색	직업정보를 탐색하는 것은 직업이해에 필요하다.	관심 직업에 관련된 정보	조직 기능
			직업정보의 활용	사고 기능, 조직 기능
진로 디자인과 준비	진로의사결정능력 개발	진로의사결정능력은 장애가 되는 요인을 해결함으로써 길러진다.	상황에 맞는 진로의사 결정	사고 기능, 문제해결 기능
			진로장벽요인의 해결	문제해결 기능
	진로설계와 준비	진로준비는 진로계획에서 시작된다.	진로 목표에 따른 구체적인 진로계획 수립	사고 기능, 조직 기능
			진학 계획의 점검과 보완	조직 기능
			고등학교 이후의 진로계획 수립 및 실천	문제해결 기능, 조직 기능

출처: 고등학교 교양 교과(별책 19) 교육부 고시 제2015-74호

이와 같은 목표를 달성하기 위한 세부목표는 다음과 같이 설정되었다(교육부, 2016).

- 자신에 대한 종합적인 이해를 통해 긍정적인 자아정체감을 형성하고 직업생활에 필요한 대인관계 및 의사소통역량을 기른다.
- 미래 직업세계의 변화가 자신의 진로에 미치는 영향을 파악하여 대비하는 역량을 기르고 건강한 직업의식과 태도를 갖춘다.
- 자신의 관심 직업, 전공 또는 취업기회, 고등교육 기회 또는 평생학습의 기회에 대한 구체적인 정보를 탐색하고 체험하며 활용하는 역량을 기른다.
- 자신의 진로 목표를 바탕으로 고등학교 이후의 진로에 대하여 체계적인 계획을 수립하고 상황 변화에 대응하는 역량을 기른다.

학교 진로교육의 목표는 학생이 학생 자신의 진로를 창의적으로 개발하고 지속적으로 발전시켜 성숙한 민주시민으로서 행복한 삶을 살아갈 수 있는 역량을 기르게 하는 데 있다. 이에 따라 고등학교 '진로와 직업' 교육과정의 목표는 일반고의 경우, 미래 직업세계 변화에 대한 이해를 바탕으로 자신의 진로목표를 세우고 구체적인 정보탐색을 통해 고등학교 이후의 진로계획을 수립하고 실천하는 것이다. 특성화고의 경우, 중학교까지 형성된 학생의 진로개발역량을 향상시키고 고등학교 이후의 진로를 디자인하고 실천하기 위해서 준비함을 목표로 한다.

(4) 학교급별 진로교육 세부 내용 구성

앞서 소개한 바와 같이, 청소년 진로교육의 주요 목표를 크게 4가지로 가. 자아이해와 사회적 역량 개발 나. 일과 직업세계의 이해 다. 진로탐색 라. 진로 디자인과 준비로 제시하고 있다는 점에서 이러한 목표 달성을 위한 진로교육의 내용도 체계적으로 이해될 필요가 있다. 즉, 4개의 큰 목표 달성을 위해서 중학교와 고등학교에서 각각 구체적으로 어떠한 내용으로 진로교육이 이루어져야 하는가에 대한 내용을 살펴보고자 한다.

① 중학교

가. 자아이해와 사회적 역량 개발

　〈1〉 자아이해 및 긍정적 자아개념 형성

　　① 2015-M I 1.1 자아존중감을 발달시켜 자기효능감을 갖도록 노력한다.

　　② 2015-M I 1.2 자신의 흥미, 적성, 성격, 가치관 등 다양한 특성을 탐색한다.

　〈2〉 대인관계 및 의사소통역량 개발

　　① 2015-M I 2.1 대인관계의 중요성을 이해하고, 대상과 상황에 맞는 대인관계능력을 함양한다.

　　② 2015-M I 2.2 사회생활에서 의사소통의 중요성을 이해하고, 효과적인 의사소통의 방법을 이해하고 활용한다.

나. 일과 직업세계 이해

〈1〉 변화하는 직업세계 이해

① 2015-M Ⅱ 1.1 직업의 역할을 알고 다양한 종류의 직업을 탐색한다.

② 2015-M Ⅱ 1.2 사회변화에 따른 직업세계의 변화를 탐색한다.

③ 2015-M Ⅱ 1.3 창업과 창직의 의미를 이해하고 관련 모의활동을 해본다.

〈2〉 건강한 직업의식 형성

① 2015-M Ⅱ 2.1 직업 선택에 영향을 주는 다양한 가치를 탐색한다.

② 2015-M Ⅱ 2.2 직업인으로서 가져야 할 직업윤리 및 권리를 이해한다.

③ 2015-M Ⅱ 2.3 직업에 대한 편견과 고정관념을 성찰하고 개선방법을 찾아본다.

다. 진로탐색

〈1〉 교육 기회의 탐색

① 2015-M Ⅲ 1.1 진로에서 학습의 중요성을 이해하고 자기주도적 학습 태도를 갖는다.

② 2015-M Ⅲ 1.2 고등학교의 유형과 특성에 대한 다양한 정보를 탐색한다.

〈2〉 직업정보의 탐색

① 2015-M Ⅲ 2.1 다양한 방법과 체험활동을 통해 구체적인 직업정보를 탐색한다.

② 2015-M Ⅲ 2.2 직업에 대해 수집한 정보를 분석하여 직업 이해에 활용한다.

라. 진로 디자인과 준비

〈1〉 진로의사결정능력 개발

① 2015-M Ⅳ 1.1 진로의사결정능력을 함양한다.

② 2015-M Ⅳ 1.2 진로를 선택하는 데 영향을 주는 진로장벽 요인을 알아

보고 해결 방법을 찾는다.

〈2〉 진로설계와 준비

① 2015-M Ⅳ 2.1 자신의 특성을 바탕으로 미래 진로에 대해 잠정적인 목표와 계획을 세운다.

② 2015-M Ⅳ 2.2 진로목표에 따른 고등학교 진학 계획을 수립하고 준비한다.

이를 간략히 표로 제시하면 다음의 표 1-4와 같다.

표 1-4 중학교 진로교육의 세부목표

대영역	중영역	세부목표
I. 자아이해와 사회적 역량 개발	1. 자아이해 및 긍정적 자아개념 형성	자아존중감을 발달시켜 자기효능감을 갖도록 노력한다.
		자신의 흥미, 적성, 성격, 가치관 등 다양한 특성을 탐색한다.
	2. 대인관계 및 의사 소통역량 개발	대인관계의 중요성을 이해하고, 대상과 상황에 맞는 대인관계능력을 함양한다.
		사회생활에서 의사소통의 중요성을 이해하고, 효과적인 의사소통 방법을 이해하고 활용한다.
II. 일과 직업세계 이해	1. 변화하는 직업세계 이해	직업의 역할을 알고 다양한 종류의 직업을 탐색한다.
		사회변화에 따른 직업세계의 변화를 탐색한다.
		창업과 창직의 의미를 이해하고 관련 모의 활동을 해본다.
	2. 건강한 직업의식 형성	직업 선택에 영향을 주는 다양한 가치를 탐색한다.
		직업인으로서 가져야 할 직업윤리 및 권리를 이해한다.
		직업에 대한 편견과 고정관념을 성찰하고 개선방법을 찾아본다.
III. 진로탐색	1. 교육 기회의 탐색	진로에서 학습의 중요성을 이해하고 자기주도적 학습 태도를 갖는다.
		고등학교의 유형과 특성에 대한 다양한 정보를 탐색한다.
	2. 직업정보의 탐색	다양한 방법과 체험활동을 통해 구체적인 직업정보를 탐색한다.
		직업에 대해 수집한 정보를 분석하여 직업 이해에 활용한다.

		진로의사결정능력을 함양한다.
IV. 진로 디자인과 준비	1. 진로의사결정능력 개발	진로를 선택하는 데 영향을 주는 진로장벽 요인을 알아보고 해결 방 법을 찾는다.
	2. 진로설계와 준비	자신의 특성을 바탕으로 미래 진로에 대해 잠정적인 목표와 계획을 세운다.
		진로목표에 따른 고등학교 진학 계획을 수립하고 준비한다.

② 고등학교

가. 자아이해와 사회적 역량 개발

〈1〉 자아이해 및 긍정적 자아개념 형성

① 2015-GH I 1.1 자아정체감을 갖고 자기효능감과 자신감을 향상시킨다.

② 2015-GH I 1.2 관심 진로에 대한 자신의 강점과 능력을 평가하고 향상
시키려고 노력한다.

〈2〉 대인관계 및 의사소통역량 개발

① 2015-GH I 2.1 자신의 대인관계능력을 점검하고 향상시킨다.

② 2015-GH I 2.2 직업생활에서 의사소통의 중요성을 이해하고, 효과적인
의사소통능력을 향상시킨다.

나. 일과 직업세계 이해

〈1〉 변화하는 직업세계 이해

① 2015-GH II 1.1 미래 직업세계의 변화와 인재상을 탐색한다.

② 2015-GH II 1.2 직업세계의 변화가 자신의 진로에 미치는 영향을 파악
한다.

③ 2015-GH II 1.3 창업과 창직의 필요성을 이해하고 관련 계획을 세워본다.

〈2〉 건강한 직업의식 형성

　① 2015-GHⅡ 2.1 직업 선택을 위한 바람직한 가치관을 형성한다.

　② 2015-GHⅡ 2.2 직업 생활에 필요한 직업윤리 및 관련 법규를 파악한다.

다. 진로탐색

〈1〉 교육 기회의 탐색

　① 2015-GHⅢ 1.1 진로에서 학습의 중요성을 이해하고 자기주도적 학습 태도를 향상시킨다.

　② 2015-GHⅢ 1.2 대학 및 전공에 대한 다양한 정보를 탐색한다.

　③ 2015-GHⅢ 1.3 지속적인 진로개발을 위한 평생학습의 중요성을 이해하고 여러 기회를 탐색한다.

〈2〉 직업정보의 탐색

　① 2015-GHⅢ 2.1 관심 직업에 대한 구체적인 직업정보와 경로를 탐색한다.

　② 2015-GHⅢ 2.2. 수집한 직업정보를 선별하고 활용한다.

라. 진로 디자인과 준비

〈1〉 진로의사결정능력 개발

　① 2015-GHⅣ 1.1 자신의 진로의사결정방식을 점검하고 개선한다.

　② 2015-GHⅣ 1.2 자신의 진로장벽 요인을 해결하기 위해 노력한다.

〈2〉 진로설계와 준비

　① 2015-GHⅣ 2.1 진로목표를 세우고, 구체적인 계획을 수립한다.

　② 2015-GHⅣ 2.2 상황변화에 맞추어 진로계획을 재점검하고 보완한다.

　③ 2015-GHⅣ 2.3 고등학교 이후의 진로계획을 수립하고 실천하도록 노력한다.

고등학생의 진로발달을 위한 진로교육의 내용 역시 4개의 주요 목표를 중심으로 세부 내용을 살펴볼 수 있다. 고등학교 과정에서는 자신의 진로목표를 고려하여 대학 진학 또는 취업 등의 구체적인 진로계획을 수립하고, 각각의 경로에 따라 요구되는 조건이나 자격을 갖추면서 성인으로서의 삶을 준비해나갈 수 있도록 한다. 이를 간략히 표로 제시하면 다음의 표 1-5와 같다.

표 1-5 고등학교 진로지도 목표에 따른 내용

대영역	중영역	세부목표
I. 자아이해와 사회적 역량 개발	1. 자아이해 및 긍정적 자아개념 형성	자아정체감을 갖고 자기효능감과 자신감을 향상시킨다.
		관심 진로에 대한 자신의 강점과 능력을 평가하고 향상시키려고 노력한다.
	2. 대인관계 및 의사 소통역량 개발	자신의 대인관계능력을 점검하고 향상시킨다.
		직업생활에서 의사소통의 중요성을 이해하고, 효과적인 의사소통능력을 향상시킨다.
II. 일과 직업세계 이해	1. 변화하는 직업세계 이해	미래 직업세계의 변화와 인재상을 탐색한다.
		직업세계의 변화가 자신의 진로에 미치는 영향을 파악한다.
		창업과 창직의 필요성을 이해하고 관련계획을 세워본다.
	2. 건강한 직업의식 형성	직업선택을 위한 바람직한 가치관을 형성한다.
		직업생활에 필요한 직업윤리 및 관련법규를 파악한다.
III. 진로탐색	1. 교육 기회의 탐색	진로에서 학습의 중요성을 이해하고 자기주도적 학습 태도를 향상시킨다.
		대학 및 전공에 대한 다양한 정보를 탐색한다.
		지속적인 진로개발을 위한 평생학습의 중요성을 이해하고 여러 기회를 탐 색한다.
	2. 직업정보의 탐색	관심 직업에 대한 구체적인 직업정보와 경로를 탐색한다.
		수집한 직업정보를 선별하고 활용한다.
IV. 진로 디자인과 준비	1. 진로의사결정능력 개발	자신의 진로의사결정방식을 점검하고 개선한다.
		자신의 진로장벽 요인을 해결하기 위해 노력한다.
	2. 진로설계와 준비	진로목표를 세우고, 구체적인 계획을 수립한다.
		상황변화에 맞추어 진로계획을 재점검하고 보완한다.
		고등학교 이후의 진로계획을 수립하고 실천하도록 노력한다.

연구과제

1. 조별로 교사로서 청소년 진로교육이 필요한 이유와 그 방향에 대해 생각해 보고, 어떻게 하면 그 필요성을 효과적으로 전달할 수 있을지 토론해 보자.
2. 수업을 진행하면서 반드시 고려해야 하지만 그동안 충분히 반영하지 않았던 청소년의 발달적 특성에 대해 생각해 보고, 그 이유와 근거를 찾아보자.

참고문헌

강진령, 연문희(2009). 학교상담: 학생생활지도. 서울: 양서원.

교육부(2016). 2015 학교진로교육목표와 성취기준. 교육부.

김계현, 김동일, 김봉환, 김창대, 김혜숙, 남상인, 천성문(2009). 학교상담과 생활지도. 서울: 학지사.

김봉환, 김병석, 정철영(2006). 학교진로상담. 서울: 학지사.

김봉환, 이제경, 유현실, 황매향, 공윤정, 손진희, 강혜영, 김지현, 유정이, 임은미, 손은령(2010). 진로상담이론: 한국 내담자에 대한 적용. 서울: 학지사.

김충기, 황인호, 장성화, 김순자, 모중수(2016). 진로상담과 진로교육. 서울: 동문사.

이재창(1997). 한국청소년진로상담의 문제점과 개선방안. 청소년진로상담모형기본구성, 1-28. 서울: 청소년대화의 광장.

이제경(2014). 제8장. 진로상담. In 김동일, 김은하, 김은향, 김형수, 박승민, 박중규, 신을진, 이명경, 이영선, 이원이, 이은아, 이제경, 정여주, 최수미, 최은영(2014). 청소년 상담학개론. 한국아동청소년상담학회 연구총서1. 서울: 학지사.

이제경, 선혜연, 김선경(2012). 대학생의 효율적 진로상담체계구축을 위한 진로문제 유형분류와 개입방안. 한국기술교육대학교. KOREATECH-HRD연구센터.

Erikson, E. H. (1963). *Childhood and society* (2nd ed.) New York; Norton.

Gelatt, H. B. (1962). Decision making: A conceptual frame of reference for counseling. *Journal of Counseling, 9*, 240-245.

Ginzberg, E., Ginsburg, W. W., Axelrand, S., & Hema, I. (1951). *Occupational choice: An approach to a general theory*. New York: Columbia University Press.

Niles, S. G. & Bowlsbey, J. H. (2005). *Career Development Intervention in the 21st century* (2nd). New Jersey: Pearson Education.

Piaget, J. (1977). *The development of thought; Equilibration of cognitive structres*. New York: Viking Press.

Savickas. M. L. (2010). *Career Counseling*. Washington DC: American Psychological Association.

Sharf, R. S.(2008). 진로발달이론을 적용한 진로상담(제4판). (이재창, 조봉환, 안희정, 황미구, 임경희, 박미진, 김진희, 최정인, 김수리 공역). 서울: 시그마프레스(원전은 2006에 출간).

2장

진로진학지도 프로그램의 이해

이제경

목표

1) 진로진학지도 프로그램의 기본 개념 및 특징에 대해 말할 수 있다.

2) 진로진학지도 프로그램의 다양한 운영방식을 이해할 수 있다.

3) 교육과정에 맞는 진로진학지도 프로그램의 특징을 설명할 수 있다.

이 장에서는 진로진학상담교사가 알아야 할 진로진학지도 프로그램에 대한 기초적 이해를 돕고자 한다. 이를 위해 첫째는 진로진학지도 프로그램이 일반적으로 알고 있는 집단지도나 집단상담, 집단워크숍 등 관련 개념과 비교해 무엇을 의미하는지 그 개념에 대한 이해와 진로진학지도 프로그램이 갖는 특징을 살펴볼 것이다. 둘째로는 진로진학지도 프로그램을 학교에서 실시할 때 어떤 방식으로 운영될 수 있는지 그 다양한 운영방식을 함께 소개할 것이다. 셋째로는 학교 교육과정에 맞는 다양한 진로진학지도 프로그램에는 무엇이 있으며, 각각 어떤 특징이 있는지 간략히 소개할 것이다.

1 진로진학지도 프로그램의 개념 및 특징

1) 프로그램, 지도 및 상담, 집단상담 및 지도의 개념 이해

학교에서 이루어지는 진로진학지도 프로그램에 대한 이해는 3가지로 나누어 생각해 볼 수 있다. 우선 ① 프로그램이라는 용어 자체가 무엇을 의미하는지에 대한 개념적 이해가 필요하며 ② 이 프로그램이 무엇을 주제로 ③ 어떤 목적에서 운영되는가 하는 것이다. 여기서 프로그램의 주제는 학생들의 진로 및 진학문제를 다룬다는 점은 모두가 주지하는 바이며, 진로 및 진학의 주제에서 다루어지는 내용에 대한 이해 역시 모두 하고 있을 것이다. 또한, 어떤 목적에서 운영되는가는 '지도'라는 표현을 쓰지만, 이와 관련하여 '상담' '교육' '워크숍' '행사' 등 유사한 용어와 관련해서 이해할 필요가 있을 것이다.

(1) 프로그램의 개념 및 요건의 이해

본래 프로그램이라는 용어는 매우 다양한 의미에서 사용되며, 그 내용이 매우 포괄적이다. 본래 프로그램의 사전적인 의미는 진행계획, 순서, 진행 목록 등을 의미한다. 그러나 의미 없는 활동이 나열되어 있는 것이 아니며, 프로그램에는 궁극적으로 계획된 일련의 활동과 순서를 통해 달성하고자 하는 목표가 있다. 즉, 프로그램에는 공통적으로 목적이나 목표, 일련의 활동, 활동의 구성원리가 존재한다(김계현 외, 2011: 127). 즉, 프로그램은 활동내용이나 순서만을 의미하는 것이 아니라, 일정한 활동들을 구체적으로 실행하기 위해 필요한 경험의 총체를 뜻한다. 특정의 활동이 이루어지는 총체적인 환경으로서 활동 내용 그 자체와 함께 활동 목적과 목표, 활동 대상, 과정, 방법, 장소, 시기, 조직, 매체 등의 모든 요소들을 포함한다(청소년개발원, 2007).

주로 청소년 프로그램은 청소년의 건전한 발달과 사회적응을 조력하기 위한 목적으로 실시되는 다양한 청소년 지도활동이나 청소년이 참여하는 활동을 효과적, 효율적, 매력적으로 실현하기 위해 필요한 교육적 경험과 환경의 집합이라고 볼 수 있으며 따라서, 최소한의 청소년지도의 목표와 내용, 방법, 평가의 각 요소가 체계적으로 설계되어 있고, 이에 따라 청소년들의 학습경험을 조력할 수 있는 다양한 환경적 자원과 지도 및 평가 전략이 구체적으로 안내되어 있는 일련의 계획표를 프로그램이라고 할 수 있을 것이다(청소년개발원, 2007).

즉, 기본적으로 진로진학지도 프로그램은 일반적인 프로그램이 갖추어야 할 요건들을 충족해야 하며, 청소년들을 위한 다양한 분야 중에서도 '진로 및 직업'을 다루는 것이라고 할 것이다. 또한, 이때 한 가지 더 고려할 것은 지도와 상담을 어떻게 이해할 것인가의 문제이다. 지도와 상담에 대한 구분은 관점에 따라 다소 차이가 있다.

(2) 진로지도와 진로상담, 진로교육의 이해

이현림 등(2003)은 진로상담과 진로지도가 가끔 동의어로 사용되고 있지만, 엄밀히 보면 방법상에서 차이가 있다는 점에서 다르다고 보았다. 진로상담은 인생전반에 걸친 진로선택과 연관된 모든 상담활동을 의미하며, 상담의 기본원리와 기법에 기초하여 진로검사나 진로정보의 도구를 사용하여 내담자를 돕고 처치하는 활동이라고 할 때, 진로지도는 교육단체, 중개기관, 상담과 진로관련 교육프로그램을 제공하는 타 기관들에서 서비스와 활동에 대한 모든 구성요소를 섭렵하며, 내담자에게 진로검사, 진로정보, 진로상담 프로그램 등을 적용하여 진로의식을 촉진시키고 진로성숙이 되도록 도와주는 활동이라고 할 수 있다. 또한, 이재창(1988)은 진로지도에 크게 3가지 종류의 활동이 있다고 보았다. 즉, 진로교육, 진로상담, 정치(placement) 및 추수지도(follow-up)가 그것이다. 우선 진로교육은 정규 교육과정을 통해서 가장 많이 이루어지지만, 교과목에 국한되지 않고 교사들이 직접 수집하고 보급하는 정보, 인터넷의 활용, 특정 직업인의 초빙 강연, 현장 견학 등으로 이루어진다고 보았으며, 진로교육이 모든 학생을 대상으로 하는 활동인 반면, 진로상담은 상담을 요하는 개인 혹은 집단을 상대로 한다는 점에서 다르다고 구분하였다. 그밖에도 정치 및 추수지도는 능력별 학급운영 등에서 학생을 개인의 능력에 맞는 학급에 배정하거나 개인의 흥미나 관심에 맞는 특별활동이나 과외활동에 배치하는 것을 의미하며, 이때 학생들을 계획적으로 배치하고 추수 평가를 통해 학생이 그곳에 계속 있어야 할지 다른 곳으로 옮겨야 할지를 정하는 추수지도도 이루어진다고 보았다.

(3) 집단상담과 집단훈련, 심리치료의 이해

학교 진로진학지도 프로그램은 대부분 집단으로 이루어진다고 볼 수 있는데, 이와 관련하여 집단지도, 집단상담, 집단훈련, 집단심리치료의 유사점과 차이점이 무엇인지도 알아보자. 청소년 집단상담은 여러 가지 형태로 이루어질 수가 있는데, 집단상담에서도 집단지도 및 집단심리치료의 문제들을 부분적으로 다루고 있다고 할 수 있다(청소년대화의 광장, 1996, 청소년 집단상담). 이를 그림으로 나타내면 다음의 그림 2-1과 같다.

집단상담의 전체 문제 영역 중 집단지도와 집단심리치료의 문제와 영역이 반 이상이라고도 볼 수 있다. 따라서 이 장에서 살펴보는 진로진학 집단프로그램은 그림에서 가장 왼쪽에 해당하는 정보제공위주의 집단지도의 성격과 집단훈련, 집단상담의 성격을 모두 갖게 된다고 볼 수 있을 것이다.

일반적으로 진로지도를 위한 집단프로그램은 다양한 형태로 진행할 수 있는데, 정보제공을 통한 사실 학습에 초점을 두고 대단위 학생들을 대상으로 1회로 진행되는 '집

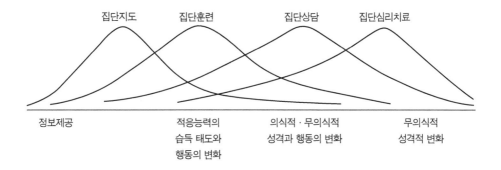

집단지도　　　　집단훈련　　　　집단상담　　　　집단심리치료

정보제공　　　　적응능력의　　　　의식적·무의식적　　　　무의식적
　　　　　　　　습득 태도와　　　　성격과 행동의 변화　　　성격적 변화
　　　　　　　　행동의 변화

그림 2-1 네 가지 집단형태의 상호관계

출처: 청소년대화의 광장(1996). 청소년 집단상담. p.242.

단지도'와 6~10명 정도의 집단원을 대상으로 지속적인 만남을 통해 집단 상호작용을 기초로 진로계획과 기대를 현실화하고 다양한 정보와 자원을 효과적으로 활용하도록 돕는 과정인 '집단상담', 10명~40명 정도의 인원을 대상으로 2~8시간 지속되는 집단 작업 활동으로 구성되는 집단지도와 집단상담의 성격을 적절히 혼합한 '집단워크숍'등 의 형태가 있다(김영빈·선혜연·황매향, 2016).

　　김계현, 김동일, 김봉환 등(2009)은 집단상담을 유형에 따라 구분할 때, 참만남집 단, 가이던스집단, 상담집단, 치료집단, 자조집단(자기조력집단)으로 나누고 각 집단의 특징을 제시하였는데, 여기서 제시한 각 특징을 살펴볼 때, 우리가 학교 진로지도장면 에서 다루는 일반적인 프로그램들은 대부분 가이던스집단의 성격과 동일하다. 즉, 가이 던스 집단은 구체적인 교육적 목표를 가지고 집단에서 지금 여기에서(here-and-now) 의 감정보다는 강의, 교수 등의 구조화된 방법들을 활용한다. 따라서 지도자에 의해 집 단의 방향과 진행내용, 방법들이 사전에 계획되고 구조화된 활동이 강조되며, 지도자는 교육자, 촉진자의 역할을 담당한다. 또한, 구조화된 집단(structured group)은 학생들로 하여금 특정한 주제에 대해 이해하고 기술을 개발하거나 생활에서 당면하는 적응문제 의 해결에 도움이 되도록 일정한 주조, 구조, 내용을 가지고 진행하는 집단을 의미한다. 따라서 진로진학문제와 관련해 학생들에게 제공되는 교육프로그램의 일종이라고 볼 수 있다. 또한, 짜여진 프로그램 안에서 교육, 토론, 연습, 실제상황에의 적용 등의 방법을 활용하여 교육하게 되는데, 가장 흔한 예가 학교에서 실시되는 심리교육활동으로서 학생들에게 문제예방이나 의사결정 및 발달 촉진의 측면에서 진로, 진학 등에 관한 특정 주제에 대한 정보와 효과적인 생활기술들을 교육하는 것이 해당된다고 볼 수 있다. 프로그램에 관한 워크북이 있고, 실제 적용과 숙제 등의 과제가 포함되는 경우도 많다.

집단상담에서 우리가 일반적으로 말하는 '구조화 프로그램'은 특별한 목적을 위하여 어떤 지시에 따라 집단에서 수행하는 일련의 활동(Jacobs et al., 1994; Yalom, 1995; 김계현 외, 2011)으로, 우리가 진로지도 프로그램이라고 할 때에는 광의의 프로그램과 집단상담에서 말하는 이러한 구조화된 집단상담 프로그램이 모두 포함된다고 볼 수 있다.

2) 진로진학지도 프로그램의 필요성 및 장점

지금까지는 진로진학지도 프로그램을 올바로 이해하기 위해서 알아야 할 프로그램의 사전적 의미와 실제적 의미를 이해하고자 하였다. 여기서는 이러한 진로진학지도 프로그램이 왜 필요한지와 특징은 무엇인지 살펴보자.

(1) 필요성

우선 집단 진로상담 프로그램은 다음과 같은 측면에서 그 필요성을 말할 수 있다 (김봉환, 2004; 선혜연, 2013에서 재인용).

- 진로문제는 모든 학생들이 당면하는 문제이며 거의 모든 학생들에게 예외 없이 적절한 도움이 필요하다. 따라서 진로상담을 필요로 하는 많은 학생들을 효율적으로 돕기 위해서는 상담교사가 부족한 우리 학교현실에서는 개인상담보다는 집단상담이나 집단지도가 더욱 효율적일 수 있을 것이다.
- 진로지도 및 상담을 집단으로 작업하기 어려운 경우도 있지만 집단프로그램에는 개인상담이 제공할 수 없는 많은 이점이 있다. 집단과정에서 집단원들은 자기점검을 통한 자기이해와 함께 의사결정이나 정보수집에 대한 기술을 훈련하

는 과정에서 피드백을 주고받는 상호작용을 통해 서로에게 배울 수 있다.

- 집단상담인 경우에는 정서적인 지지를 주고받음으로써 힘을 얻고 동료애를 키울 수 있다.

이러한 효과로 인해 앞으로는 진로상담 분야에서 개인상담에 대한 요구보다 집단상담에 대한 요구가 더 높아질 가능성이 있으며 진로상담자는 집단상담, 집단 진로프로그램 등 다양한 집단 작업에서도 유능해져야 할 필요가 있다.

또한, 진로발달과 진로탐색은 학령기 아동 및 청소년 모두에게 중요한 발달과업이다. 따라서 특정한 학생들을 대상으로 하기보다는 대다수의 학생들을 대상으로 하는 집단교육의 형태로 전달될 필요가 있으며, 진로교육, 진로인식, 진로지도, 진로발달, 진로탐색의 다양한 주제에 대한 정보제공은 구조화된 활동으로 구현하기 용이한 면이 있기 때문에 우리나라 학생들을 위한 집단 진로상담은 대부분 절차와 방법이 매뉴얼화되어 있는 집단프로그램의 형태로 진행되는 경우가 많다는 점에서 그 필요성이 있다(선혜연 외, 2009; 김계현 외, 2009)

(2) 장점 및 이점

학교 진로진학지도가 집단프로그램의 형태로 진행될 때 학생들에게 어떠한 점에서 유익하며 도움이 되는지 다양한 측면에서 살펴볼 것이다.

우선, 이영덕과 정원식(1984)은 다음과 같이, 집단 진로상담의 목표를 5가지로 제안한 바 있다(선혜연, 2013에서 재인용). 그 내용을 살펴보면 집단프로그램이 지향해야 할 목표이자 동시에 집단프로그램이 갖는 강점이자 이점과 크게 다르지 않음을 알 수 있다. 구체적인 내용을 살펴보자.

- 집단활동은 자기이해의 기회가 되며 학생들은 자신의 직업적 적합성을 보다 객관적이고 현실적으로 이해할 수 있다.

- 학생들이 공통적으로 필요로 하는 각종 직업정보를 효율적으로 제공할 수 있는 기회가 된다.
- 학생들에게 직업계획의 중요성과 직업세계에 대한 전반적인 오리엔테이션의 기회가 된다.
- 개인적인 상담이 필요한 학생을 찾아내는 기회가 된다.
- 학생들로 하여금 자신의 직업계획을 검토하게 하는 기회를 제공한다.

무엇보다 집단프로그램은 진로진학상담교사의 수가 부족한 학교 장면에서 효율적으로 활용될 수 있고, 집단과정에서 학생들이 자기점검을 통한 자기이해와 함께 의사결정이나 정보수집에 대한 기술들을 훈련하는 과정에서 서로 피드백을 주고받을 수 있다는 장점이 있다. 또한, 비슷한 어려움을 갖고 있는 학생들끼리 정서적인 지지를 주고받음으로써 동료애를 키울수 있다는 장점이 있어 학교현장에서 진로교육에 자주 활용된다. 단, 집단프로그램은 진로교육에 대한 이해뿐만 아니라 집단역동을 이해하고 집단운영에 필요한 전문적인 능력을 갖춘 교사에 의해 진행될 때 효과가 극대화될 수 있다(김영빈·선혜연·황매향, 2016).

그밖에도 일반적으로 집단상담이 개인상담에 비해 갖는 다양한 이점이 있는데 이는 우리 진로집단프로그램에서도 상당부분 적용될 수 있다는 점에서 살펴볼 필요가 있다. 즉, 집단상담은 개인상담에 비해 다음과 같은 다양한 이점이 있다(노안영, 2011; 선혜연, 2013에서 재인용). ① 다양한 인구학적 배경을 가진 구성원들로 이루어진 집단상담에서는 실생활에 가까운 상호작용이 이루어진다는 점 ② 개인상담에 비해 동시에 여러 명의 내담자들에게 서비스를 제공할 수 있다는 점 ③ 집단구성원들이 관찰을 통해 유사한 문제를 해결한 다른 구성원을 자신과 비교해봄으로써 대리학습이 이루어진다는 점 ④ 집단이 모든 구성원들로부터 풍부한 피드백을 받을 수 있다는 점 ⑤ 지지와 이해를 통한 격려를 받을 수 있다는 점 ⑥ 집단구성원들은 정보를 공유하고 문제를 해결하고 공감대를 형성하는 과정에서 더 많은 관점과 자원을 제공할 수 있다는 점 ⑦ 집단은 안전하게 새로운 역할을 연습할 수 있는 기회를 제공해준다는 점 등이다.

이러한 집단상담의 유용성 때문에 진로상담 역시 집단상담의 형태를 통해 진행되는 것으로 볼 수 있다. 진로미결정 및 부적응에서 비롯된 불안정한 정서와 낮은 자기효능감을 갖고 있는 집단구성원이 자신과 비슷한 진로문제를 공유하고 있는 다른 구성원들로부터 정서적으로 공감대와 지지를 얻을 수 있다. 자신의 문제가 혼자만의 문제라기보다 발달적으로 있을 수 있는 보편적인 문제라는 통찰을 얻음으로써 문제해결을 위한 동기를 높일 수 있다. 구체적인 진로정보의 교환 및 피드백을 통해 보다 실질적인 문제해결을 위한 도움을 주고받을 수 있다는 측면에서 진로상담이 개인상담보다 집단으로 진행될 때 더욱 효과적인 이유를 찾을 수 있다.

2 진로진학지도 프로그램 운영방식

진로진학지도 프로그램을 운영할 때는 1장에서 살펴본 바와 같이 청소년의 진로발달적 특성을 고려할 필요가 있다. 이와 관련해 김계현 등(2009)은 진로지도를 할 때에는 학생들의 발달적 수준을 고려해서 이루어져야 한다고 보았다. 예를 들어 중학생들은 초등학교 때보다 좀 더 추상적인 사고를 할 수 있겠지만 아직 논리적 사고가 완전한 수준은 아니기 때문에 추상적인 방법에 비해 구체적인 것이 더 효과적이라고 할 수 있다. 특히 이 시기에는 자신의 감정과 태도를 자연스럽게 표현하고 탐색할 수 있는 기회를 제공해주는 것이 좋다는 것이다. 따라서 집단토의나 집단상담이 좀 더 효과적일 수 있고, 모든 교사가 진로지도의 목적과 관계되는 학습내용을 담당 수업시간에 지도할 때 좀 더 실제적인 진로지도가 될 수 있다고 보았다. 고등학교 학생들의 경우는 진학을 위한 상급학교와 유기적인 협동하에서의 연계 강화, 혹은 취업에 대비한 현장 실습이 가능한 산학협동 방안 등을 통해 그 효과를 높이는 것이 필요하다.

따라서 진학상담교사는 다양한 프로그램에 대한 이해와 더불어 학생들의 발달적 특성을 고려하고, 근무하는 학교와 학생들의 특성은 물론 지역사회 등의 외부 환경까지도 고려하여 가장 효과적인 방법으로 프로그램을 운영하는 노력이 필요하다.

여기서는 진로지도방법으로 다양한 방법들이 어떠한 것들이 있는지 알아보고 프로그램을 선택하고 운영할 때 고려해야 할 사항은 무엇이 있는지, 그리고 진로교육의 방법에 따른 장단점을 살펴볼 것이다.

김계현 외(2009)는 진로지도방법이 매우 다양하지만 여러 다양한 방법 중에서도 어떤 것을 선택할 것인지는 진로지도의 목표, 지도의 내용, 지도대상의 특성, 내담자 호소문제의 성격, 학교의 환경적 여건 등에 따라 결정된다고 보았으며, 경우에 따라서는 다양한 방법이 혼용될 수 있다고 보았다. 또한, 대표적으로 진로지도의 방법으로 교과 학습을 통한 진로지도, 학급관리를 통한 진로지도, 학교행사를 통한 진로지도, 진로정보제공을 통한 진로지도로 나누어 제시하고 있다.

여기서는 크게 교과교육에서의 진로교육, '진로와 직업' 과목에서의 진로교육, 창의적 체험활동에서의 진로교육으로 나누어 볼 수 있다.

각각의 진로교육 운영 방식에 대해 자세히 살펴보자.

1) 교과교육에서의 진로교육

진로교육은 전 교과의 교육과정 속에 스며들어 있는 교육목표 또는 내용과 무관하지 않으므로 교육과정에 근거하여 전 교과를 통해 강조되고 실천되어야 한다. 이를 위해서는 먼저 담당 교과의 목표와 교육내용을 분석하고, 이를 토대로 진로교육과 연계시킬 수 있는 단원을 선택한다. 그리고 진로교육 연간 지도 계획을 세우며 이어서 진로교육을 위한 교수 학습 지도안을 작성하고 진로교육 관련 단원, 연간 지도 계획에 따라 진로교육을 실시하면 된다.

2) '진로와 직업' 과목에서의 진로교육

중학교와 고등학교의 선택교과 교육과정으로서 '진로와 직업'교과를 통한 진로교육이 이루어질 수 있다. 중학교와 고등학교 모두 초·중·고 학교교육 전반의 진로교육과 밀접한 관계 속에서 이루어진다.

즉, 중학교의 선택교과 교육과정으로서의 '진로와 직업'은 초·중·고의 학교교육 전반의 진로교육과 밀접한 관계가 있다. 초등학교에서 일반 교과 및 창의적 체험활동을 통해 이루어진 진로교육은 중학교 선택과목인 '진로와 직업', 일반 교과 및 창의적 체험활동의 진로활동과 범교과 학습 주제인 '진로교육'을 통해 이루어진다(교육부 고시 제2015-74호 [별책 18]). 또한, 고등학교 '진로와 직업'은 학생이 고등학교 졸업 전 선택해야 할 진로진학의 문제를 앞서 생각하고 준비함으로써 대학진학이나 졸업 후 취업뿐 아니라 앞으로의 삶에서 자신의 진로를 준비하고 대응하기 위해 배울 필요가 있는 교과이다. 고등학교에서 진로교육은 중학교와 마찬가지로 '진로와 직업' 선택과목, 타 교과 및 창의적 체험활동의 진로활동과 범교과 학습 주제의 '진로교육'을 통해 이루어진다(교육부 고시 제2015-74호 [별책 19]).

이렇게 진로교육의 방법에 따라 장단점이 다를 수 있는데, 이를 표로 나타내 보면 다음과 같다(김영빈 외, 2016).

표 2-1 진로교육의 방법상 장단점

구분	장점	단점
독립된 교과	• 진로에 관한 집중적인 학습 가능 • 독자적인 정체성 확보로 전문적인 지도가능 • 진로교육 프로그램에 대한 모니터링과 적절한 대응이 가능 • 학교 내에서의 다양한 진로교육활동과의 연계를 도모	• 학습의 내용이 진로선택 등에 한정되어, 다양한 상황에서의 지속적인 교육제 제약이 나타날 우려가 있음 • 진로교육의 전문성이 교사 개인의 책임으로 간주될 가능성 • 팀 티칭의 장점 활용 곤란
일부 교과의 단원에 포함	• 높은 수준의 전문성 보장 • 팀 티칭의 장점 활용가능 • 지속적인 진로교육이 가능 • 국민공통 기본교과에 포함되는 경우, 모든 학생을 대상으로 하는 진로교육 가능	• 체계적이며 집중적인 진로교육이 어려움 • 다양한 교수학습방법을 적용하는 데 시간적인 제약
보통 교과에 통합	• 다양한 상황에서 진로직업적인 요소를 다룸으로써 학생들의 진로개발 동기부여 • 교육과 직업세계를 연결하는 강력한 기제로 작동 • 보통교과의 학습동기를 강화	• 전문성을 보장하기 어려움 • 단편적인 지식제공에 그칠 우려 • 일관된 진로교육의 어려움 • 각 교과와의 치밀한 사전준비가 되지 않을 경우 용두사미로 그칠 가능성

교과외 활동	• 현장체험, 탐구학습, 소집단활동 등 다양한 교수 · 학습 방법의 적용이 가능 • 학교의 여건에 맞는 자율적인 운영 가능 • 학생들의 요구에 즉각 부응	• 시간적인 제약으로 인하여 단편적이며 일회적인 활동으로 그칠 가능성 • 모든 학생에게 공평한 진로교육 기회를 제공하기 어려움

출처: 김영빈, 선혜연, 황매향(2016). **직업 · 진로설계**. 한국방송통신대. p.176.

3) 창의적 체험활동 프로그램을 통한 진로진학지도 프로그램

창의적 체험활동 프로그램을 통한 진로진학지도에 대해 좀 더 자세히 알아보자(교육부 고시 제2015-74호 [별책 42] 교육부. 창의적 체험활동 교육과정 자료). 창의적 체험활동은 교과와 상호보완적 관계 속에서 앎을 적극적으로 실천하고 심신을 조화롭게 발달시키기 위하여 실시하는 교과 이외의 활동이다. 이러한 창의적 체험활동의 목표는 초 · 중등학교 학생들이 건전하고 다양한 집단 활동에 자발적으로 참여하여 나눔과 배려를 실천함으로써 공동체 의식을 함양하고 개인의 소질과 잠재력을 개발 · 신장하여 창의적인 삶의 태도를 기르는 데 있다.

창의적 체험활동은 자율활동, 동아리활동, 봉사활동, 진로활동의 4개 영역으로 구성하되, 학생의 발달 단계와 교육적 요구 등을 고려하여 학교급별, 학년(군)별, 학기별로 영역 및 활동을 선택하여 집중적으로 운영할 수 있다. 학교급별로도 그 중점이 다소 상이할 수 있는데, 진로와 관련해 살펴보면 다음과 같다. 중학교의 창의적 체험활동은 자아 정체성을 확립하고 다른 사람과 더불어 살아가는 태도를 증진하며 자신의 진로를 적극적으로 탐색하는 데 중점을 둔다. 한편 고등학교의 창의적 체험활동은 공동체 의식의 확립을 기반으로 나눔과 배려를 실천하고, 진로를 설계하고 준비하는 데 중점을 둔다.

창의적 체험활동의 주요 영역 4가지 중 진로활동은 자기이해활동, 진로탐색활동, 진로설계활동 등으로 구성되어 있다. 진로활동의 세부 활동 목표와 내용은 표 2-2와 같다. 하지만, 학교는 학교급과 학년(군)의 특성에 따른 교육적 요구를 고려하여 이 표에 제시된 활동 내용 이외의 다양한 활동 내용을 편성 · 운영할 수 있다.

표 2-2 진로활동 영역의 활동별 목표와 내용

활동	활동 목표	활동 내용(예시)
자기이해 활동	긍정적 자아 개념을 형성하고 자신의 소질과 적성에 대하여 이해한다.	• 강점 증진활동 – 자아 정체성 탐구, 자아 존중감 증진 등 • 자기특성 이해활동 – 직업 흥미 탐색, 직업적성탐색 등

진로탐색
활동
	일과 직업의 가치, 직업세계의 특성을
	이해하여 건강한 직업의식을 함양하
	고, 자신의 진로와 관련된 교육 및 직
	업정보를 탐색하고 체험한다.
		• 일과 직업이해활동 – 일과 직업의 역할과 중요성 및 다양성 이
		  해, 직업세계의 변화 탐구, 직업 가치관 확립 등
		• 진로정보탐색활동 – 교육 정보탐색, 진학 정보탐색, 학교 정보
		  탐색, 직업정보탐색, 자격 및 면허 제도 탐색 등
		• 진로체험활동 – 직업인 인터뷰, 직업인 초청 강연, 산업체 방문,
		  직업 체험관 방문, 인턴, 직업 체험 등

진로설계
활동
	자신의 진로를 창의적으로 계획하고
	실천한다.
		• 계획활동 – 진로상담, 진로의사결정, 학업에 대한 진로설계, 직
		  업에 대한 진로설계 등
		• 준비활동 – 일상생활 관리, 진로목표 설정, 진로실천계획 수립,
		  학업관리, 구직활동 등

출처: 교육부 고시 제2015-74호 [별책 42] 교육부. 창의적 체험활동 교육과정 자료. p.8

창의적 체험활동을 통해 진로활동을 편성하거나 운영할 때에는 다음의 몇 가지 주요 지침들을 고려할 필요가 있다.

- 학년별 진로활동이 학생들의 발달 단계에 적합하게 이루어질 수 있도록 해당 학교급의 종합 계획과 이에 근거한 학년별 연간 계획을 수립하여 운영할 것을 권장한다.
- 학교급과 학생의 발달 정도에 따라 학생이 자신에 대한 이해, 다양한 일과 직업 세계의 이해 및 가치관의 형성, 진로의 정보탐색과 체험, 자신의 진로에 대한 계획 및 준비 등을 할 수 있도록 지도한다.
- 진로 관련 상담활동은 담임교사, 교과담당교사, 동아리담당교사, 진로진학상담교사, 상담교사 등 관련 교원이 협업하여 수행하는 것을 원칙으로 하되, 전문적 소양을 갖춘 학부모 또는 지역사회 인사 등의 협조를 받을 수 있다.
- 중학교에서는 '진로와 직업' 과목, 자유학기 등과 연계하여 심화된 체험활동을 편성·운영한다. 이 경우, 진로활동을 '진로와 직업' 과목으로 대체하거나 해당 교과서를 활용한 수업으로 운영하지 않도록 유의한다.

- 특성화 고등학교 및 산업 수요 맞춤형 고등학교에서는 학생의 전공에 따른 전문성 신장, 인성 계발, 취업 역량 강화 등을 목적으로 특색 있는 프로그램을 운영할 수 있다.

또한, 어떻게 진로활동을 가르치고 평가할 것인가와 관련하여 다음의 사항들을 기준으로 삼아야 할 것이다.

- 학생들이 자신에 대해 이해할 수 있는 기회와 자신에게 맞는 진로를 찾아가는 과정을 제공하는 데 중점을 두어 지도한다.
- 초등학교에서는 학생들이 개성과 소질을 인식하고, 일과 직업에 대해 편견 없는 마음과 태도를 갖도록 지도한다.
- 초등학교에서는 학교 및 지역사회의 시설과 인적 자원 등을 활용하여 직업세계의 이해와 탐색 및 체험의 기회를 제공한다.
- 중·고등학교에서는 학생의 진로와 연계된 교과담당교사와 진로진학상담교사 등 관련 교원 간의 협업으로 학생 개인별 혹은 집단별 진로상담을 수행한다.
- 중·고등학교에서는 학업 및 직업 진로에 대한 활동 계획을 수립하여 학생의 흥미, 소질, 능력 등에 적절한 진로선택의 기회를 부여한다.
- 중학교에서는 고등학교 진학과 연계하여 학업 및 직업 진로를 탐색할 수 있도록 지도한다.
- 고등학교에서는 상급 학교 진학 및 취업에 따른 학업 진로 또는 직업 진로를 탐색·설계하도록 지도한다.
- 특성화 고등학교 및 산업 수요 맞춤형 고등학교에서는 전공과 관련된 다양한 일과 직업세계의 체험을 통하여 진로를 결정할 수 있는 안목을 형성하도록 지도한다.

이상에서 기술한 창의적 체험활동 교육과정의 기본 방향을 아래 그림 2-2로 살펴볼 수 있다.

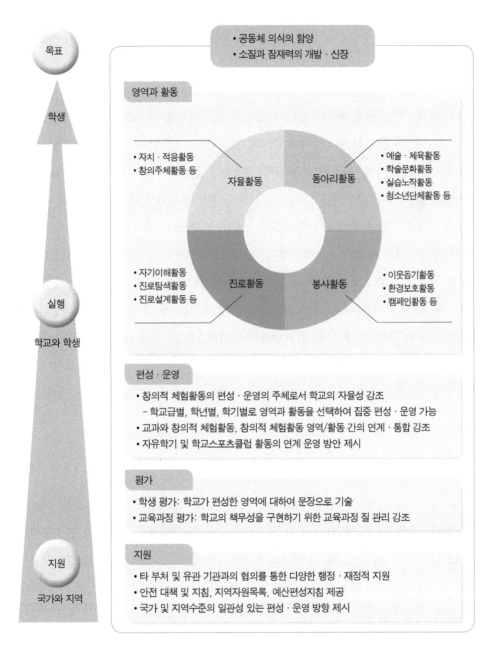

목표

• 공동체 의식의 함양
• 소질과 잠재력의 개발 · 신장

학생

영역과 활동

• 자치 · 적응활동
• 창의주체활동 등

자율활동

동아리활동

• 예술 · 체육활동
• 학술문화활동
• 실습노작활동
• 청소년단체활동 등

• 자기이해활동
• 진로탐색활동
• 진로설계활동 등

진로활동

봉사활동

• 이웃돕기활동
• 환경보호활동
• 캠페인활동 등

실행

학교와 학생

편성 · 운영

• 창의적 체험활동의 편성 · 운영의 주체로서 학교의 자율성 강조
 – 학교급별, 학년별, 학기별로 영역과 활동을 선택하여 집중 편성 · 운영 가능
• 교과와 창의적 체험활동, 창의적 체험활동 영역/활동 간의 연계 · 통합 강조
• 자유학기 및 학교스포츠클럽 활동의 연계 운영 방안 제시

평가

• 학생 평가: 학교가 편성한 영역에 대하여 문장으로 기술
• 교육과정 평가: 학교의 책무성을 구현하기 위한 교육과정 질 관리 강조

지원

국가와 지역

지원

• 타 부처 및 유관 기관과의 협의를 통한 다양한 행정 · 재정적 지원
• 안전 대책 및 지침, 지역자원목록, 예산편성지침 제공
• 국가 및 지역수준의 일관성 있는 편성 · 운영 방향 제시

그림 2-2 창의적 체험활동 교육과정의 기본 방향

출처: 교육부 고시 제2015-74호(별책 42). 교육부. 창의적 체험활동 교육과정. p.4.

여기서는 학교 교육과정에 맞는 다양한 진로진학지도 프로그램에는 무엇이 있으며, 각각 어떤 특징이 있는지 간략히 소개할 것이다. 프로그램의 실제라는 측면에서 어떻게 활용할 것인가에 대한 보다 구체적인 내용과 운영과정에 대해서는 추후 4부에서 상세히 다룰 것이다. 우선 진로진학지도 프로그램의 종류를 구분하고, 그 기준에 따라 어떤 프로그램이 있는지 대표적인 예를 소개하며 그 특징만 살펴보고자 한다.

국가 차원에서 개발된 프로그램을 먼저 살펴보자. 대표적으로 한국고용정보원에서 개발한 진로지도 프로그램(CDP)과 한국직업능력개발원에서 개발한 창의적 진로개발 프로그램(SC⁺EP), 전환기 진로지도 프로그램(STP)이 있는데 각 프로그램의 개발과정을 포함한 특징과 구성 및 내용에 대해 살펴보자(한국고용정보원, 2005, 2008, 2011; 교육부, 2016).

1) 진로지도 프로그램(CDP)

우리가 보통 CDP(Career Development Program, CDP)라고 하는 진로지도 프로그램은 한국고용정보원에서 2004년 처음 '초중고교생 및 대학생용 진로지도 프로그램'으로 개발되었다. 이 프로그램은 우리나라 최초로 초·중·고·대학생 각각의 진로발달 특성을 고려하여 체계적으로 설계된 진로지도 프로그램이라고 할 수 있다. 특히, CDP는 진로발달 과정에 있는 학생들에게 자신에 대한 이해, 직업세계의 이해, 교육세계의 이해, 합리적인 진로의사결정 및 진로지도의 5개 영역을 기초로 학생의 특성과 상황에 대한 심층적 이해를 바탕으로 직업의식을 제고할 수 있도록 구성되어 있다는 점이 주요 특징이다.

무엇보다 CDP는 대상에 따라 세분화되어 있는데, 초등학생용은 CDP-E, 중학생용은 CDP-M, 고등학생용은 CDP-H, 대학생용은 CDP-C로 구분된다. 2004년 처음 개발된 CDP는 2005년 효과성 검증 및 개정 연구를 거쳐 전국적으로 보급되었으며, 학교 현장의 활용 가능성을 높이기 위해 교사용 매뉴얼과 학생용 워크북을 개발하여 온라인, 오프라인을 통해 동시에 보급하였다. 한국고용정보원은 개정 연구를 통해 목표 및 내용의 체계를 더욱 공고히 하고 효과성 및 현장 활용성을 높이고자 하였으며, 한국고용정보원이 새롭게 개발한 진로교육 콘텐츠를 프로그램 내에 적극 반영하는 방향으로 개정하였다. 2008년 '초등·중등 진로지도 프로그램(CDP-E/CDP-M) 개정 연구'를 실시하고, 2009년 '초등·중등 진로지도 프로그램(CDP-E/CDP-M) 개정판'을 보급하였다. 이어서 2009년 '고등학생용 진로지도 프로그램(CDP-H) 개정 연구'를 실시하고 2010년 '고등학생용 진로지도 프로그램(CDP-H) 개정판'을 보급하였다. 일반계고교생을 대상으로 개발된 CDP-H는 특성화고교생의 요구를 충족하기에 미흡하다고 판단하여, '특성화고 CDP'를 별도로 개발하였다. 특성화고교생들의 취업준비역량 강화와 관련된 콘텐츠 보강이 필요하다는 현장의 요구에 따라 개발된 특성화고 CDP는 2012년부터 보급되었다.

이러한 진로지도 프로그램(CDP)의 목표 및 구성을 살펴보면 다음과 같다.

CDP의 목표는 초등학교부터 대학교까지 체계적이고 포괄적인 진로 및 직업 지도를 통하여, 학생들이 자신의 진로를 스스로 탐색하고 계획하며 준비하는 능력을 길러주는 데 있다(한국고용정보원, 2005). 이를 위한 구체적인 목표를 아래와 같이 제시하였다.

- 자신의 직업 및 진로를 체계적으로 설계하고 준비해야 하는 이유와 필요성을 명확하게 인식한다.
- 자신의 잠재력과 흥미, 성격, 가치관, 적성 등을 잘 살펴 자신에게 적합한 직업 및 진로를 선택할 수 있는 시야를 갖는다.
- 직업세계에 대하여 바르게 이해하고 자신이 원하는 직업정보를 탐색할 수 있는 능력을 갖는다.
- 자신의 직업 및 진로선택을 위한 학습의 중요성을 이해하고, 학습계획을 세워

이를 실천한다.

- 합리적인 의사결정의 방법을 이해하고, 이에 따라 자신의 직업 및 진로를 합리적으로 결정한다.
- 자신의 인생을 장기적으로 설계할 수 있는 능력을 키움으로써, 자신의 진로계획을 구체적으로 수립하고 그에 따라 준비하는 능력을 기른다.

한국고용정보원(2005)은 진로발달이론을 바탕으로 학교급별 진로지도 프로그램의 단계 및 목표를 표 2-3과 같이 제시하였다. 즉, 2005년 CDP는 도입부, 자기이해, 직업세계, 교육세계, 의사결정, 진로계획의 여섯 개 대영역으로 내용을 구성하고, 학교급의 수준에 따라 하위 영역을 체계적으로 구성하였다. 초등학생용, 중학생용, 고등학생용 프로그램은 총 34차시로, 대학생용 프로그램은 총 28차시로 구성하였다. 이러한 구성은 개정 과정을 거치면서 중학생용은 32차시, 고등학생용은 31차시로 수정되었다.

표 2-3 진로지도 프로그램(CDP) 단계 및 목표

시기	발달 단계	목표
초등학교	I. 진로인식 및 탐색	자신의 가능성을 탐색하고 직업세계에 대한 긍정적 태도와 가치를 함양하여 꿈을 가꾸어 나갈 수 있다.
중학교	II. 다양한 진로탐색 및 진로설계	자신과 직업세계에 대한 자각과 인식에 기초하여 잠정적으로 자신의 진로를 설계하고 계획할 수 있다.
고등학교	III. 진로탐색 및 잠정적 진로설계	객관적으로 자신의 특성을 파악하고, 교육과 직업에 관한 정보를 효과적으로 수집·분석하며, 이에 기초하여 합리적으로 잠정적인 진로를 설계하고 준비할 수 있다.
대학교	IV. 구체적 진로계획 및 준비	자신에게 적합한 직업을 찾아내고, 이에 입직하기 위한 구체적인 취업준비 계획을 수립할 수 있다.

출처: 한국고용정보원(2005). 초·중·고교생 및 대학생을 위한 직업지도 프로그램 효과성 검증 및 개정 연구 보고서

2) 창의적 진로개발 프로그램(SC+EP)

두 번째로 소개할 대표적인 프로그램은 "창의적 진로개발 프로그램(School Creative Career Education Program, SC+EP)"이다. 진로진학상담교사는 한국직업능력개발원의 커리어넷(http://www.career.go.kr)을 통해 학생진로지도에 필요한 매우 다양한 정보를 얻고 활용하고 있을 것이다. 커리어넷에서는 진로심리검사, 진로상담, 직업학과정보, 진로동영상제공 외에도 진로교육에 필요한 다양한 자료제공을 하고 있다. 아로플러스와 같은 프로그램을 통해 학생들은 자신의 진로탐색을 스스로 해볼 수 있으며, 진로와 학습활동을 위한 일정 및 기록관리 프로그램인 커리어플래너 서비스도 이용할 수 있다. 여기서는 학교 내 진로교육 프로그램으로서 개발된 창의적 진로개발 프로그램(SC+EP)을 그 특징과 내용에 대해 간략히 소개하고자 한다.

SC+EP는 2011년부터 학교에서 체계적인 진로교육이 가능하도록 교육부와 한국직업능력개발원이 개발한 학교 내 진로교육 프로그램을 말한다. 이는 '학교 진로교육 목표와 성취기준'이라는 국가차원의 성취기준 토대를 두고, 이를 구현할 수 있는 진로진학상담교사라는 운영주체가 있다는 점에서 현장에서 무리 없이 수행될 수 있다는 장점을 가진다. 교육부(2016)는 '학교 진로교육 목표와 성취기준'을 개정하여, '2015 학교 진로교육 목표와 성취기준'을 발표하였는데, 이 개정안은 진로교육 정책의 변화, 학교 교육과정에서 진로교육이 차지하는 역할과 위상의 변화, 진로교육의 미래지향성 등을 주요한 기준으로 고려한 것으로, 한국직업능력개발원은 2015 개정안을 토대로 하여 창의적 진로개발 활동지 내용을 개정하고, 다양한 진로교육 콘텐츠를 지속적으로 발전시키고 있다.

커리어넷 사이트에 접속해서 메인 페이지 하단에 학교 진로교육 프로그램(SC+EP)을 클릭하면 다음과 같은 화면을 볼 수 있다.

SC+EP의 체계 및 구성을 간략히 소개하면 다음과 같다. SC+EP은 4가지 요소를 기본으로 구성되어 있다. 즉, 활동중심의 프로그램으로 구성된 '창의적 진로개발', 텍스트와 다양한 매체자료로 구성된 '스마트북', 학생들의 현장체험을 지원하는 '현장체험프로그램', 개별적인 진로지도를 위한 '진로상담' 등으로 이루어져 있다. 그밖에도 창의적

그림 2-3 커리어넷의 SC⁺EP 소개 화면(http://scep.career.go.kr/scep.do).

진로개발에서 심화된 형태로 개발된 '연극을 통한 꿈찾기'와 'Wi-Fi 창업과 진로' 프로그램을 추가적으로 활용할 수 있도록 되어 있다. 따라서, 교사는 SC⁺EP을 활용하여 학교 상황과 개별 학생의 특성에 맞는 진로교육을 체계적으로 구성하여 운영할 수 있으며, 또한 다양한 현장체험이 가능하도록 기회를 제공하고, 학생들의 개별적인 진로지도를 위한 진로상담을 제공하여 청소년들의 진로개발을 위한 창의성과 기초역량을 촉진할 수 있다.(http://scep.career.go.kr/scep.do).

그밖에도 SC⁺EP은 2015 창의적 진로개발 활동지(초등학교·중학교·일반고·특성화고), '진로와 직업' 스마트북, Wi-Fi 창업과 진로프로그램, 연극을 통한 꿈찾기 프로그램, 자유학기제 지원 SC⁺EP F1~F10, 음악과 진로 등으로 이루어졌다.

그림 2-4 커리어넷의 SC⁺EP의 활동 내용소개(http://scep.career.go.kr/scep.do)

3) 전환기 진로지도 프로그램(STP)

전환기 진로지도 프로그램(School Transition Program, STP) 역시 교육부가 청소년 전환기를 지원하는 프로그램 개발을 한국직업능력개발원에 위탁하여 개발되었다. 우리가 초등학교에서 중학교, 중학교에서 고등학교, 고등학교에서 취업 혹은 대학으로의 변화를 학생들의 눈높이에서 바라볼 때, 학생들에게 새로운 학교급으로의 이동인 '전환'은 단순한 진학이나 변경이 아니라 상당한 긴장과 스트레스를 포함하는 변화이다. 그러므로 이 프로그램은 무엇보다도 새 학교급에 대한 기대 못지않게 새로운 환경에 대한 적응으로 이해할 필요에서 개발되었다.

한국직업능력개발원은 학교급별 STP 4종—초6학년(E), 중3학년(M), 대학 진학 고3학년(H), 그리고 취업 선택 고3학년(J)—을 개발하였다. STP는 학교급 간 전환기 시점에서 학생들의 심리적 부담감을 감소할 필요와 교육과정상의 특화된 프로그램 운영 요구가 증대하는 등의 기존 진로지도 프로그램의 한계점을 보완하는 차원에서 전환기 프로그램 개발이 필요하다는 점에서 개발되었다(이지연, 2015).

가장 먼저 STP-H(대학 진학 고3용)를 수능 이후 활용할 수 있도록 2013년 수능고사일에 학교로 배포하였다. 나머지 3종은 12월에 일선학교에 보급하였다. 2014년에는 인터넷 및 휴대용 정보기기 등을 활용하여 누구나 편리하게 이용할 수 있는 전자책(e-book)을 발간하였다. 전자책은 PC 또는 스마트기기에서 리디북스 앱을 실행한 후 '무료 책'의 '진학/진로'분야에서 학교급별 STP 매뉴얼 책을 내려받아 읽을 수 있다. 커리어넷에 탑재된 PDF 파일로도 활용할 수 있다. 또한, 2014년 STP를 기반으로 진로 만화 '꿈을 찾는 아이들' 시리즈를 출간하였다. 이 시리즈는 중·고등학교 입학을 앞둔 학생들의 상급학교 적응을 돕는 내용으로 기획되었다. 학생들이 학교급 전환에 따른 변화 관리 역량을 스스로 키울 수 있도록 다양한 활동거리를 제공하고 있다. 전환기 진로지도 프로그램(STP)은 학교급별에 따라서 STP-M, STP-H, STP-J로 나뉘어 개발되었다. 자세한 활용방법은 4부에서 다시 소개될 것이다.

연구과제

1. 진로진학지도 프로그램을 이해하는 데 있어서 기존의 상담이나 치료, 지도 등의 개념과 비교해 볼 때 잘못 이해하고 있었거나 이 장을 통해 새롭게 인식하게 된 사항에 대해 정리해 보자.

2. 학교에서 진로진학지도 프로그램을 집단의 형식으로 운영하는 데 있어서 이점과 어려운 점에 대해 조별로 논의해 보자.

3. 학교에서 진로진학지도 프로그램 운영의 방식이 매우 다양할 수 있는데, 이 장에서 제시된 다양한 방식 중 가장 현장에 적합하고 유용하게 활용할 수 있는 방식은 무엇이며 어떠한 점에서 그러한지 조별로 토론해 보자.

참고문헌

교육부(2016)). 2015 학교진로교육목표와 성취기준. 교육부.

김계현, 김동일, 김봉환 외 4인(2009). 학교상담과 생활지도. 서울: 학지사.

김계현, 김창대, 권경인 외(2011). 상담학개론. 서울: 학지사.

김봉환(2004). 교육훈련교사를 위한 진로지도 및 상담. 한국기술교육대학교 능력개발교육원 이러닝 콘텐츠.

김영빈, 선혜연, 황매향(2016). 직업 · 진로설계. 한국방송통신대학교 출판문화원.

노안영(2011). 집단상담: 이론과 실제. 서울: 학지사.

선혜연(2013). 제7장 집단진로상담 in 김봉환, 강은희, 강혜영 외(2013). 진로상담. 한국상담학회총서 6. 서울: 학지사.

선혜연, 이명희, 박광택, 엄성혁(2009). 초등학생 진로집단상담 프로그램의 활동내용 분석. 아시아교육연구, 10(4), 1-30.

이영덕, 정원식(1984). 생활지도의 원리와 실제. 서울: 교육과학사.

이재창(1988). 생활지도. 서울: 문음사.

이지연(2015). STP 이해와 적용, 2015년 SCEP 연구학교 담당자 워크숍 강의자료(프로그램 적용관련). 한국직업능력개발원.

이현림, 김봉환, 김병숙, 최웅용(2003). 현대진로상담. 서울: 학지사.

청소년개발원(2007). 청소년프로그램개발 및 평가론. 청소년지도총서12. 서울: 한국청소년개발원.

한국고용정보원(2005). 초·중·고교생 및 대학생을 위한 직업지도 프로그램 효과성 검증 및 개정연구 보고서. 한국고용정보원.

한국청소년대화의 광장(1996). 청소년집단상담. 서울: 청소년대화의 광장.

Jacobs, E. E., Harvill, R. I., & Masson, R. I. l(1994). *Group counseling strategies and skills*(2nd ed.). New York: Basic books.

Yalom, I. D. (1995). *The Theory and practice of group psychotherapy*(4th ed.). New Yor: Basic Books.

커리어넷: SC⁺EP 소개 화면 http://scep.career.go.kr/scep.do

3장

진로진학지도 프로그램 운영자의 자세와 역할

이제경

목표

1) 진로진학상담교사로서의 기본적 자세와 태도를 말할 수 있다.

2) 집단진로상담자의 자질과 역할을 이해할 수 있다.

3) 진로진학 프로그램 운영과정에서의 유의사항과 효과적 대처방법을 설명할 수 있다.

이 장에서는 진로진학지도 프로그램을 현장에서 활용할 때 진로진학교사가 기본적으로 알아야 할 자질과 역할이 무엇인지 살펴보고자 한다. 무엇보다 진로진학상담교사의 역할은 일반 상담자나 혹은 프로그램 운영자에 국한되는 것이 아니기 때문에 상담자이자 '교사'로서 학생에 대해 어떤 기본적 자세나 태도를 가지느냐가 매우 중요하게 작용할 것이다. 대부분 프로그램의 주요 내용이 진로진학에 초점을 두고 있다는 점에서 진로상담자로서는 전문성 개발을 위한 다양한 노력을 기울여야 할 것이다. 또한, 학교장면에서 이루어지는 대부분의 프로그램이 집단형태로 이루어진다는 점에서 집단상담자의 역할이 무엇인가를 이해해야 한다. 마지막으로 진로진학 프로그램의 운영과정에서 다양한 어려움이 발생할 수 있다는 점에서 효과적인 대처방법을 숙지할 필요가 있다. 따라서 이 장에서는 1. 교사로서의 기본적 자세와 태도 2. 집단진로상담자의 자질과 역할 3. 집단상담장면에서 유의할 사항과 효과적 대처방법에 대해 상세히 살펴볼 것이다.

1 교사이자 상담자로서의 기본 태도:
인간적 자질과 전문가로서의 개발

진로진학상담교사로서 갖추어야 할 태도적 측면 중 중요한 기초는 전문가로서의 지식이나 상담자로서의 유능함 외에도 학생들을 이렇게 바라보느냐와 같은 인성적 측면이다. 특히, 진로진학상담교사가 진로와 관련해 아이들의 미래에 대해 어떤 태도나 관점을 갖느냐에 따라 개입의 방향과 노력의 정도가 달라질 것이다. 교사 개인으로서도 다양한 진로 영역이 있는데, 그중에서 왜 진로진학상담교사가 되고자 하였는지 그 동기를 이해함이 중요하다. 자신이 학생들의 진로에 미치는 상당한 영향을 염두에 둔다면 신중한 자세를 갖는 것이 특히 필요하다.

여기서는 상담자의 기본 태도로서 인성적 자질이 무엇을 말하는지 살펴보고 교사로서의 자신을 짚어 보는 기회로 삼아도 좋을 것이다.

1) 진로진학상담교사로서의 기본 태도

우선, 진로진학상담교사가 갖추어야 할 인간적 자질은 일반 상담자가 갖추어야 할 인간적 자질과 크게 다르지 않다고 볼 수 있다. 김계현, 김동일, 김봉환 등(2009)은 학교상담과 생활지도에 임하는 교사가 갖추어야 할 기본적인 태도에 대해 언급하면서, 특히 긍정적인 인간관의 중요성을 강조한 바 있다. 이러한 강조는 심리치료, 진로지도, 직업상담 등 대부분의 주요 상담이론에서 상담을 치료나 교정으로 보지 않고 '교육적 과정'으로 보며, 이른바 문제행동이 소멸되려면 그것을 대체할 수 있는 행동치료이론(이성진, 2001), 해결중심 상담접근법(Berg & Miller, 1992), 긍정심리학(Snyder & Lopez, 2002) 등을 기반으로 한 이론과 기법이 주가 되며 긍정적 인간관이 바탕을 이루어야 한다고 보았다. 기본적으로 학생에 대한 긍정적 이해는 진로진학 프로그램의 운영에 있어서도 반드시 전제되어야 할 조건이자 교사가 갖추어야 할 인성적 자질 중 하나로 대표된다고 할 것이다. 아울러 여기서는 강진령, 연문희(2009)가 언급한 인간신뢰, 일치성, 무조건적 수용, 공감적 이해능력, 원만한 인간관계, 치유능력에 대해 살펴보고 교사가 학생과의 만남에서 보여주는 다음의 특성들이 학생 개개인의 자아실현이나 성장에 어떻게 영향을 미치는지 소개하고자 한다.

(1) 인간신뢰

유능한 교사는 인간, 즉 학생을 신뢰할 만하고 가치가 있으며 조건이 갖추어지면 저마다 자신의 문제를 해결할 능력이 있는 존재로 지각하며, 사물이나 문제보다는 학생 자체에 관심을 가지고 동일시하는 경향이 있다. 그리고 자기 자신을 숨기기보다는 있는 그대로 수용하고 드러내는 성향이 있다.

(2) 일치성

일치성은 상담자에게 요구되는 기본적인 자질과 태도로, 칼 로저스가 말한 '태도적 자질(attitudinal quality)'을 말한다. 이 태도적 자질 중의 하나인 일치성(congruency) 또는 진실성(genuineness)은 경험하는 느낌을 스스로 자각하고 있고, 그 느낌대로 존재하며, 필요한 경우 그 감정을 솔직하게 표현할 수 있음을 말하는데, 교사 역시 진실하고 있는 그대로 존재하며, 가식 없이 속마음과 행동이 일치하는 모습을 보이는 것을 말한다.

(3) 무조건적 수용

학생의 생각과 감정을 있는 그대로 수용하고, 학생의 주관적 경험 세계를 존중하는 태도를 말한다. 한 인간에 대한 존중과 비소유적인 사랑을 의미하며, 학생에 대한 무조건적 수용과 존중은 순간순간 남다른 경험 세계 속에 존재하고, 저마다 독특한 생각이나 감정을 가지고 살아가는 인간 유기체에 대한 기본적인 신뢰의 표현이다.

(4) 공감적 이해능력

마치 학생의 삶 속에 들어가 있는 것처럼 학생의 주관적인 경험 세계를 있는 그대로 이해하고 반응하는 능력을 말한다. 교사가 자신의 가치관이나 기준에 따라 판단하거나 평가하지 않고, 있는 그대로 충분히 이해해주면 학생들은 안도감을 느낀다. 이때 학생들은 자신의 존재를 긍정적으로 수용받는 느낌을 체험함으로써 자아실현이 활발히 촉진될 수 있다.

(5) 원만한 인간관계

좋은 인간관계에서 다른 사람과 깊은 만남을 갖는 것은 소외감을 해결하며, 있는 그대로 자신이 수용되어 스스로 소중하고 존재가치가 있음을 느끼게 한다. 또한, 상대방의 무비판적이고 무조건적인 수용이 자기 수용과 자기 사랑을 증가시킴으로써 한 인간의 자아실현이 긍정적 방향으로 나아가게 된다.

(6) 치유능력

성공적인 상담자는 기법으로 이룰 수 있는 것과는 다른 성질의 치유능력을 소유하고 있다. 제럴드 코리(Corey, 2009)는 치유적인 효과가 있는 사람은 다른 사람의 삶에 의미 있는 변화를 줄 수 있는 인간적인 특징을 갖고 있다고 하였다는 점에서 그 중요성을 설명하고 있다.

2) 진로진학 전문가로서의 자기이해와 전문성 개발

김계현, 김동일, 김봉환 등(2009)은 상담자와 생활지도 담당교사가 끊임없이 자기발전을 위해 노력해야 할 필요성을 언급한 바 있다. 즉 인간적 성장과 전문성 개발이라는 두 가지 측면에서 소홀하지 말아야 한다. 이는 진로진학상담교사에게도 마찬가지로 적용 가능하며 그 시사점을 찾아볼 수 있을 것이다. 인간적 성장에 대해서는 강진령, 연문희(2009)가 제시한 구체적 내용을 통해서도 그 내용을 확인할 수 있다. 교사가 갖추어야 할 주요 자세로서 교사 자신에 대한 이해, 학생 개개인의 존엄성에 대한 신념, 학생의 문제해결능력에 대한 신뢰와 존중, 문제보다는 인간에 대한 관심, 경청과 공감적 이해, 민주적이고 대등한 관계, 탈신비화, 상담내용에 대한 비밀 유지 등을 들고 있다. 이는 앞서 언급한 바와 같이, 진로진학상담교사로서 학생들에게 미칠 영향을 고려하고 교사가 자신에 대한 성찰의 필요성이 있다고 말한 바와 맥락이 같다. 이 중 중요한 몇 가지 주제에 대해 그 의미와 진로진학상담교사에게 주는 시사점을 살펴보고자 한다.

(1) 교사 자신의 진로선택에 대한 이해

교사는 학생의 문제를 파악하기에 앞서 자신의 동기와 생의 목표를 검토해 볼 필요가 있다. 즉 교사가 되기로 결심한 동기는 무엇인가? 인간애와 교육애를 바탕으로 진로를 결정하였는가? 학생들의 성장발달을 도와 타고난 잠재능력을 실현할 수 있도록 돕는 조력관계에서 보람과 긍지를 느낄 수 있는가? 이러한 검토가 선행되지 않고 학생들의 고민 해결을 조력하는 경우, 자칫 효과적인 상담은 고사하고 학생을 혼란에 빠트릴 수 있다고 지적하고 있다. 무엇보다 자신의 욕구충족을 위한 수단으로 학생상담을 조작해서는 안 된다는 것이다. 이러한 지적은 진로진학상담교사로서 자기이해가 우선되어야 할 이유와 같다. 자신의 진로선택과 관련된 소명의식, 직업관, 가치, 직업윤리 등에 대한 이해가 선행된다면 학생들에게도 그것이 왜 중요하며 무엇을 의미하는지 좀 더 쉽게 지도할 수 있을 것이다.

(2) 학생 개개인의 존엄성에 대한 신념

이는 교사가 학생 개개인의 존엄성을 믿고 수호하려는 신념이 있어야 함을 말한다. 학생들의 잠재능력을 실현하도록 돕는 것이 매우 중요하다고 믿기 때문에, 소위 문제아 혹은 비행학생들도 바람직한 지도와 상담을 통해 성장발달이 가능하며, 점진적으로 변화할 것이라는 확신이야말로 '상담자로서의 교사'가 갖추어야 할 신념이라고 강조하고 있다. 이는 진로진학교사로서 다양한 학생들을 어떻게 대할 것인가에 대한 중요한 시사점을 준다. 즉 교사는 현재 아이들이 보여주는 모습만으로 미래를 예단하기보다는 아이들에게 자신을 어떻게 대하고 자신의 진로를 어떻게 만들어갈 수 있는지 그 가능성을 보여줄 수 있어야 한다. 그것은 바로 진로이론이나 기법 등을 통해 배운 지식을 적용하기 이전에 무엇보다도 우선적으로 갖추어야 할 것이다.

(3) 탈신비화

상담이 인간의 모든 문제를 해결할 수 없는 것처럼 교사도 만능 해결사는 아니다. 성취동기가 강한 교사는 자신을 찾아오는 학생들에게 의식적, 무의식적으로 자신의 능력을 증명하려고 함으로써 바람직한 상담관계를 방해할 수도 있다고 지적하고 있다. 즉 학생을 통해 인정받으려는 자신의 욕구가 더 큰 것은 아닌지 반성의 필요성을 강조한다. 이 또한 진로진학상담교사로서도 유념히고 성찰해 볼 부분이다. 다양한 진로상담 및 진로진학 프로그램을 진행하는 과정에서 교사로서 부딪히는 한계가 무엇이며, 진로진학상담에서 다룰 수 있는 것과 아닌 것이 무엇인지도 고민해 볼 필요가 있다. 특히, 진로진학상담교사의 역할은 보다 나은 선택을 하도록 정보를 제공하고, 의사결정의 기술을 학습할 수 있도록 돕는 것이지 학생들의 진로나 적성, 흥미 등에 대해 정답을 주거나 대신 결정해주는 것이 아님을 명심해야 할 것이다.

이 밖에도 진로진학상담교사는 계속해서 자기의 전문성 향상을 위한 노력을 지속해야 할 것이다. Corey(1986)는 집단상담자가 상담에 참여하는 청소년들을 성장시키고 발달하도록 도우려면 상담자 자신의 삶을 성장시켜야 한다고 강조한 바 있다. 즉 내담자를 긍정적으로 변화시키는 가장 강력한 힘의 원천은 상담자 자신이 바람직하고 건강한 삶을 살기 위해 끊임없이 노력하는 모습을 보여주는 것이다(청소년대화의 광장, 1996. p.29). 또한, 김계현, 김동일, 김봉환 등(2009)은 관련 학회나 연구회 등에 가입함으로써 지속적인 전문성 제고를 위한 노력이 필요하다고 보았다. 특히 상담관련 지식은 항상 변화하고 발전하며, 새로운 이론과 기법이 도입되기 때문에 상담교사는 늘 변화에 적응해야 하고 새로운 지식과 기법을 습득해야 한다는 것이다. 따라서 진로진학상담교사로서 정보를 공유하고 보다 발전적인 논의와 훈련이 가능한 관련 학회(예, 진로교육학회, 아동청소년상담학회, 생애개발진로상담학회, 진로상담학회, 진로진학상담교사협의회 등)활동을 권장하는 바이며, 이는 강의나 워크숍참여 등을 통해 기존의 지식을 습득하는 것뿐 아니라 학교현장에 타당한 이론이나 기법, 연구물, 프로그램 등을 함께 생산하며 공유하는 장을 만들어가는 것이라고 볼 수 있다.

2　학교 집단 진로상담자의 자질과 역할

학교에서 이루어지는 진로진학프로그램은 대부분 집단의 형태로 이루어지기 때문에 진로진학상담교사는 일반적인 집단상담자로서 갖추어야 할 자질과 그 역할을 이해하는 것이 필요하다.

코리 등(Corey, Corey, & Corey, 2010)은 효과적인 집단상담자의 개인적 특성으로 제시한 ① 용기 ② 현재에 존재하기 ③ 집단과정에 대한 믿음 ④ 비판에 대해 방어적으로 대처하지 않기 ⑤ 내담자의 고통을 공감하는 능력 ⑥ 활력 ⑦ 자기자각 ⑧ 창의성 ⑨ 기꺼이 본보기를 보이려는 의지 ⑩ 진솔성과 배려 ⑪ 유머감각 등을 제시하였다. 이를 중심으로 선혜연(2013)은 그 의미와 중요성을 다음과 같이 설명하였다. 즉, 집단 진로상담자 역시 집단상담자로서의 인간적인 자질을 갖추어야 하며, 상기한 집단상담자의 특성은 집단 진로상담을 진행하는 데에도 역시 유용하게 적용될 수 있다. 다만 다른 집단상담에 비해 상대적으로 집단 진로상담자에게 더 요구되는 자질을 중심으로 구체적으로 살펴보면 다음과 같다.

1) 집단 진로상담자의 자질

(1) 용기

효율적인 집단상담자의 중요한 인간적 특성 중의 하나인 용기란 상담자가 두려움을 느끼지 않는다기보다 자신에게 있는 두려움을 인식하고 그것을 잘 다루고 있음을 말한다(Corey, Corey, & Corey, 2010). 집단 진로상담에 오게 되는 내담자는 매우 다양하지만 일반적으로 자신의 미래에 대한 막연한 두려움과 미결정에 대한 불안, 진로미결정의 원인이 되고 있는 상황적인 어려움에 대한 분노로 어려움을 지닌 내담자들이 주를 이룬다. 이러한 집단원들의 심리적인 어려움에 대해 상담자가 용기를 갖고 그러한 어려움에 직면하려는 모습은 그 자체로 집단원들에게 치료적일 수 있다.

(2) 기꺼이 모범을 보임

집단 진로상담은 대부분 구조화된 집단상담의 형태를 취하는 경우가 많은데 이러한 구조화된 집단은 대부분 구조화된 활동을 함께 진행하면서 진행된다. 이러한 구조화된 활동을 진행함에 있어 집단상담자 혹은 보조상담자(co-leader)가 적절한 대안행동을 교육하는 데 가장 좋은 방법 중 하나는 집단에서 그런 행동의 모범을 직접 보이는 것이다. 이런 까닭에 기꺼이 모범을 보이려는 집단상담자의 자질은 집단 진로상담을 진행하는 데 필요조건이라 볼 수 있다.

(3) 개방성과 기꺼이 새로운 경험을 찾는 태도

개방성은 자신과 다른 집단원 혹은 새로운 경험, 자신과는 다른 생활양식이나 가치들에 대해 수용적인 태도를 취하는 것이다. 집단상담자가 자신을 개방하는 것은 상담의 효율성에 도움을 주는데 예컨대 집단 진로상담자가 자신의 진로발달에 대한 적절한 개방과 다양한 집단원들의 진로발달상의 개인차에 대한 개방성을 보여주는 것은 집단원들이 다양한 진로발달에 대한 인식의 폭을 확장해주는 데 도움을 줄 수 있다. 더불어 기꺼이 새로운 경험을 찾는 태도는 집단상담자가 직접 경험하지 못했던, 문화적으로 다양한 집단들, 예컨대 비행청소년 집단원들, 실직자 집단원들과 같은 집단원들을 만남에 있어서도 그들과 효율적으로 작업하는 데 도움이 되는 집단상담자의 자질이다.

(4) 활력과 개인적인 힘

활력은 집단을 이끄는 데 필요한 집단상담자의 신체적, 심리적 지구력을 의미하는데 집단 진로상담자는 집단 과정을 통해 활력을 유지하기 위해서 압력을 견디어야 한다. 또한 효과적인 집단상담자의 자질 중 개인적인 힘이란 리더의 역동적이고 생동감 있는 자신감과 카리스마를 의미한다. 우리나라의 집단 진로상담에 참여하는 집단원들 대부분은 청소년인데 청소년들은 일반적으로 매우 활동적인 작업을 통해 집단에 참여하는 경향이 있으므로 이들과 함께 작업하기 위해서는 집단상담자가 자신의 행동을 통하여 생동감을 표현하고 발산할 필요가 있다. 또한 진로미결정에서 오는 불안과 우울을 경험하는 집단원들의 경우 그 집단을 유지하기 위한 집단상담자의 활력과 개인적인 힘이 더욱 요구된다고 할 수 있다.

(5) 유머감각

집단상담자에게 요구되는 자질로서의 유머감각이란 스스로에 대해 웃을 수 있고 인간적 약점에 내재하는 유머를 볼 수 있는 능력을 일컫는 것으로 집단원들로 하여금 적절한 시각을 갖고 심리적 부담을 줄이는 데 매우 유용한 자질이다. 집단 진로상담에서는 진로미결정에서 비롯된 불안과 우울을 호소하는 집단원들과 비자발적으로 참여한 집단원들, 직업부적응에서 오는 분노감을 경험하는 집단원들을 종종 발견할 수 있다. 이러한 집단원들과 작업을 하기 위해 집단 진로상담자는 유머감각의 자질을 갖추고 이를 활용할 수 있어야 한다.

2) 집단 진로상담자의 역할

집단 진로상담의 리더는 상담의 효과를 향상시키기 위해 다양한 역할을 하게 된다. 보통 집단상담자의 주요한 역할로는 안내와 지도 역할, 적절한 행동의 본보기 역할, 상호작용 촉매 역할, 의사소통 촉진자 역할을 언급한다(Bates et al., 1982). 집단 진로상담자에게 있어 각각의 역할이 구체적으로 구현되는 방식을 설명하면 다음과 같다(선혜연, 2013).

(1) 안내와 지도 역할

일반적으로 집단상담자는 집단구성원들이 해야 하거나 하지 말아야 할 행동을 자각하도록 조력한다. 집단 진로상담 역시 집단상담의 형태를 띠고 있으므로 집단의 역동을 기초로 이루어지며 이러한 집단역동 속에서 집단원들이 진로 집단 내에서 지켜야 할 규칙과 규범이 정해진다. 예컨대 '집단에서는 가능한 서로의 진로발달에 도움이 되도록 상호작용한다'는 규칙 혹은 규범을 형성하기 위한 집단상담자의 안내와 지도는 중요한 집단상담자의 역할이라고 할 수 있다.

(2) 적절한 행동의 본보기 역할

앞서 집단 진로상담자의 자질에 대해 설명할 때 '기꺼이 모범을 보이려는 자질'은 매우 중요한 자질로서 설명되었다. 이러한 집단 진로상담자의 특성은 진로 집단에서 구체적인 집단내의 활동을 시연하거나 규범을 설정하기 위해 상담자 스스로 본보기가 됨으로서 구현될 수 있다. 이러한 적절한 행동의 본보기 역할은 집단 진로상담자에게 매우 중요한 기능 중 하나이다.

집단역동에 기초하여 집단원들이 서로 성장해 나갈 수 있도록 조력하기 위해 집단 진로상담자는 집단원들이 서로에게 표현할 어떤 것이 있는가를 질문하고, 집단에서의 발언 시간을 배분하거나 집단원들 간의 정보교환 및 상호피드백의 기회를 제공하는 것과 같은 상호작용 촉매자의 역할을 수행한다.

(4) 의사소통 촉진자 역할

집단 진로상담 역시 집단원들 간의 상호관계를 기초로 진행되고 이러한 대인관계는 의사소통을 중심으로 이루어진다. 집단원들의 진로발달과 선택에 초점을 두고 있는 집단 진로상담에서 집단원들 간의 의사소통을 원활히 하는 데 조력하는 상담자의 역할은 매우 중요하다. 특히 최근에는 구직기술 향상을 위한 집단의 경우 구체적인 의사소통 능력 향상을 목표로 한다. 이러한 집단 내의 적절한 의사소통 촉진자로서의 상담자 역할은 집단 진로상담에서 매우 중요한 기능이라고 할 수 있다.

3 진로 집단프로그램 운영 시 유의점과 효과적인 개입방법

1) 학교에서 진로 집단상담을 운영할 때 유의해야 할 사항

진로진학지도 프로그램이 이루어지는 주요 장면은 학교이다. 또한, 이러한 프로그램은 주로 집단의 형태로 이루어지기 때문에 여기서는 학교에서 집단상담의 형식으로 프로그램을 운영할 때 교사가 유의해야 할 사항에 대해 간략히 살펴볼 것이다. 김계현, 김동일, 김봉환 등(2009)은 6가지 측면에서 그 유의점을 제시한 바 있다. 이는 진로진학 상담교사로서 각종 프로그램을 진행하는 데 있어서도 동일하게 적용되고 그 시사점이 있다. 그 구체적인 내용과 의미를 살펴보면 다음과 같다.

첫째, 학교에서의 집단상담은 일차적으로 치료가 그 목적이 아니라는 점이다. 교사는 학생에 대한 이해나 교우관계의 증진 또는 문제의 예방이라는 교육적인 목적으로 사용하되 치료적인 개입이 필요한 학생은 상담기관에 의뢰하여 개인상담이나 집단상담을 받게 할 필요가 있다.

둘째, 교사는 실험정신으로 집단상담을 운영할 필요가 있다고 하였는데, 이때의 교사는 학교에서 학생들에 대한 전문가이며, 즉 학교의 구체적인 사정과 학생에 대해 가장 잘 알고 있고, 또 그래야 하는 사람으로 강조되고 있다. 이는 학생들을 가장 잘 이해하고 그들에게 적합한 프로그램이 무엇인지를 판단할 수 있어야 한다는 것을 말하는데, 따라서 초기에는 이미 개발된 프로그램이나 활동을 빌려와 집단상담을 운영할 수 있지만 궁극적으로는 자신의 학급이나 학교의 상황, 학생의 특성에 맞는 프로그램이나 활동을 개발할 수 있어야 한다.

셋째, 집단상담은 우선 학생들의 흥미를 끌 수 있어야 한다고 보았다. 청소년을 대상으로 한 집단상담에서 가장 중요한 것이 바로 학생들의 흥미를 끄는 것이라고 강조하고 있는데, 이를 위해서 신체 활동이나 학생 간 의사소통이 활발하게 이루어지는 집단활동을 각 회기의 시작이나 중간에 포함시켜 흥미를 유발해야 한다는 것이다. 이러한 점은 동일한 주제의 프로그램을 진행하더라도 학생들의 관심을 자극하고 적극적으로 참여하도록 세부 활동을 구성하고 실행하는 교사의 노력과 판단력에 따라 달라질 수 있다는 측면에서 살펴보아야 할 것이다.

넷째, 교사는 활동의 목표를 정확히 알고 있어야 한다. 활동의 목표를 바로 알기 위해서는 집단활동이 가진 이론적 근거를 함께 알고 있으면 좋다고 하였다. 즉 이론적 근거를 바로 알면 활동을 통해 성취하고자 하는 목표와 활동의 방향을 상황에 맞춰 융통성 있게 바꾸어 갈 수 있지만, 그렇지 못하면 방향을 잃거나 어떻게 마무리 지어야 하는지 모를 수 있다는 것이다. 이 역시 이 장에서는 진로 집단프로그램을 소개하지만 각 프로그램의 주제와 관련된 기초적 진로발달이론이나 진로상담이론, 기법의 원리 등에 대해 진로진학상담교사가 잘 이해하고 있어야 할 필요성을 말해주는 것이다.

다섯째, 집단상담자는 집단원의 발달단계나 집단이 전개되는 과정에서 단계를 인식하여 그에 맞는 활동을 선택해야 한다. 예를 들어 제시한 것은, 학생들끼리 다른 집단원의 장점을 말하는 활동, 즉 장점세례와 같은 활동을 한다고 했을 때 이는 집단의 발달 과정 중 초기에 하기는 어렵다는 것이다. 또한 사고와 내면의 탐색을 유도하는 활동은 초·중등학생에게는 잘 맞지 않는다고 보았다. 이 역시 1장에서 소개하였듯이 진로교육이 왜 학생들의 인지발달을 포함한 발달적 특성을 먼저 잘 알고 시행되어야 하는지 그 중요성을 말해준다고 할 수 있다. 끝으로, 집단을 운영하는 교사는 활동을 통해서 기대하는 효과가 무엇인지 분명히 알고 있어야 한다. 즉 집단 경험이 없는 초보상담자나 교사의 경우는 단순히 '활동을 하면 학생들이 뭔가 느끼겠지'라는 막연한 기대를 가지고 운영하는 경우가 있다. 따라서 교사는 활동의 목표와 기대하는 효과가 무엇인지를 적어도 한 가지는 확실하게 이해하고 집단활동에 임해야 함을 강조하고 있다.

그밖에도 김동일, 김은하, 김은향 등(2016)은 집단상담에서 크게 도움을 받지 못하는 청소년을 미리 선별할 필요성과 충분한 오리엔테이션 시간을 할애할 필요성 그리고 집단을 운영할 때에는 반드시 구체적인 목표를 설정해야 한다는 점을 강조하고 있다. 특히, 마지막으로 재미있는 활동들로 구조화된 프로그램을 활용함으로써 학생들이 자연스럽게 참여하는 가운데 제한된 시간 내에 상담자와 집단원들이 원하는 바람직한 행동의 변화와 발달과업을 성취하는 발단이 될 것이라고 보았다.

2) 프로그램 운영에서 만나는 어려운 상황이나 효과적 개입방법

여기서는 집단 진로상담을 진행하는 데 있어 집단상담자가 당면하게 되는 몇 가지 어려운 상황이나 효과적인 개입방법에 대한 실질적인 내용을 살펴보고자 한다(선혜연, 2013)[1].

---

1 여기서는 선혜연(2013)이 제시한 내용을 저자의 허락하에 이 장에 적합하도록 세부 호칭이나 용어만을 수정하여 그대로 사용하였음을 밝힙니다.

(1) 진로 집단활동 촉진을 위한 방법

집단 진로상담은 일반적으로 구조화된 집단으로 구성되는 경우가 많다. 따라서 구체적인 집단활동을 통해 진행되는 경우가 많은데 집단 초기에 활동을 진행할 경우에는 전체 집단원간의 상호작용에 앞서 2~4명의 소집단활동을 먼저 하여 학생들이 부끄러움과 위협감을 덜 느끼게 진행할 수 있다. 이후 이러한 소집단활동을 전체 활동으로 넓혀가면서 집단 전체가 서로 알아갈 수 있는 기회를 제공하는 것이 좋다.

진로상담의 활동은 상당 부분 교육적인 내용이 많이 포함되어 있어 다소 지루할 수 있으며 청소년 집단의 경우 특히 각 활동이 재미있으면서도 유익하도록 노력해야 한다. 이를 위한 개인 작업시간이나 소집단별 연습시간은 타이트하게 진행하는 것도 방법이 될 수 있다. 일반적으로 이러한 구조화된 집단 진로활동은 ① 설명하기 ② 시범 보이기 ③ 연습하기 ④ 집단 피드백받기의 순서로 진행된다. 설명하기란 교사가 이 프로그램의 활동 내용은 무엇이고, 왜 이런 방식을 하는지, 왜 이것이 개인의 진로발달에 중요한지를 설명하고 안내하는 과정이며, 시범 보이기는 프로그램과정에서 학생들이 하기 바라는 바를 진로진학상담교사 혹은 보조교사가 직접 시범을 보이는 과정이며, 연습하기는 시범을 보인 활동을 학생들이 해보거나 특정 기술을 연습하도록 요청하는 과정이다. 집단 피드백받기는 학생들이 연습이 끝난 후 그 결과를 전체 학생들에게 시연하고 서로의 진로발달에 도움이 되는 방식으로 피드백을 주고받는 과정이다.

(2) 집단 초기에 목표 설정

일반적으로 집단 진로상담은 학생들의 진로문제를 보다 명료화하고, 다른 학생들의 경험을 공유하며, 진로정보를 확장한다는 목적이 있다. 또한 현재 상황에 매몰되어 자신의 미래에 대하여 매우 제한적으로만 보는 문제를 극복하고 진로문제를 해결하는 등의 목적을 가지고 실시한다. 집단 진로상담의 구체적인 목표를 살펴보면 다음과 같이 네 가지로 나눠볼 수 있다.

① 진로와 관련된 합리적인 자기평가

자기자신을 객관적으로 이해하는 것을 의미한다. 이를 위해서는 전문가 면담, 자기관찰, 심리검사 활용 등이 요구된다.

② 가능한 진로 대안 창출

선택 가능한 진로에 관하여 여러 가지 대안들을 만들어 내는 것을 의미한다. 이를 위해서는 먼저 많은 대안들을 생각해 내고, 일정한 기준에 따라 하나씩 줄여나가는 활동이 필요하다.

③ 다양한 기술의 연습

정보수집이나 진로의사결정, 취업면접에 필요한 기술을 직접 연습하는 것을 의미한다. 집단상담자의 시범과 일정한 모델링에 의해서 반복적인 역할연습을 실시한다.

④ 정보수집

선택의 대상이 되는 학교, 학과, 직업 등에 대한 정보를 수집하는 것을 의미한다. 이를 위해서는 공신력 있는 정보의 원천을 알아야 하고, 그곳에서 수집한 정보를 목적에 맞도록 가공하여 활용하여야 한다.

집단프로그램 초기에 이러한 집단 전체의 목표에 맞춰 개인별 진로상담 목표를 설정하고 이를 체크해 나가도록 격려하는 것은 집단 진로상담이 성공적으로 진행되는 데 매우 중요한 요소가 된다. 예를 들어 다양한 기술의 연습이라는 집단의 목표에 대해 어떤 학생은 '취업을 위한 면접기술의 습득'이라는 개인적인 목표를 갖고 있을 수 있고, 다른 학생은 '정보탐색을 위한 인터넷 활용 기술의 습득'을 개인적인 목표로 잡을 수 있을 것이다. 집단 목표와 함께할 수 있는 학생들의 개별적인 목표 설정은 집단 경험을 통해 학생들이 최대한 많은 것을 얻어가도록 도와주는 개입전략이기도 하다.

(3) 집단의 초점을 형성하고 유지하기

집단상담에서의 '초점(focus)'은 중심 주제, 공통 목표라고도 할 수 있는데, 집단 내에서 가능한 빨리 그리고 명료한 초점을 세우는 것은 단기간 내에 밀도 있는 집단을 이끌어갈 수 있는 관건이 된다. 초점이 되는 것은 보통 집단원들 간에 공유하게 되는 진로 문제 혹은 진로 주제가 된다. 집단원들이 초점을 공유하게 되면 집단의 동질성을 느끼게 되는데 이 집단의 동질성은 짧은 시간 내에 집단이 움직이도록 해 주는 근원이라고 할 수 있다.

집단 진로상담에서 다룰 수 있는 초점은 일반적으로 다음과 같은 특성을 지닌다.

① 현실적인 주제라야 하며 그 수준이 집단원들에게 적절해야 한다. 예를 들어 진로결정을 돕기 위한 목적으로 집단이 구성된다고 할 때, 집단원들이 진로미결정의 수준인지 진로결정한 상태에서 방법을 모색하는 중인지에 따라 구체적인 초점은 상당히 달라져야 할 것이다.

② 진로발달 과업과 관련된 문제 혹은 주제가 무난하다. 발달 과업과 관련된 문제가 초점이 될 경우 연령대가 비슷한 동질집단이라면 집단원들의 개인차에 관계없이 공통의 관심사일 가능성이 매우 높다.

③ 진로 집단활동 중에서도 대인관계와 관련된 활동이라면 더욱 유용하다. 대인관계와 관련된 활동으로 방향이 잡힐 경우 집단원들이 서로 도움이 될 여지가 훨씬 더 많다. 예를 들어 구직을 위한 면접 기술을 연습하고 피드백하는 주제나 진로와 관련된 자신의 특성을 다른 사람들과 비교해 볼 수 있는 기회를 제공하는 주제는 집단활동을 통해 이루어질 경우 유용할 수 있다.

(4) 집단의 위기를 다루는 3단계

집단이 발달과정을 살펴보면 집단의 위기는 주로 과도기에 나타날 수 있다. 비록 구조화된 집단 진로상담으로 진행되는 경우라도 이러한 위기가 등장할 수 있고 이러한 위기는 다루어져야 할 필요가 있다. 일반적으로 집단의 위기를 다루는 방법은 다음과 같은 3단계를 통해 진행될 수 있다(이윤주 외, 2000).

① 인식 단계

"나는 많은 분들이 은희가 느끼고 있는 의구심, '우리가 4번 만났는데 이런 활동을 통해 정말 내가 원하는 진로선택을 이룰 수 있을까?'하는 것을 같이 느끼고 있구나 하는 생각이 들었어요.

② 인정(수용) 단계

"그런 마음이 드는 것이 충분히 이해가 됩니다. 동규는 시간이 많이 지났다고 걱정하고 있고, 정희씨는 자신의 진정한 관심사를 아직 모르고 있고, 지석이와 효원이는 두 분이 궁금해 하는 것에 대해 내가 그 어떤 것도 말해주지 않았다고 느끼는 것 같아요."

③ 문제제기하고 다루기

"사실 나는 여기 있는 누구에게도 문제에 대한 해답은 드리지 않습니다. 줄 수 있는 답을 제가 가지고 있을 수는 있지만 아마도 여러분에게 가장 도움이 되는 방식은 자신의 고민거리나 관심사에 대해 서로 더 직접적이고 솔직하게 나누도록 제가 돕는 것입니다. 이 집단 속에는 이미 훌륭한 정도의 기술과 지식, 지지, 정보가 있어요. 여러분이 자신과 다른 집단원에게 도움이 되도록 그것들을 잘 활용한다면 집단에서 나눈 것들, 경험한 것들이 여러분 모두에게 아주 큰 도움이 될 수 있습니다."

(5) 집단 진로상담에서 어려운 집단원과 작업하기

비단 집단 진로상담뿐만 아니라 진로상담에서는 다른 심리상담과는 다른 어려움으로 함께 집단에 참여하는 집단원들을 만나게 된다. 이러한 집단원들이 등장하게 되면 일반적으로 초심 상담자들은 매우 당황하거나 어떻게 작업해야 할지에 대해 혼란스러워 한다. 집단 진로상담에서 만날 수 있는 당황스러운 집단원들에 대해 몇 가지 유형을 중심으로 살펴보고 이들을 위해 도움을 줄 수 있는 개입방법을 정리해 보고자 한다.

① 지나치게 관심이 없는 학생

진로상담에서 쉽게 확인할 수 있는, 관심이 거의 없거나 전혀 없는 집단원은 아마도 가장 일반적인 당황스러운 집단원이다. 이들은 열정도 없이 기껏해야 한두 가지 관심거리를 말한다. 진로 집단상담에 이러한 집단원이 찾아오는 경우는 일반적으로 강제적으로 집단에 참여하도록 요구받은 경우이거나 주변 사람들로부터 진로에 대한 압박을 많이 받아 집단에 오기는 했지만 뚜렷한 목표가 없는 집단원인 경우가 많다. 자신의 진로에 대한 관심이 지나치게 없는 경우는 집단원 선별과정에서 개인 진로상담을 추천해 볼 수도 있지만 정체성의 혼란이나 파괴와 같은 보다 심각한 심리적 문제를 갖고 있는 것으로 예상되는 경우가 아니라면 집단활동을 통해 관심의 영역을 확장시키는 것을 목표로 잡고 진행할 수 있다. 이러한 집단원들의 대부분은 자기 자신과 직업 혹은 직업 세계에 대한 정보가 부족한 경우가 많다. 그러므로 집단활동을 통해 이러한 정보를 제공받을 수 있는 관련 활동을 직접 경험해 보고, 깊이 있는 자기 모색에 참여시키는 것을 목표로 할 수 있다.

② 다양한 진로대안에 대한 관심사가 자주 바뀌는 학생

자신의 진로에 대해 지나치게 관심이 없는 집단원도 상담자를 당황하게 하지만 너무 다양한 흥미를 갖고 있고, 다양한 재능이 있는 집단원들 역시 진로상담자에게 새로운 도전을 의미한다. 실제로 진로 집단원 중에는 하루는 외교관을 꿈꾸고 다른 날에는 가수를 꿈꾸며, 어떤 날은 사진사에 도전하고 싶어 하면서 자신의 다양한 재능과 흥미 속에서 '방황'하는 사람이 있었다. 그는 자신의 진로문제가, 너무나 많은 선택지들 속에서 '귀가 얇기 때문'에 생겼다고 생각하고 있었다. 다양한 경험에 대한 개방성과 문제 해결에 대한 강한 관심을 표명하면서 강한 호기심과 완벽주의적 성향이 있는 집단원들의 경우 이러한 어려움을 호소하기도 한다. 집단활동을 통해 이들을 돕기 위해서는 '진로에 대해 보다 자유로운 생각'을 갖도록 해주는 것이 좋다. 즉 자신의 다양한 관심사가 우유부단함에서 비롯됐다기보다는 체계적인 자기탐색이나 진로에 대한 정보가 부족했기 때문에 발생하는 문제임을 인식시키고 그동안 미처 몰랐던 다양한 선택사항들을 확인하는 기회를 제공해 줌으로써 합리적인 선택이 가능하도록 도와줄 수 있다. 다만 이들의 진로문제를 집단에서 다루기 위해 상담자가 유의해야 할 점은 이들의 다양한 관심사에 대한 표현이 집단원들로부터 배척당할 수 있는 형태로 표현되면 '집단의 희생

양' 혹은 '공격의 대상'이 될 수 있다는 것이다.

③ 비현실적인 직업포부를 가진 학생

어떤 한 시점에서 최고의 진로대안이라고 보는 직업을 보통 '직업포부'라고 한다 (Gottfredson, 2003). 집단 진로상담에서는 종종 직업포부를 너무 높거나 혹은 너무 낮 게 잡는 집단원들을 만날 수 있다. 혹은 자신의 능력과 흥미 사이에 적절한 타협을 통한 현실적인 직업포부를 갖지 못한 집단원들도 있다. 예를 들어 자신은 노래를 잘하지 못 하는데 '가수'를 꿈꾸는 경우도 있고, 혹은 충분히 목표로 도전할 수 있는 직업에 대해 서 능력이 부족해 못할 것이라고 이야기하는 집단원들이 있다. 이들은 자신의 능력에 대한 효능감이 낮거나 직업적인 관심 사항들을 확인하는 것을 좋아하지 않거나 할 수 없는 경우일 것이다. 이러한 집단원들을 만나게 되면 우선 상담자들은 자신의 주관적 인 견해가 영향을 미치지 않도록 하기 위해 집단원이 가지고 있는 목표의 현실성에 대 해 성급한 판단을 내리지 않도록 주의해야 한다. 그리고 구체적인 진로정보탐색 활동 을 통해 자신의 능력과 흥미에 대한 객관적이고 현실적인 기대를 가질 수 있도록 조력 할 수 있다.

④ 저항적인 학생

집단상담에서 저항이 나타나는 방법은 매우 다양하다. 과제를 해오지 않는다든지, 계속해서 집단 시간에 늦는다든지, 집단상담자나 다른 집단원들을 비판한다든지, 집단 활동에 참여하기를 거부한다든지, 집단원들에게 불합리한 요구를 한다든지, 집단활동 에 대한 비관적인 태도를 나타낸다든지, 다른 집단원들의 피드백에 부적절하게 화를 내 거나, '예, 하지만…'과 같은 반응을 보이는 것 등이 포함된다. 집단에서 함께 작업하기 어려운 집단원이 있을 때 상담자는 자신의 개입방식이 어떻게 집단원의 문제행동을 감 소시키거나 증가시키는지에 대해 충분히 염두에 두어야 한다. 흔히 집단 과도기 단계에 서 저항적인 집단원들이 어떠한 방식으로 집단에 참여하는지 살펴보면 다음과 같다.

- 집단원들 중 몇몇은 진로문제 유형에 따라 스스로를 분류하거나 자기가 부과한

낙인으로 제한할 수 있다.

- 부정적 감정을 표현하지 않으면서 다른 집단원들과의 관계를 거부하여 집단 내에 불신의 분위기를 형성할 수 있다.
- 직면이 잘못 다루어질 경우, 집단원들은 방어적인 태도를 가지게 되며 문제는 해결되지 않고 숨은 안건으로 남게 된다.
- 일부 집단원이 외부 집단을 형성하거나 비판하는 모임을 만들어 집단 안에서는 침묵하고, 집단 밖에서만 부정적인 감정을 표현하는 경우가 발생할 수 있다.

집단 진로상담에서도 이러한 다양한 방식의 저항은 등장하기 마련이다. 다른 집단에 비해 진로상담을 위해 집단에 참여하는 사람들의 대부분은 쉽게 상담과정에 참여하여 상담자에게 부적절한 어려움을 끼치지 않고 종결에 이르기까지 상담을 잘 진행하는 경향이 있다. 하지만 몇몇 집단원들은 자신의 특별한 문제들을 집단에 가져오고 상담자들은 이러한 집단원들에 대해 효과적인 개입을 선택하고 실행해야 한다(김충기·김희수, 2003).

집단에서 저항하는 집단원들에 대한 효과적인 개입은 상담의 이론별로 조금씩 다르다. 저항은 일반적으로 '자신의 변화에 대한 불안'이 원인이 된다. 그러므로 다양한 집단원들의 저항행동의 기저 원인을 확인하는 것이 상담자의 중요한 과제이다. 저항을 다루는 두 가지 일반적인 접근방법으로 우선 집단상담자가 초기에 집단 진로상담에 대한 구조화를 명확히 하고, 분명한 목표를 확립하고, 집단활동의 속도를 적절하게 조정한다면 비협조는 예방될 수 있다. 둘째, 집단원의 개인 특성에 의해 야기된 저항은 허용해야 하며 이러한 방어를 함께 이야기하고 갈등을 해석하는 보다 발전적이고 직접적인 개입이 필요하다.

연구과제

1. 진로진학상담교사로서 집단진로지도 프로그램을 운영할 때 갖추어야 할 기본 자질 중 가장 어렵게 느껴지는 것이 무엇인지 생각해 보자. 또한 그 이유가 무엇인지 찾아보자.

2. 프로그램 운영자의 역할로 제시된 내용 중 본인이 가장 잘할 수 있다고 생각하는 강점은 무엇인지 찾아보자.

3. 학생들과 집단프로그램을 운영할 때 대하기 어려운 학생 유형이나 구성원은 누구이며 어떻게 운영하는 것이 도움이 되었는지 조별로 토론해 보자.

참고문헌

강진령, 연문희(2009). 학교상담학생생활지도. 서울: 양서원.

교과부(2010). 중학교 진로교육매뉴얼. 교육과학부.

김계현, 김동일, 김봉환 외 4인(2009). 학교상담과 생활지도. 서울: 학지사.

김동일, 김은하, 김은향, 김형수, 박승민, 박중규, 신을진, 이명경, 이영선, 이원이, 이은아, 이제경, 정여주, 최수미, 최은영(2014). 청소년 상담학개론. 한국아동청소년상담학회 연구총서1. 서울: 학지사.

김충기, 김희수(2003). 진로상담의 기술. 서울: 시그마프레스.

선혜연(2013). 제7장 집단진로상담. In 김봉환, 강은희, 강혜영, 공윤정, 김영빈, 김희수, 선혜연, 손은령, 송재홍, 유현실, 이제경, 임은미, 황매향(2013). 진로상담. 한국상담학회 상담학총서6. 서울: 학지사.

선혜연, 이명희, 박광택, 엄성혁(2009). 초등학생 진로집단상담 프로그램의 활동내용 분석. 아시아교육연구, 10(4), 1-30.

이성진(2001). 행동수정. 서울: 교육과학사.

이윤주, 신동미, 선혜연, 김영빈(2000). 초심상담자를 위한 집단상담기법. 서울: 학지사.

한국고용정보원(2008). 중학교 진로지도 프로그램의 내용 체계. 한국고용정보원.

한국청소년대화의 광장(1996). 청소년집단상담. 서울: 청소년대화의 광장.

Bates, M., Johnson, C. D., & Blaker, K. E. (1982). *Group leadership: A manual for group counseling leaders*(2nd ed.). Denver, CO: Love.

Berg & Miller (1992). *Working with the problem drinker: A solution-focused approach*. NY : W.W. Norton & Company.

Chiselli, E. E. (1977). The validity of aptitude tests in personnel selection. *Personnel Psychology, 26*, 461-477.

Corey, G. (1986). *Theory and practice of group counseling*. Monterey, CA: Brooks/Cole.

Corey, M. S. & Corey, G. (2010). *Groups: Process and practice*(8th ed.). Belmont, CA: Brooks/Cole.

Snyder & Lopez (2008). 긍정심리학 핸드북(*Handbook of Positive Psychology*). 이희영 역. 서울: 학지사(원전은 2002에 출간).

Super, D. E. (1951). Vocational adjustment: Implementing a self-concept. *Occupations, 30*, 88-92.

Zunker, V. G. (2002). *Career counseling: Applied concepts of life planning*. Pacific Grove, CA: Brooks/Cole.

2부

진로진학지도
프로그램의
개발

4장

진로진학지도 프로그램 개발의 기초

선혜연

목표

1) 프로그램 개발의 의미와 원리를 이해할 수 있다.

2) 진로진학지도 프로그램 개발의 절차와 내용에 대해 설명할 수 있다.

이 장에서는 일반적인 프로그램 개발의 의미와 원리에 대해 이해하고 이를 기초로 진로진학지도 프로그램 개발의 의미와 필요성에 대해 살펴볼 것이다. 또한 일반적인 프로그램 개발 모형에 기초하여 진로진학지도 프로그램은 어떤 절차와 방법으로 개발할 수 있는지에 대해 살펴볼 것이다. 즉, 이 장에서는 진로진학지도 프로그램 개발의 의미와 필요성, 원리에 대한 전반적인 개관을 통해 다음 장부터 구체적으로 다루게 될 개발 절차에 대해 전반적으로 개관하고자 한다.

1 진로진학지도 프로그램 개발의 원리

1) 진로진학지도 프로그램 개발의 의미

앞서 2장에서 살펴보았듯이 프로그램은 특정 활동 내용, 활동 목적과 목표, 활동대상, 과정, 방법, 장소, 시기, 조직, 매체 등의 다양한 요소들을 포함하는 개념이다(한국청소년개발원, 2005). 프로그램은 다양한 현장에서 개발되어 실시되기 때문에 우리는 생활 속 다양한 장면에서 프로그램을 자주 접하게 된다. 학교나 평생교육기관에서 이루어지는 각종 교육프로그램이나 상담기관이나 사회복지기관에서 개발하는 집단상담 프로그램, 청소년교육기관에서 진행하는 각종 체험 프로그램이나 보건소나 병원에서 이루어지는 건강증진 프로그램까지 실로 다양한 프로그램들을 만나고 경험할 수 있다. 프로그램은 다양한 방식으로 정의되는데, 일반적으로 프로그램을 정의할 때에는 세 가지 공통 요소인 ① 목적 및 목표 ② 내용 및 활동구성의 원리 ③ 구체적 내용 및 활동이 포함된다(김창대·김형수·신을진·이상희·최한나, 2011).

진로진학지도 프로그램도 이러한 세 가지 요소들을 기초로 하여 이해할 수 있다.

진로진학지도 프로그램은 학생들의 진로진학지도를 목표로 하는 학교 진로교육의 목표와 맥을 같이 한다. 즉, 학생들의 '자아이해와 사회적 역량개발', '일과 직업세계 이해', '진로탐색', 그리고 '진로 디자인과 준비'의 네 가지 영역에 있어 학생들의 진로발달 및 선택을 조력하기 위한 목적에서 개발된다. 학교 진로교육의 목표에 따라 진로진학지도 프로그램의 세부 내용은 ① 자아이해 및 긍정적 자아개념 형성 ② 대인관계 및 의사소통역량 개발 ③ 변화하는 직업세계 이해 ④ 건강한 직업의식 형성 ⑤ 교육 기회의 탐색 ⑥ 직업정보의 탐색 ⑦ 진로의사결정능력 개발 ⑧ 진로설계와 준비의 내용으로 구성되고, 학교급별 학생들의 발달수준을 고려하여 대다수의 학생들을 대상으로 할 수 있는 집단교육, 집단상담, 체험활동 등과 같은 최적의 방법을 통해 구현된다. 예를 들어 진로진학지도 프로그램에서 전문가 면담, 자기관찰, 심리검사활용 등의 다양한 방법들을 통해 학생 스스로 자기평가를 할 수도 있고, 여러 가지 가능한 진로대안을 창출하고 일정한 기준에 따라 대안들을 줄여나가는 활동을 할 수도 있으며, 정보수집이나 진로의사결정, 취업면접에 필요한 다양한 기술을 연습하거나 학교, 학과, 직업 등에 대한 정보를 수집하기 위해 체험활동을 다녀올 수 있다. 결론적으로 진로진학지도 프로그램의 개발은 학교 진로교육의 목표를 실현하기 위해 집단지도나 집단상담의 형태로 진행되는 구조화된 프로그램을 체계적으로 개발하는 것을 의미한다.

2) 진로진학지도 프로그램 개발의 필요성

2장에서도 살펴보았듯이, 진로진학지도를 목적으로 하는 다양한 집단프로그램들이 사실상 많이 개발되어 널리 활용되고 있다. 그러나 가르쳐야 할 학습목표나 활동이 명백히 제시되어 있는 교과목 위주의 교육과정(curriculum)과 달리 프로그램은 학습자 특성과 문제를 반영하고 그들의 요구에 초점을 맞추어 운영될 수 있기 때문에 같은 프로그램을 활용하더라도 그 대상이 중학생인지, 고등학생인지에 따라 혹은 진로성숙 수준에 따라, 프로그램을 필요로 하는 환경적 요구에 따라 프로그램 내용과 진행의 수정이 불가피하다. 바꿔 말하면, 프로그램의 목적이나 목표는 프로그램의 대상에 기초해서 만들어지기 때문에 엄밀한 의미의 '그냥 가져다 쓰기'는 현실상 불가능하다. 즉, 기존의 진로진학지도 프로그램을 가져다 활용하더라도 그 내용을 대상과 프로그램의 목적에 맞게 재구성하여 실시할 수밖에 없기 때문에 이는 곧 또 다른 의미의 프로그램 개발이라고 할 수 있다.

3) 프로그램 개발 접근법

프로그램을 개발할 때 어떤 절차에 따라 개발해야 하는지에 대한 설명을 프로그램 개발 접근법이라고 한다. 프로그램 개발은 전개 방식에 있어 비선형적 접근법과 선형적 접근법으로 나누어 볼 수 있고, 프로그램을 계획하는 전략에 있어 비통합적 접근법과 통합적 접근법으로 나누어 볼 수 있다(이화정·양병찬·변종임, 2006). 비선형적 접근법이란 개발절차가 획일적으로 이루어지는 것이 아니라 그때그때 융통성 있게 조정이 가능한 것으로, 일반적인 개발 절차를 단계별로 거치는 것이 아닌 개발자의 판단에 따라 특정 단계를 생략하거나 반복할 수 있다는 특징이 있어 숙련된 프로그램 개발자들이 활용하는 개발 접근이다. 선형적 접근법은 프로그램 개발과정을 단계별로 세분화하고 그 절차를 선형적으로 도식화하여 각 단계를 순서대로 실행해 나가면서 개발하는 방법으로 프로그램 개발의 논리적 경로를 제공하여 초심자들이 쉽게 프로그램을 개발할 수 있다(그림 4-1 참조). 비통합적 접근법은 다른 유사 프로그램을 그대로 모방, 답습하는 형태를 취하는 것으로 특별한 지식이나 능력 없이도 프로그램을 손쉽게 개발할 수 있다는 장점이 있으나 프로그램 대상 학생이나 환경을 고려하지 않고 그대로 모방이 이루어지면 프로그램의 성공여부가 불투명해진다는 단점이 있다. 마지막으로 통합적 접근법은 프로그램 기획에 영향을 미치는 요인들을 종합적으로 고려하는 방식을 채택하고 있어 체제분석적 접근이라고도 불리며 개발과정이 복잡하고 전문적인 능력을 필요로 하지만 참여 학생의 요구와 문제에 적합한 프로그램 목표를 수립하고 다양한 요인을 고려함으로써 성공적인 프로그램 개발이 가능하다는 장점이 있다.

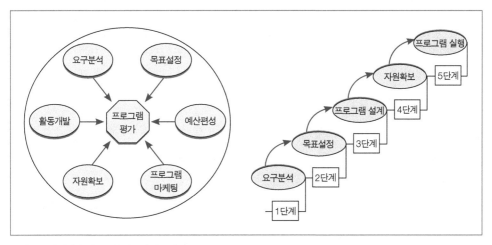

그림 4-1 비선형적 접근법과 선형적 접근법

4) 프로그램 개발의 원리

프로그램 개발자의 지식과 능력, 프로그램의 목적이나 개발 상황에 따라 프로그램 개발 접근법은 달라질 수 있다. 최근 교육 및 상담 프로그램 개발은 프로그램 활동의 선정이나 효과의 측정이 개발자의 직관에 의해 혹은 임의로 진행될 수 있는 가능성을 최소화하고, 이론적 근거를 기초로 하여 개입에 효과를 가져올 수 있는 변인을 도출하여, 그것을 구현할 다양한 활동을 개발하고, 효과를 경험적으로 검증하는 등의 절차를 통해 개발하고 있다. 이와 관련하여 Sussman(2001)은 프로그램의 개발 원리를 다음과 같이 설명하였다.

- 체계적인 이론적 기반: 프로그램의 이론적 기반에 근거하여 매개변인과 조절변인을 설정해야 한다. 매개변인과 조절변인은 독립변인과 종속변인의 연결고리 역할을 하는 변인들로서 예를 들어, 나이(독립변인)가 들면서 직업세계에 대한 이해가 높아지면 진로성숙도(종속변인)가 높아지는 것을 설명할 때 직업세계에 대한 이해는 매개변인이라 한다. 한편, 나이(독립변인)가 들면서 남녀에 따

라 진로성숙도(종속변인)가 달라진다면 이때 남녀성별은 조절변인이 된다.

- 경험적이고 과학적인 방법: 매개변인과 조절변인의 변화를 경험적이고 과학적인 방법을 사용해서 측정해야 프로그램의 효과에 대한 프로그램 개발자의 주관적인 편견을 감소시킬 수 있다.
- 개발과정의 엄격성: 프로그램의 개발과정이 방법상 엄격해야 프로그램의 소비자나 개발 지원기관이 프로그램의 효과를 합리적으로 판단하고 평가할 수 있다.
- 평가 결과 반영: 단계별로 과학적인 평가가 이루어져야 어떤 변인이 어떻게 작용해서 프로그램의 효과를 나타내는지 설명할 수 있고 환경적 맥락이나 대상에 따라 프로그램을 수정할 때도 분명한 방향성을 가질 수 있다.

프로그램 개발에서 이론적인 기반과 체계적인 개발 절차가 강조되는 것은 프로그램의 효과성 평가에 대한 사회적 요구가 증가하고 있다는 측면에서 중요하다. 또한 의도했던 프로그램의 효과가 나타나지 않았을 때 어느 부분에서 수정이 이루어져야 하는지를 효과적으로 파악할 수 있다는 측면에서도 더욱 중요하다. 결론적으로, 효과적으로 개발된 진로진학지도 프로그램은 다음과 같은 특성을 갖추고 있다고 볼 수 있다(이정근, 1988).

- 이용하고자 하는 목적에 맞고 경제적이어야 한다.
- 실시가 용이하고 효과가 뚜렷한 프로그램이어야 한다.
- 프로그램의 내용이 이론에 바탕을 두고 가용자원을 최대한 활용하여야 한다.
- 프로그램의 효과를 평가할 수 있어야 한다.

이후 이 장에서는 진로진학지도 프로그램 개발에 있어 이론에 기초한 체계적 프로그램 개발 절차에 대해 알아보고 각 절차의 구체적인 내용을 살펴볼 것이다.

1) 집단프로그램 개발 모형

프로그램 개발 모형은 프로그램을 개발하는 과정 중에 단계적으로 진행해 나가야 할 절차를 명확하고 체계적으로 제시해 주는 개념적 틀(김진화·정지웅, 2000)을 말한다. 여기서는 최근 교육 및 상담 프로그램 개발 모형으로 자주 활용되는 몇 가지 프로그램 개발 모형에 대해 개관해 보면서 진로진학지도 프로그램 개발 과정에 대한 지식을 정리해 보고자 한다.

(1) Sussman의 프로그램 개발 모형

정신건강 및 사회복지 관련 집단 프로그램을 개발하기 위해 Sussman(2001)은 6단계의 프로그램 개발 절차를 제안하였다. 각 단계는 ① 문헌연구 ② 활동의 수집 ③ 활동의 선정 ④ 선정된 활동의 즉시적 효과연구 ⑤ 프로그램 제작 및 예비연구 ⑥ 프로그램의 장기적 효과연구로 진행되는데 각 단계의 하위 단계별 활동을 다음과 같이 제시하였다.

- 문헌연구 단계: 프로그램의 효과를 내는 매개변인의 확인, 문제행동의 원인에 대한 이론적 고찰, 문제행동을 통제하는 방법의 탐색
- 활동수집 단계: 유사한 목적을 위한 과제에서 유사한 활동이나 방법 수집, 새로운 활동의 개발
- 활동선정 단계: 효과성 연구를 통한 활동의 선정과정으로 심층면접이나 델파이 기법, 초점집단 면접, 카드 분류, 설문지 등의 방법 활용
- 활동 효과연구 단계: 단일 집단 설계 및 실험 설계를 통한 활동요소 연구, 집단 간 비교를 통한 활동요소 연구

- 프로그램 제작 및 예비연구 단계: 프로그램 활동 및 활동요소의 구성, 예비연구 시 다양한 평가 실시 후, 프로그램의 수정
- 프로그램 효과연구 단계: 이전 연구의 개별적 검토, 메타분석, 프로그램 내의 변인 간 관련성에 대한 가설을 검증, 변인 간 관련성에 대한 모형의 검증

이러한 Sussman의 프로그램 개발 모형은 개발과정의 객관성 및 엄격성, 효과의 검증 가능성뿐만 아니라 개발과정의 순환성과 운영의 예술성에 대해서도 고려하고 있다는 장점이 있는 반면에 이 모든 절차를 다 진행하기 위해서는 시간, 인력, 비용, 시설 등의 상당한 투자와 자원이 필요하다는 단점이 있어(이숙영, 2003) 프로그램의 규모나 운영기간 및 예산이 충분하지 않은 경우에는 적용상에 제한이 있다.

(2) 박인우의 프로그램 개발 모형

박인우(1995)의 프로그램 개발 모형은 교육공학적 관점에서 체계적인 프로그램 개발방식을 도입한 모형으로서 ① 조사 ② 분석 ③ 설계 ④ 개발 ⑤ 실시 ⑥ 총괄평가의 6단계로 구성되어 있다. 각 단계별 개발 과제를 구체적으로 살펴보면 다음과 같다.

- 조사: 프로그램 개발의 필요성을 확인하기 위해 문제를 진술하고, 프로그램 대상자의 범위를 정한다. 이를 위해 문헌고찰과 요구조사 활동을 한다.
- 분석: 프로그램 목표를 진술하고 과제/내용을 분석하며 하위 목표를 진술한다. 이를 통해 프로그램 전체 목표와 회기별 목표를 설정하게 된다.
- 설계: 평가문항을 작성하고, 동기유발 전략을 수립하며, 프로그램 제시 전략을 수립한다. 이를 위해 분석한 구성요소를 바탕으로 프로그램의 전반적인 제시전략이나 회기별 제시방법을 결정하고, 회기 수나 시작 및 종결 회기 등의 프로그램 회기 구조를 결정한다. 또한 회기별 프로그램의 내용은 문헌고찰 및 요구조사 결과를 활용한다. 이후 잠정적인 프로그램을 대상으로 전문가들의 자문을 통해 프로그램의 이론적 근거, 논리적 연결성, 하위 목표와 회기별 목표의 적절성, 현장 적용 가능성 등을 검토한다.

- 개발: 전략에 따라 프로그램을 개발하고 형성평가를 실시한다. 프로그램 회기별 내용에 적합한 활동지와 활동 내용을 구성하고, 현장 전문가와 이론 전문가의 검증을 통해 프로그램을 최종 수정한다.
- 실시: 최종 프로그램을 대상자에게 실시한다.
- 총괄평가: 반응평가, 성취도 평가, 적용도 평가 등의 프로그램 효과에 대한 다양한 분석을 실시한다.

(3) 김창대의 프로그램 개발 모형

김창대(2002)는 박인우(1995), Sussman(2001)의 모형과 변창진(1994) 등의 프로그램 모형을 바탕으로 보다 효율적인 집단상담 프로그램 개발 모형을 제시하고자 하였다. 김창대의 프로그램 개발의 4단계 모형은 ① 목표수립 단계 ② 프로그램 구성 단계 ③ 예비연구/장기적 효과제고 노력 단계 ④ 프로그램 실시 및 개선 단계로 이루어진다. 목표수립 단계에서는 기획, 요구조사 및 선행연구를 통한 이론적 기초를 확립하는 과정이 이루어진다. 프로그램 구성 단계에서는 프로그램의 활동요소를 수집하고 선정, 조직하는 과정이 이루어진다. 예비연구/장기적 효과제고 노력 단계에서는 예비 프로그램을 실시하고 평가 및 타당화의 과정을 거쳐 문제점을 수정·보완하여 프로그램의 지침서를 제작한다. 이러한 과정을 거친 후 프로그램의 실시 및 개선 단계에서는 프로그램을 실행 후 평가 및 효과를 검증한다. 각 단계별 과제 및 활동 내용을 정리하면 다음과 같다(김창대 등, 2011).

- 단계1 목표수립: 프로그램을 기획하고, 잠재 대상자의 요구를 조사하며, 그 결과에 따라 원래 염두에 두었던 계획안 및 프로그램 목표를 수정, 재정립한다. 요구조사란 '프로그램을 개발하기 전에 잠재 대상자에게 특정 프로그램이 필요한 정도를 평가하는 절차'이다. 이 과정은 프로그램의 소비자가 될 사람들에게 보다 적합하고 그들의 직접적인 요구를 반영한 프로그램을 제작하기 위한 절차이다.
- 단계2 프로그램 구성: 프로그램의 목적 및 내용에 대해 이론적으로 검토하고, 프로그램에 포함될 활동을 수정·정리하며, 효과·수용성·흥미 등의 측면에서 각

활동을 잠정적으로 평가하여, 그 결과에 따라 프로그램의 활동과 내용, 전략 등을 선정한다. 그러나 이 시점에서 프로그램 활동은 경험적인 검증 절차 없이 활동에 대한 인상이나 느낌, 지각 등에 의해 선정되었으므로 각 요소활동에 대해 경험적으로 확인하는 작업이 필요하다. 이러한 과정을 통해 프로그램이 일차적으로 구성된다.

- 단계3 예비연구/장기적 효과제고 노력: 일차적으로 구성된 프로그램을 소수 대상에게 실시하고, 다양한 측면(예, 비용 및 효용성, 목표달성도, 반응 및 만족도, 성취도, 효과 등)에서 평가하여 이후 프로그램의 활동이나 내용, 전략 등을 수정해야 할 때 유용한 자료를 수집할 수도 있다. 또한 프로그램에 내포된 매개변인의 적합성이나 프로그램 내 변인 간의 관계에 대해서도 기존 메타분석이나 모형분석을 통해 수정하는 작업이 동시에 이루어진다.

- 단계4 프로그램 실시 및 개선: 예비연구를 통해 수정, 완성된 프로그램을 실시하는 단계이다. 이 단계에서는 프로그램이 완성되었으나 프로그램에 대해 계속적인 수정 작업이 이루어진다. 이미 완성된 프로그램이라 하더라도 프로그램에 대한 크고 작은 평가는 계속되며, 그 평가 결과를 토대로 프로그램이 계속 개선되는 단계이다.

김창대(2002)의 모형은 국내외에서 출간된 주요 프로그램 개발 관련 서적에서 언급된 프로그램 개발의 하위 절차를 모두 포괄하고 있으며, 과학적인 절차에 따른 체계적인 프로그램 개발과정이 순환적, 재귀적임을 강조하고 있다. 더불어 기존의 프로그램 개발 모형을 참조하여 각 모형의 장점을 통합하고 단점을 보완하여 비교적 간명한 4단계 모형으로 제시하고 있어 다양한 프로그램 개발에 활용되고 있다.

2) 진로진학지도 프로그램 개발 절차

앞서 살펴본 다양한 프로그램 개발 모형은 일반적으로 프로그램 개발 절차에 있어 기획, 구성, 실시, 평가의 과정을 제시하고 있다(김창대 등, 2011). 이 장에서는 이러한 프로그램 개발의 네 가지 절차에 대해 살펴보고, 이후 장에서는 각 절차에 따라 진로진학지도 프로그램을 개발하는 과정에 대해 좀 더 구체적으로 살펴보고자 한다.

(1) 프로그램 기획

프로그램 기획을 광의의 기획과 협의의 기획으로 나눠볼 때, 전자가 '프로그램의 목적과 목표 설정에서 실행과 평가에 이르는 일련의 과정을 합리적으로 결정하고 고안하는 과정'이라면, 후자는 실제 프로그램을 구성하기 직전 또는 실제 프로그램 개발의 시작 단계를 의미한다고 할 수 있다. 일반적으로 평생교육이나 사회복지학의 관점에서 기획이란 광의의 의미를 띄는 경우가 많으나 진로 집단프로그램을 기획하고자 하는 것은 협의의 기획에 좀 더 가까울 수 있다. 진로진학지도 프로그램의 기획은 대단위 국가나 지역사회적 관점에서 접근하는 프로그램의 기획과 달리 학교나 학급 단위 학생들의 진로발달과 선택을 조력하려는 목적에서 실시된다는 측면에서 협의의 '기획'의 의미로 해석할 필요가 있다.

프로그램 기획이란 프로그램 개발을 위해 전체적인 계획을 수립하고 개발의 전 과정을 제시하는 프로그램 개발의 시작단계이다. 프로그램에 대한 전체적인 계획을 세우기 위해서는 프로그램의 주제와 목적을 결정하고 유사 프로그램이 있는지를 확인한 후, 만약 있다면 그 프로그램과의 차별성을 어디에 둘 것인지에 대해 검토해야 한다. 또한 투입될 인력과 예산, 그리고 개발기간과 보급방식을 검토하고 결정해야 한다. 이러한 결정을 내릴 때 국가, 사회, 기관, 그리고 개인의 필요와 요구에 대한 자료를 수집하고 이를 근거로 합리적인 선택을 하는 것이 좋다.

진로진학지도 프로그램을 기획하기 위해서 우선 프로그램 대상자들의 특성과 진로진학지도에 대한 요구를 조사할 필요가 있다. 즉, 학교급이나 학교유형, 학년별로 어떤 학생들을 대상으로 할 것인지, 그리고 그들이 필요로 하는 것이 무엇인지를 확인해야 한다. 진로진학지도 프로그램에 참여할 대상자들이 자기이해를 기초로 하는 진로탐색이 필요한 중학생들인지, 대학진학을 준비하는 고등학생들인지, 신규 취업을 준비하는 특성화고 학생들인지에 따라 프로그램의 기획 방향은 달라질 수 있다. 또한 참여 학생들의 성별, 능력, 적성, 진로 포부 등에 따라서도 프로그램의 성격이 달라질 수 있기 때문에 집단 진로진학지도 프로그램을 기획하는 진로진학상담교사들은 우선 그 대상의 요구와 특성을 파악하여 이를 기초 자료로 삼아야 한다. 학생들의 특성과 요구를 확인한 다음에는 그 내용을 중심으로 진로진학지도의 목표를 설정해야 한다. 예를 들어 중학교를 졸업하고 일반 고등학교에 진학할 것이냐, 아니면 특성화 고등학교를 택할 것이냐를 결정하지 못한 학생들을 대상으로 진로 집단상담 프로그램을 계획하고 있다면 이 학생들의 요구는 '고교 선택'이라고 할 수 있고, 이 경우에는 장래 희망, 적성, 학교성적, 가정환경 등을 고려하여 자신에게 적합한 학교의 종류를 선택하도록 하는 것이 프로그램의 목표가 될 수 있다.

진로진학지도 프로그램은 크게 프로그램 수요자인 학생과 학교, 교육과정상의 진로교육 목표 등에 대한 포괄적 이해를 바탕으로 프로그램에 대한 요구분석을 실시하고, 진로진학지도 프로그램의 이론적 기초를 확인하는 작업에서부터 시작된다. 이후 5장에서는 이러한 진로진학지도 프로그램 기획에 대한 구체적인 내용과 방법에 대해 살펴볼 것이다.

(2) 프로그램 구성

프로그램 구성이란 프로그램을 통해 궁극적으로 달성하고자 하는 목표가 잘 실현될 수 있도록 프로그램의 활동요소를 선정하고 조직하는 것을 의미한다. 프로그램의 활동요소란 프로그램의 이론적 요소를 현실적으로 잘 구현하도록 고안된 활동이다. 즉, 진로진학지도 프로그램의 다양한 활동들은 프로그램 내용이나 과정에 있어 최소 단위가 된다는 의미에서 활동요소(components)라고 부를 수 있다.

프로그램 구성은 프로그램의 목표와 이론적 근거에 따라 활동요소를 수집 및 개발하는 단계와 선정 및 조직하는 단계로 이루어진 일련의 과정이나. 앞서 언급했듯이 진로진학지도 프로그램으로서 이미 개발된 다양한 프로그램들이 있다. 이러한 기존의 다양한 진로진학지도 프로그램의 활동요소들을 수집하여 기획된 프로그램의 목표나 요구조사 결과에 맞추어 적절히 선정한 후 조직할 수도 있고, 적절한 활동이 없는 경우 기획된 프로그램의 목표와 요구에 적합한 활동요소를 개발하여 조직할 수도 있다.

따라서 진로진학지도 프로그램을 구성하기 위해서는 우선 다양한 기존 진로진학지도 프로그램을 조사하고 그 활동요소들을 수집할 필요가 있다. 그러고 나서 설정된 프로그램의 목표를 가장 잘 성취할 수 있는 다양한 활동요소들이나 개입방법 등에 대해 비교분석할 필요가 있다. 아직까지 우리나라에는 진로 집단상담 프로그램의 다양한 활동요소들이 개별적으로 어떤 효과를 보이는지에 대한 구체적인 연구가 많지 않다(선혜연·이명희·박광택·엄성혁, 2009). 하지만 기존의 다양한 프로그램 효과 연구들을 토대로 다양한 진로 활동요소 중에서 어느 것이 계획한 프로그램의 목표를 가장 잘 달성시킬 수 있는가를 생각하여 적절한 활동요소 및 개입전략을 선정할 수 있다.

이후 6장에서는 진로진학지도 프로그램 구성에 대한 구체적인 내용과 방법을 살펴볼 것이다. 특히 기존에 개발된 진로진학지도 프로그램의 활동요소를 수집하고 선정할 수 있는 다양한 정보원과 선정기준에 대해 심도 있게 다룰 것이다. 또한 새로운 활동요소를 개발하고자 할 때 고려해야 할 점과 개발된 활동요소의 효과를 검증하는 과학적인 절차에 대해서도 간략히 살펴볼 것이다.

(3) 프로그램 실시

프로그램 실시는 프로그램의 목적과 목표를 달성하기 위해 프로그램을 실제로 수행하는 것을 의미한다. 즉, 프로그램의 필요성과 목표에 기초하여 기획된 절차에 따라 프로그램을 구성한 후, 구성된 프로그램을 실제 프로그램 수혜자들에게 실시하는 과정이다. 진로진학지도 프로그램의 경우 기획된 프로그램이 진로진학상담교사에 의해 학생들에게 전달되는 과정이라고 할 수 있다.

프로그램 실시에는 전반적인 프로그램 실행계획을 세우고 프로그램을 통해 수혜를 받을 수 있는 적합한 학생들을 선발하여 구성된 프로그램의 활동요소를 실행하면서 프로그램이 적절한 방향으로 진행되고 있는지, 기획한 의도대로 효과가 나타나고 있는지 등을 모니터링하는 과정이 포함된다. 즉, 실질적으로 어떤 준비를 해야 하고 프로그램 운영에 필요한 관리체계나 지원체제는 어떻게 구현할 것인지, 참여 학생들을 어떻게 모집하고 선정해야 하는지, 프로그램을 실행하면서 운영의 효율성이나 평가를 어떻게 해야 할지 등을 고려하면서 프로그램을 실시한다.

진로진학지도 프로그램의 실시는 프로그램 구성에 따라 운영되지만 프로그램을 실시하는 실제 환경적 상황에 적합하도록 수정하는 과정이 필요하다. 몇몇 초심 프로그램 운영자들이 가장 어려움을 겪게 되는 부분이 바로 프로그램 실시 중 환경적 상황에 대한 고려가 부족해서 나타난다. 예를 들어 기존 연구들을 토대로 참가 학생들의 욕구와 목표를 고려하여 프로그램을 준비했다고 하더라도 프로그램이 운영될 기관의 일정이나 상황에 따라 운영 장소, 운영 기간 등에 대한 제한으로 프로그램의 운영상 수정이 불가피할 수 있다. 이러한 이유로 원래 10회기로 개발했던 진로상담 프로그램이 3~4회기의 단기 집단으로 종종 변경되기도 한다는 점을 염두에 둘 필요가 있다.

한편, 진로진학지도 프로그램을 실시할 때에는 필요한 지원체제를 구축해야 한다. 지원체제에는 인적자원, 시설, 예산, 일정 등이 있다. 예를 들어 중학교에서 진로교육 프로그램의 일환으로 '직업인 특강' 활동을 진행하려고 한다면 행사를 위한 일정을 전체 교사들과 상의하여 결정하고, 강연을 해줄 자원인사를 물색하여 승낙을 받아야 하며, 강연을 들을 수 있는 장소와 강사료 등을 마련해야 한다. 프로그램의 목적이나 내용 등은 훌륭한데도 실패하는 프로그램을 분석해 보면 지원체제에 대한 고려가 부족한 데서 기인하는 경우가 많다.

이후 7장에서는 이러한 프로그램의 실시에 대한 전반적인 절차 및 내용과 구체적인 방법에 대해 살펴볼 것이다.

(4) 프로그램 평가

평가라는 개념은 매우 다양한 분야에서 다양한 의미로 사용된다. 학교에서 학생들을 대상으로 학업성취를 평가할 수도 있고, 학교 만족도 조사를 통해 기관을 평가할 수도 있다. 프로그램도 평가의 대상이 될 수 있는데, 프로그램 평가는 프로그램 실시 후 파생된 결과에 대해 실증적 자료를 중심으로 프로그램의 현재와 미래 방향에 대한 현명한 결정을 내리려는 목적을 갖고 있다(김창대 등, 2011). 일반적으로 프로그램이 어떠한 효과가 있는지를 과학적으로 입증하는 프로그램 평가는 프로그램의 이론적, 실천적 발전의 강력한 근거가 된다.

프로그램 평가는 여러 방식으로 분류할 수 있겠지만, 가장 보편적으로는 객관적 평가와 주관적 평가로 나눌 수 있다. 객관적 평가는 프로그램 운영 주체에 의해 이루어지는 평가로서 대체로 광범위한 자료 수집과 전문가의 판단에 의해 이루어진다. 행동주의 심리학에 이론적 근거를 둔 행동수정 분야에서 적용되어 온 단일사례설계(single-subject research design)가 1970년대부터 프로그램 평가 분야에 도입되기 시작하여 최근까지 이어지고 있다. 즉, 프로그램 실시 전에 사전 검사를 실시하고, 프로그램을 실시한 후에 사후 검사를 실시하여 실제 프로그램 처치가 검사 점수의 변화로 나타나는지를 실증적으로 확인하는 방법이 프로그램의 객관적 평가로 자주 활용된다. 반면 주관적 평가는 주로 프로그램 수혜자의 주관적 경험을 바탕으로 이루어지는 평가로서 참여 학생들을 대상으로 하는 만족도 평가와 목표달성도 평가 등이 있다.

　　진로진학지도 프로그램 활동이 대상자들의 요구에 맞게 소기의 성과를 거두었는지를 평가하는 것은 프로그램의 유용성을 확인하는 데도 중요하지만 추후 보다 효과적인 진로진학지도 프로그램을 개발하기 위한 중요한 정보를 제공한다는 측면에서도 의미 있는 활동이다. 이후 8장에서는 진로진학지도 프로그램 평가에 대한 구체적인 내용과 방법을 살펴볼 것이다. 그림 4-2는 지금까지 개관한 진로진학지도 프로그램의 개발 절차와 내용을 도식화한 것이다. 중학생들의 진로정체감 향상을 위한 진로상담 집단프로그램을 개발하는 절차를 예시로 하여 간략히 제시해 보았다.

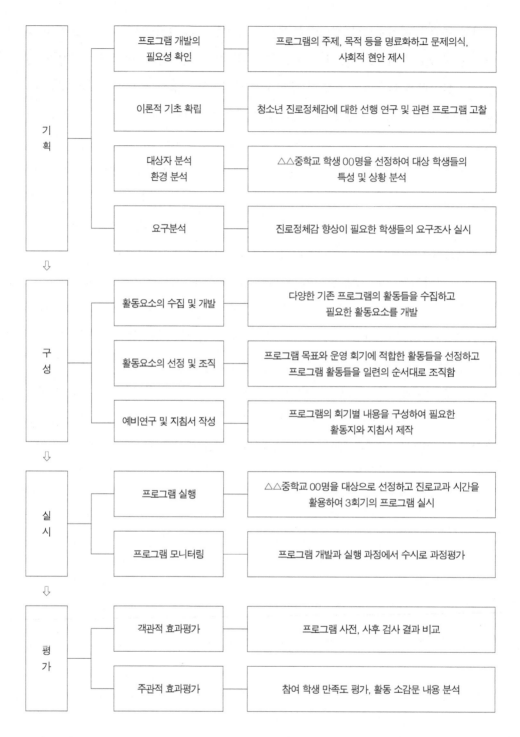

그림 4-2 진로진학지도 프로그램 개발 절차의 예시

연구과제

1. 최근 학교현장에서 진로진학지도 프로그램 개발이 필요한 상황을 경험했다면 어떤 경험이었는지와 어떤 프로그램을 개발할 필요를 느꼈는지 적어보자.
2. 진로진학지도 프로그램 개발의 절차를 상기하면서 기존 학교에서 운영되었던 다양한 진로프로그램의 개발 절차와 비교해 보자.

참고문헌

김진화, 정지웅(2000). 사회교육프로그램 개발의 이론과 실제. 서울: 교육과학사.

김창대(2002). 청소년 집단상담 프로그램 개발과 평가. 청소년집단상담의 운영(pp.75-108). 서울: 한국
　　청소년상담원.

김창대, 김형수, 신을진, 이상희, 최한나(2011). 상담 및 심리교육 프로그램 개발과 평가. 서울: 학지사.

박인우(1995). 효율적인 집단상담 프로그램 개발을 위한 체계적 모형. 지도상담, 20, 19-40.

변창진(1994). 프로그램 개발. 대구: 홍익출판사.

선혜연, 이명희, 박광택, 엄성혁(2009). 초등학생 진로집단상담 프로그램의 활동내용 분석. 아시아교육연
　　구, 10(4), 1-30.

이숙영(2003). 국내집단상담 프로그램 개발의 현황 및 효과적인 프로그램 개발 관련요인. 심리학연구,
　　4(1), 53-67.

이정근(1988). 진로지도의 실제. 서울: 성원사.

이화정, 양병찬, 변종임(2006). 평생교육프로그램 개발의 실제. 서울: 학지사.

한국청소년개발원(2005). 청소년프로그램개발 및 평가론. 서울: 교육과학사.

Sussman, S. (Ed.). (2001). *Handbook of program development for health behavior research and
　　practice*. Sage Publications.

5장

진로진학지도 프로그램의 기획

선혜연

목표

1) 진로진학지도 프로그램 개발을 위한 기획의 내용과 절차를 이해한다.

2) 진로진학지도 프로그램 개발을 위한 요구조사의 방법을 설명할 수 있다.

3) 진로진학지도 프로그램 개발에서 이론의 중요성을 설명하고 이론적 기초를 마련할 수 있는
   방법을 설명할 수 있다.

이 장에서는 진로진학지도 프로그램의 기획에 대해 살펴보고자 한다. 앞 장에서 살펴보았듯이 프로그램의 기획이란 실제 프로그램을 구성하기 직전 또는 실제 프로그램 개발의 시작 단계로서 프로그램 개발을 위해 전체적인 계획을 수립하고 개발의 전 과정을 제시하는 단계라고 할 수 있다. 따라서 이 장에서는 진로진학지도 프로그램의 전체적인 계획을 수립하기 위해 고려하고 해결해야 할 문제에 대해 자세히 살펴볼 것이다.

1 진로진학지도 프로그램 기획의 기초

1) 프로그램 기획의 의미와 중요성

프로그램 기획은 앞서 살펴보았듯이 프로그램 개발의 전 과정에 대해 목표와 계획을 세우는 과정이다. 기획(planning)이라는 용어는 다양한 학문 분야의 정의가 있지만 일반적으로 특정 문제를 해결하기 위해서 혹은 목표를 달성하기 위해서 미래의 행위에 대한 일련의 의사결정을 준비하는 과정(김창대 외, 2011)이라고 할 수 있다. 즉, 프로그램 기획에 있어서 핵심은 '목표설정'과 '계획 수립'이라고 할 수 있다.

프로그램 기획 역시 광의의 의미에서는 프로그램 개발의 전체 절차를 포함하는 의미로 정의될 수 있지만 '목표 설정'과 '계획 수립'이라는 측면에 초점을 두고 보다 협의의 개념으로 정의할 수 있다. 즉, 프로그램 기획은 ① 프로그램을 왜 개발해야 하는지에 대한 필요성을 확인하고 ② 프로그램 개발에 있어 이론적 기초를 확립하면서 프로그램의 목적과 목표를 설정한 후 ③ 프로그램의 잠재적 수요자들을 대상으로 그들의 특성이나 환경을 분석하고 프로그램에 대한 그들의 요구를 반영하여 프로그램 전체 계획을 수립하는 과정이다.

프로그램의 기획은 프로그램의 합리성(rationality), 효율성(efficacy), 책무성(accountability)을 증진시키기 위해 중요한 과정이다(Kreuter & Green, 1978). 즉, 프로그램의 기획 과정이 없거나 잘못 이루어지면 프로그램의 효과가 부정적으로 평가될 가능성이 높고 이러한 부정적 평가를 받은 프로그램에는 예산과 자원의 투입이 점차 감소하게 되어 결국 질 낮은 프로그램을 지속하게 되는 악순환을 거듭하게 된다. 또한 프로그램 기획단계에서 적절한 비용과 노력을 계획하지 못하면 프로그램 목적을 경제적으로 달성하지 못하게 되고, 궁극적으로 프로그램이 잠재적 대상자의 문제를 해결하거나 경감시키는 데 있어 효과가 있는지와 다른 대안보다 자원을 보다 효율적으로 사용하는지에 대한 객관적인 증거를 제시하기 어려워서 프로그램의 정당성과 가치를 제시해야 하는 책무성을 이행할 수 없게 된다.

프로그램 기획은 청사진을 마련하는 과정으로서, 진로진학지도 프로그램의 개발에 있어서도 매우 중요한 과정이다. 진로진학지도 프로그램의 기획은 진로진학지도 프로그램의 목적과 목표 설정에서부터 실행과 평가에 이르기까지 프로그램 개발의 전 과정에서 필요한 사항을 합리적으로 결정하고 고안하는 과정이다. 구체적으로 진로진학지도 프로그램을 기획한다는 것은 진로진학지도 프로그램 개발의 필요성과 이론적 기초를 확인하는 작업에서부터 시작하여, 프로그램 수요자인 학생들과 학교, 교육과정상의 진로교육 목표 등에 대한 포괄적 이해를 바탕으로 프로그램에 대한 요구분석을 실시하는 과정이 포함된다. 이러한 진로진학지도 프로그램 개발의 기획 단계에서 이루어져야 할 핵심 내용을 네 가지로 정리하여 그 과정을 도식화 하면 그림 5-1과 같다. 제시된 네 가지 작업 과정은 유기적으로 연결되어 있다. 예를 들어, 프로그램 개발의 필요성을 확인하기 위해서는 주제와 목적을 확인해야 하고 주제와 관련된 어느 정도의 이론적 지식이 있어야 한다. 또한 프로그램 목표를 설정하기 위해 잠재적 대상자와 그들의 요구를 감안해야 한다. 따라서 네 가지 과정은 시간적 순서에 따라 나누어진다기보다는 유기적으로 상호보완하면서 이루어진다고 볼 수 있다.

그림 5-1 진로진학지도 프로그램의 기획 과정

2) 진로진학지도 프로그램 기획의 방법

프로그램 기획을 위해서는 우선 기획에 참여할 사람들을 모집하고 팀을 구성해야 한다. 일반적으로 프로그램을 기획하기 위해서는 프로그램을 주관하거나 주최할 관련 기관 관계자와 프로그램 운영 및 실시와 관련된 현장 전문가, 그리고 프로그램을 개발 하는 개발자와 프로그램의 잠재적 수요자 집단이 기획팀에 참여할 수 있다. 현실적으로 실제 학교현장에서 교육프로그램을 개발할 경우에는 일반적으로 관련 기관 관계자나 현장 전문가, 그리고 프로그램 개발자가 동일한 사람일 수 있다. 학교 현장에서 진로진 학지도 프로그램을 개발하기 위해서는 대부분 진로진학상담교사나 학교 내 관련 교사 들이 학교 관계자이면서 현장 전문가이고 동시에 프로그램 개발자로서 참여할 수 있다. 다만, 진로진학지도 프로그램의 규모가 크고 범위가 넓을 경우 한두 명의 담당자만 기 획에 참여하기보다는 프로그램의 목적과 특성에 따라 다양한 관련자나 전문가의 의견 을 프로그램 기획단계에서 수렴하여 개발에 반영할 필요가 있다. 예를 들어 대단위 학생들이 학사 일정 내에 참여해야 할 경우 학년 주임교사나 담임교사, 예산 작업을 함께 할 수 있는 교내 담당자와의 브레인스토밍 작업이 필요할 수 있다. 또는 외부 강사 초빙이나 전문직업인 인터뷰와 같은 활동을 계획할 경우에는 지역사회 전문가 네트워크를 통해 추후 프로그램 운영 시 필요한 인적자원에 대한 정보원을 구축해 놓거나 자문을 받을 수 있다. 사실상 이런 작업들은 현장 교사들이 학교 내 체험활동을 기획하면서 이미 사용하는 방법인데 이러한 작업이 바로 프로그램 기획 활동의 일환으로서 프로그램 실시 이전에 보다 적극적으로 이루어질 필요가 있다.

진로진학지도 프로그램을 기획할 팀이 조직되면 프로그램 개발의 필요성을 명확히 확인할 필요가 있다. 기획 단계에서는 프로그램을 왜 개발해야 하는지에 대한 분명한 답을 제시할 수 있어야 하는데, 프로그램 개발의 필요성을 확인하기 위해서는 프로그램의 주제, 목적 등을 명료화하는 작업이 필요하다. 프로그램 개발의 필요성이 불분명하다는 것은 곧 프로그램의 주제나 목적 등이 불분명하다는 것이고 이 경우 이후 진행되는 모든 개발과정에서 지속적으로 프로그램 필요성에 대한 문제가 제기될 수 있으며, 나아가 프로그램 개발 동기가 약화되거나 도중에 발생하는 다양한 문제들을 효과적으로 대처하기 어려워진다. 따라서 개발하려고 하는 프로그램과 유사 프로그램이 이미 교내에서 실시되고 있지는 않은지, 만약 유사한 프로그램이 있다면 그 프로그램과의 차별성을 어디에 두고 개발해야 할지 등을 고려하여, 프로그램에 투입될 인력과 예산, 그리고 개발기간과 보급방식을 검토해야 한다.

진로진학지도 프로그램 개발의 필요성은 다양한 차원에서 제기될 수 있다. 우리나라 고등학교 진로교육 목표에 따라 교육과정 내에서 다양한 프로그램 개발의 필요성이 제기될 수도 있고, 현장 교사들의 문제의식이나 학교 특성에 따른 진로진학지도 프로그램의 필요성이 수시로 제기될 수 있다. 예를 들어 특성화고 학생들의 취업 전 면접이나 자기소개서 작성에 대한 프로그램 개발의 요구가 학교장이나 학생 및 학부모 혹은 담임교사들을 통해 제기될 수 있다. 기획팀은 이렇게 제기된 프로그램 필요성의 타당성을 분석할 필요가 있는데 예를 들어, 교육과정 내에서 제기된 프로그램의 필요성은 예산 확보나 소속기관의 협조를 얻는 데는 무리가 없겠지만 현장의 운영진으로서 담당교사나 잠재적 대상자인 학생들의 적극적인 참여를 위해 프로그램의 필요성을 어떻게 제시할 수 있을지 고민할 필요가 있다. 반면에 현장 교사나 학생들의 요구에 의해 개발의 필요성이 제기된 경우에는 역으로 당면하게 될 문제점과 개발 가능성에 대해 분석해 볼 필요가 있다. 타당성이 확보된 프로그램 개발의 필요성은 이후 프로그램의 이론적 기초를 마련하거나 잠재적 대상자의 요구분석을 하는 데 있어 중요한 기초가 된다.

프로그램 개발 필요성이 타당화되면 본격적으로 프로그램 개발을 위한 이론적 기초를 확립하고 프로그램 대상자의 특성과 프로그램이 실시될 환경적 특성을 분석해야 한다. 프로그램 대상자를 분석하다는 것은 사실상 프로그램을 개발함에 있어 특정 대상자에게 적합한 프로그램을 만들겠다는 의지를 표명하는 것이다. 즉, 프로그램이 잠재적 대상자에 적합하게 개발될 수 있도록 프로그램의 잠재적 대상자를 규명하고 그들의 특성을 분석하여 프로그램 개발에 반영한다는 의미이다.

누구를 위한 프로그램을 개발할 것인가는 어찌보면 진로진학지도 프로그램을 기획함에 있어 첫 번째 의사결정의 과정일지 모른다. 진학할 고등학교를 선택하기 위한 진학의사결정 프로그램을 개발한다고 할 때, 이 프로그램의 잠재적 수요자는 중학교에 다니는 모든 학생일 수 있다. 하지만 특정 △△중학교에서 재학 중인 학생들을 대상으로 프로그램을 개발하는 경우 △△중학교에 재학하는 학생들이 표적집단이 될 수 있고, 만약 내년도 고등학교 입시 준비를 위해 프로그램을 만든다면 △△중학교의 3학년생들이 표적집단이 된다. 이 중에 진학의사결정에 실제로 참여하는 △△중학교 3학년 학생 00명을 프로그램의 대상자 집단이라고 부른다. 유사한 진로의사결정 프로그램은 많이 있을 수 있지만, △△중학교 3학년 학생들을 잠재적 대상자로 하는 경우 학생들의 성별분포, 성적 분포, 선호 고등학교 유형, 주변 고등학교의 유형과 수, 졸업생들의 진학 고등학교 정보 등에 따라 매우 다른 프로그램이 개발될 수 있다.

프로그램 개발 기획 시 참가할 대상자의 특성뿐만 아니라 프로그램의 개발주체가되는 기관이나 재정 지원 기관, 혹은 시행 기관 등의 환경 분석이 필요하다. 일반적으로 프로그램 환경 분석은 프로그램 개발과 관련된 이슈를 둘러싼 거시적인 외부 환경분석과 기관의 인력, 재정 운영, 시설, 관리행정, 기존에 실시하고 있는 프로그램, 접근 용이성 등을 포함하는 내부 환경 분석으로 나누어 실시할 수 있다.

2 프로그램의 이론적 기초 확립

1) 이론적 모형 개발

프로그램의 이론적 기초를 확립하는 작업은 프로그램 개발에 있어 종종 소홀히 다루어지는 단계이다. 몇몇 현장 전문가들은 프로그램을 개발하면서 이론적 기초를 마련하는 작업이 번거롭고 어려우며 불필요한 일이라고까지 폄하하기도 한다. 하지만 이러한 생각은 실제 현장의 요구에 역행하는 것일 뿐만 아니라 프로그램 개발 자체에 대한 본질적 회의라고 할 수 있다. 프로그램 개발의 기초는 '변화'에 대한 믿음에서 시작된다. 즉, 프로그램을 통해 계획한 목적과 목표를 달성할 수 있고 그러한 달성의 정도, 즉 효과를 확인할 수 있을 것이라는 기본 전제를 담고 있다. 프로그램이 어떤 방식으로 어떻게 변화를 만들어 냈는가에 대한 설명이 프로그램 개발의 이론적 기초라고 할 수 있는데, 이러한 이론적 기초가 번거롭고 어려운 설명이라는 이유에서 경시되거나 혹은 불필요하다는 주장을 하는 것은 사실상 프로그램 자체에 대한 본질적 부정이 아닐 수 없다. 또한 최근 현장에서는 프로그램 개발과 동시에 프로그램 효과에 대한 평가를 중시하는 경향이 있다. 따라서 프로그램이 얼마나 효과가 있었는지와 더불어 어떻게, 무엇 때문에 효과가 있었는지를 설명할 수 있는 이론적 기초가 더욱 중요해지는 추세라고 할 수 있다.

이론이란 환경 및 행동과 관련된 그럴싸한 인과기제를 보여줄 수 있는 개념의 조직, 즉 원인과 결과 간의 신념(김창대 외, 2011)으로서 프로그램의 이론을 확립하기 위해서는 우선 선행 이론이나 주요 변인에 관련된 경험적인 연구에 대한 체계적인 검토가 필요하다. 이러한 검토를 통해 프로그램이 목표로 하고 있는 변화가 일어날 수 있도록 하는 기제를 확인하여 효과적인 프로그램 구성요소를 확인하고, 성과가 나타날 수 있는 과정을 조성하는 데 필요한 조건을 확인할 수 있다.

프로그램의 이론적 모형을 개발하기 위한 과정은 개념적 틀 구상, 가설 수립, 프로그램 목표 설정의 과정을 포함하는데 각각의 내용과 방법을 구체적으로 살펴보면 다음과 같다.

(1) 개념적 틀 구상

프로그램의 이론적 기초를 마련하기 위해 개념적 틀을 구상한다는 것은 프로그램에서 초점이 되는 행동을 설명하는 데 적합한 관련 이론을 검토하고 선별하는 작업을 포함한다. 예를 들어 대학진학을 목표로 하는 일반계 고등학생을 대상으로 진로성숙도를 높이기 위한 프로그램을 개발하고자 할 때, 청소년의 진로발달 이론과 진로성숙도에 대한 개념적 이해를 이론적 기초로 삼을 수 있다. 진로발달이론에서 고등학생의 발달과업은 진로에 대한 구체적인 탐색을 통해 상급학교로 진학하는 의사결정을 하는 것이다. 고등학생 시기에 이러한 발달과업에 대해 얼마나 이수하고 있고 다음 발달단계에 대한 준비를 하고 있는지를 확인함으로써 고등학생들의 진로성숙도를 높일 수 있다. 이러한 이론적 검토를 통해 진로성숙의 주요 구성요인인 진로에 대한 태도와 능력을 프로그램의 목표 행동으로 설정하여 보다 구체화된 프로그램의 개념적 틀을 구상할 수 있을 것이다.

(2) 가설 수립

프로그램의 이론적 기초를 확인하게 되면 프로그램의 목표 행동과 관련된 변인들 간의 관계 모형으로 좀 더 구체화할 수 있다. 즉, 프로그램의 구성요소가 성과에 영향을 줄 것으로 예상되는 과정과 이러한 과정이 일어나는 조건에 대한 가설을 구체적인 변인들 간의 관계로 설명하는 가설 수립 과정을 거칠 수 있다. 예를 들어 상기했던 대학입학을 목표로 하는 일반계 고등학생의 진로성숙도 향상 프로그램에 있어 진로발달 및 진로성숙도에 대한 이론적 기초를 변인들 간의 관계로 좀 더 구체화하면 그림 5-2와 같다.

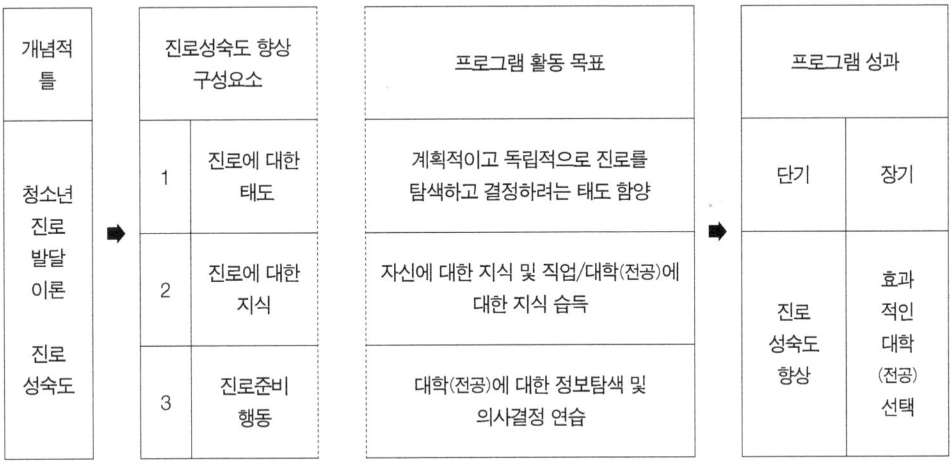

개념적 틀	진로성숙도 향상 구성요소		프로그램 활동 목표	프로그램 성과	
청소년 진로 발달 이론 진로 성숙도	1	진로에 대한 태도	계획적이고 독립적으로 진로를 탐색하고 결정하려는 태도 함양	단기	장기
	2	진로에 대한 지식	자신에 대한 지식 및 직업/대학(전공)에 대한 지식 습득	진로 성숙도 향상	효과 적인 대학 (전공) 선택
	3	진로준비 행동	대학(전공)에 대한 정보탐색 및 의사결정 연습		

그림 5-2 진로성숙도 향상 프로그램의 개념적 틀과 가설 수립

위 그림은 프로그램의 개념적 틀인 진로발달이론과 진로성숙도에 대한 이론적 기초를 토대로 진로성숙도 향상을 위해 '진로에 대한 올바른 태도 형성', '진로결정을 위한 지식 습득', '진로탐색 및 결정을 위한 준비행동의 실천'의 세 가지 목표를 설정하여 진로성숙도 향상 프로그램을 구성하면 대학입학을 목표로 하는 일반계 고등학생들의 진로성숙도를 향상시키고 장기적으로 대학을 효과적으로 선택하는 데 긍정적인 영향을 미칠 것이라는 가설을 변인 간의 관계 모형으로 도식화한 것이다. 진로진학지도 프로그램의 개념적 틀을 구상하고 난 후에는 보다 구체적인 가설을 설정하면서 프로그램의 변인과 목표를 설정해야 한다.

(3) 프로그램 목표 설정

프로그램 개발의 이론적 기초를 확립하기 위해서 개념적 틀을 마련하고 구체적인 변인들 간의 관계 모형을 가설로 설정한 후에는 이를 토대로 프로그램의 목표를 명확히 설정해야 한다. 일반적으로 목적과 목표는 개념적으로 구별되는데, 어떤 경우에는 목적이 목표를 포함하는 상위개념으로 설명되기도 하고, 어떤 경우에는 목표와 목적을 동등한 수준의 차별적 개념으로 설명하기도 하지만, 여기서는 프로그램의 목적을 프로그램 개발의 필요성과 관련하여 장기적인 바람직한 변화의 방향성을 제시하는 것으로 이해하고자 한다. 또한 프로그램의 성과로서의 목표(goal)와 그러한 목표를 달성하기 위한 프로그램 세부목표(objective)를 중심으로 설명하고자 한다.

일반적으로 프로그램의 목표는 프로그램을 통해 성취해야 하는 구체적이고 세부적인 결과, 즉 프로그램의 성과라고 할 수 있다. 목표는 측정 가능한 구체적인 진술로 이루어진다는 측면에서 목적과 구별된다. Rapp과 Poetner(1992)는 목표란 결과 지향적이어야 하며, 실현 가능성이 있어야 하고, 긍정적이고 분명하게 진술되어야 하며, 잠재적 대상자 집단과 관련이 있어야 한다고 하였다. 프로그램의 목표는 앞서 살펴본 이론적 가설을 세우는 작업과 밀접하게 관련되어 있다. 프로그램 목표는 보다 구체적인 세부목표로 나눌 수 있는데 세부목표란 프로그램에서 선정한 목표를 달성하기 위해 의도된 각각의 개입이라고 할 수 있고, 이러한 세부목표의 달성 여부를 평가하는 것이 곧 프로그램 성과에 대한 평가가 될 수 있다. 그림 5-2에서 볼 수 있듯이 이론적 기초와 프로그램의 성과는 프로그램 활동(개입)과 밀접한 관련이 있고, 이러한 프로그램 활동(개입)은 결국 프로그램의 세부목표와 관련된다.

목표를 기술하기 위해서는 일반적으로 SMART 방법이 사용된다. 즉, 목표는 구체적으로(specific), 측정 가능하도록(measurable), 실현 가능하게(attainable), 결과 지향적으로(result-oriented), 시간 계획적으로(time-framed) 기술되어야 한다. 예를 들어 '자기 자신을 이해하는 활동을 통해 진로성숙도를 향상시킨다'라는 목표보다는 '직업흥미검사 결과를 토대로 자신의 직업흥미에 대해 이해하여 자신의 흥미에 적합한 직업을 일주일간 세 가지 이상 조사할 수 있다'라는 목표가 보다 구체적이고, 측정 가능하며, 시간 계획적으로 기술되어 있다고 할 수 있다. 학생이 실행할 수 있는 결과적 행동 용어로 목표를 기술하면 프로그램의 효과를 객관적으로 확인할 수 있을 뿐만 아니라 학생 스스로도 자신의 변화를 점검해 볼 수 있다는 장점이 있다.

2) 진로진학지도 프로그램의 이론적 기초

진로진학지도 프로그램을 개발하는 데 필요한 이론적 기초란 앞서 살펴보았듯이 프로그램의 목적과 목표, 주제와 관련된 변인들의 관계에 대한 선행 연구물이나 선행 이론들을 의미한다. 즉, 모든 프로그램은 각 프로그램별로 필요로 하는 주된 이론적 기초가 다를 수밖에 없다. 예를 들어 중학생의 진로탐색 집단프로그램의 이론적 기초와 대학생의 취업을 위한 진로의사결정 프로그램 혹은 고등학생의 진학의사결정 프로그램의 이론적 기초는 각기 다를 것이다.

그럼에도 불구하고 이 절에서는 진로진학지도 프로그램을 개발하기 위해 진로진학상담교사가 기본적으로 알고 있어야 하는 주요 진로이론들을 소개하고자 한다. 진로진학지도 프로그램 개발을 위한 이론적 기초 지식은 이전 장에서 상당 부분 다루어졌지만 청소년의 진로선택 및 발달에 관한 이론의 내용을 간략히 살펴봄으로써 추후 다양한 진로진학지도 프로그램 개발 시 이론적 기초로 활용될 수 있기를 기대한다. 더불어 이러한 이론들에 대한 좀더 깊이 있는 연구나 학습을 원하는 경우 진로상담이나 직업심리학에 관한 보다 전문적인 책자들을 활용할 수도 있음을 밝혀둔다.

(1) 직업선택이론

진로교육의 초창기 이론은 직업선택이론을 중심으로 발전하였다. 세계적으로 산업화가 진행되면서 직업의 다양화가 이루어지고 사람들의 생활 여건과 작업 환경에서 극적인 변화를 이루게 되었다. 특히 도시 지역이 산업의 중심지로 발전하면서 일자리를 필요로 하는 많은 사람들이 도시로 이주하게 되었다. 1900년대 당시 미국의 파슨즈(Parsons)는 진로와 관련하여 도움을 받고자 찾아오는 사람들을 보다 효과적으로 조력하기 위해 체계적인 진로 지도의 절차를 창안하는데 이 절차가 이후 직업선택이론의 근간이 되는 '개인-환경 일치(person-environment correspondence)이론'의 기초가 되었다(김영빈·황매향·선혜연, 2016).

개인-환경 일치이론은 직업을 선택하는 데 있어 개인의 자신에 대한 명확한 이해, 직업에 대한 이해 그리고 두 요인 간의 합리적 연결을 중시했다(황매향 외, 2013). 자신에 대한 명확한 이해는 자신의 적성, 능력, 흥미, 포부, 환경 등에 대한 이해를 의미하며, 직업에 대한 이해는 다양한 직업에 대한 자격 요건이나 각 직업의 장단점, 보수, 취업 기회, 전망 등에 관한 지식을 의미한다. 결론적으로 파슨즈는 이러한 개인의 특성과 직업의 특성에 관한 객관적인 자료를 중심으로 이 두 조건의 합리적인 매칭을 통해 진로탐색 과정에서의 문제가 해결될 수 있다고 보았다. 이후 이러한 파슨즈의 생각은 초창기 진로선택이론이라고 할 수 있는 특성요인이론으로 발전하게 되고, 이후 등장하는 개인-환경 일치이론들의 이론적 기초가 되었다.

가장 널리 알려진 직업선택이론은 홀랜드(Holland)의 성격이론이다. 홀랜드의 이론 역시 개인-환경 일치이론 중 하나로서 개인의 '무엇'과 직업의 '무엇' 간의 일치가 개인의 직업선택을 결정한다고 보는 입장이다. 파슨즈의 특성요인이론이 검사를 통해 측정될 수 있는 개인의 특징인 '특성(trait)'과 성공적인 직무수행을 위해 요구되는 특징인 '요인(factor)'과의 일치를 주장한 데 반해, 홀랜드는 직업 선택에 있어 개인의 흥미에 기초한 '성격 유형'과 직업세계의 '성격 유형' 간의 일치를 중요한 요인으로 제시하였다. 즉, 홀랜드는 대부분의 사람들이 6가지 성격 유형으로 구분되며, 직업 환경 역시 현실적, 탐구적, 예술적, 사회적, 기업적, 관습적 유형 중의 하나로 분류될 수 있다고 보았다. 또한 개인의 성격 유형과 직업 환경 유형 간의 일치 정도를 통해 개인이 얼마나 그 환경에 잘 맞는지 설명할 수 있다고 하였다. 홀랜드는 흥미를 기초로 한 진로탐색의 발전에 기초를 마련하였고, 최근 우리나라에서 자주 활용되는 직업카드 분류 활동으로도 응용되면서 널리 알려졌다.

파슨즈의 특성요인이론이나 홀랜드이론과 같은 진로선택이론은 개인의 진로선택과 관련된 체계적인 설명 체계로서 흔히 '왜 사람들은 특정한 직업을 선택하게 되는가?'에 대한 이론적 틀을 제공하는 동시에 적성검사, 흥미검사와 같은 다양한 진로 심리검사들을 개발하는 이론적 기초가 됨으로써 오늘날 진로교육 현장에서 가장 널리 활용되는 이론이 되었다.

(2) 진로발달이론

진로발달이론은 직업과 개인 특성 간의 매칭을 강조하는 진로선택이론과는 달리 개인의 진로발달 과정을 강조한다. 즉, 개인이 성장해 가면서 진로와 관련된 다양한 특성들이 어떻게 변화되고 개인은 특성들을 바탕으로 어떻게 진로를 선택하고 적응해 나가는지가 개인의 진로를 이해하는 데 중요하다고 보았다. 인간의 진로발달 과정을 체계적으로 설명한 발달이론가 수퍼(Super)는 진로발달이라는 것이 직업의 선택 문제뿐만 아니라 일의 세계와 관련된 보다 다양한 삶의 영역과 역할들을 포괄한다고 보았다. 진로발달을 아동기부터 성인 초기까지 국한시키지 않고 전 생애에 걸쳐 이루어지고 변화되는 것으로 설명하였다.

수퍼의 발달이론에서 가장 중요한 이론적 개념은 '자기개념', '진로발달 단계' 그리고 '생애역할'이라고 할 수 있다. 수퍼는 진로발달을 여러 의사결정의 과정이라고 보았으며, 이러한 여러 의사결정의 축적된 결과가 자기개념을 형성하게 되며 진로선택으로 나타난다고 보았다. 즉, 수퍼는 진로발달을 진로에 관한 자기개념의 발달로 보았다. 자기개념이란 개인의 생물학적 특성, 사회적 역할, 타인의 반응에 대한 평가가 조합된 내용으로 '나는 이런 사람이다'로 표현될 수 있다. 즉, 수퍼의 이론에 있어서 진로교육의 목표는 학생들의 자기개념을 적절히 평가하고 긍정적으로 발달시키면서 자기개념이 직업으로 현실화되어가는 과정을 조력하는 것이라 할 수 있다.

두 번째로 수퍼는 개인의 진로발달이 5가지 발달 단계, 즉 성장기(4-13세), 탐색기(14-24세), 확립기(25-44세), 유지기(45-65세), 쇠퇴기(65세 이후)를 거친다고 보았다. 중학생 시기는 수퍼의 발달 단계중 성장기와 탐색기에 걸친 시기로서 이 시기의 학생들은 관심 직업에 대한 보다 구체적인 정보를 수집하고 일의 세계와 관련된 자신의 이해를 기초로 자기개념을 성장시켜나간다. 또한 진로에 대한 구체적인 탐색을 통해 상급학교로 진학하는 의사결정을 해야 하는 진로발달의 중요한 단계이다.

마지막으로 수퍼는 개인이 전 생애에 걸쳐 경험할 수 있는 9가지 주요한 역할(자녀, 학생, 여가인, 시민, 직업인, 배우자, 주부, 부모, 은퇴자)을 설명하면서 이러한 생애역할 간의 조화가 성공적인 직업인으로서의 삶과 관련이 높다고 하였다. 즉, 진로발달을 직업인으로서의 역할에만 초점을 두는 것이 아니라 전 생애에 걸쳐 개인이 담당하는 다양한 생애역할들과의 조화 속에서 탐색할 필요가 있다.

수퍼의 전생애발달이론은 진로교육에 있어 발달적 관점의 기초를 제공했다는 의

의가 있다. 수퍼이론에 기초한 진로성숙도검사는 학교 진로교육 현장에서 자주 활용되는 심리검사로서 학생들이 자신의 발달 단계에서 이루어야할 진로발달과업을 이행할 수 있는 준비도를 평가한다. 오늘날 진로교육은 학생들의 진로성숙 수준을 평가하고 미성숙한 부분에 대한 교육을 통해 학생들의 진로성숙도 향상을 목표로 하고 있다.

(3) 사회학습 진로이론

1975년 크럼볼츠(Krumboltz)는 반두라(Bandura)의 사회학습이론 중 상호결정론을 기초로, 진로의사결정과 진로발달의 과정에서 개인이 경험을 통해 학습한 것이 무엇인가에 초점을 둔 이론을 제기했는데 이를 진로의사결정에서의 사회학습이론 혹은 진로상담에 관한 학습이론이라고 하였다(김영빈·황매향·선혜연, 2016). 즉, 개인이 환경과 상호작용하면서 학습한 경험이 개인의 진로선택에 영향을 미치는 과정에 대해 제시하고 학습에 영향을 미치는 다양한 환경적 요인에 대해 설명하였다. 크럼볼츠는 개인이 타고난 유전적 재능, 환경적 사건, 학습경험, 과제접근 기술이 진로에 영향을 미치는 중요한 요인이고, 이러한 요인들의 상호작용으로 개인이 자신을 어떻게 바라보는지에 관한 '자기관찰 일반화'와 환경을 어떻게 바라보는지에 관한 '세계관 일반화'가 나타난다고 하였다(김영빈·황매향·선혜연, 2016).

이러한 요인 중 학습경험은 사회학습 진로이론의 핵심 개념으로서 도구적 학습과 연합적 학습으로 설명된다. 도구적 학습이란 행동주의 학습이론의 조작적 조건화에 기초한 학습경험으로서 개인의 행동은 결국 후속되어 주어지는 환경적 자극(강화)에 의해 증가되기도 하고 감소되기도 한다는 것이다. 자신이 그린 그림에 대해 칭찬을 받은 학생은 그림에 대한 흥미나 효능감이 점차 증가되고 이후 그림을 그리는 행동을 점점 더 많이 하게 된다. 한편 연합적 학습은 행동주의이론의 고전적 조건화에 기초한 학습경험으로서 두 가지 자극이 동시에 일어날 때 하나의 자극에 다른 자극에 대한 감정이 연합되어 일어나는 경우가 해당된다. 경찰에 관한 재미있는 영화를 보고 나면 경찰과 재미있는 감정이 연합되어 경찰이라는 직업에 대해 좋은 감정을 갖게 되는 것이 그 예가 될 수 있다. 성장기 동안 노출되는 많은 양의 TV 프로그램, 영화, 책, 잡지, 신문, 광고, 역할모델이 진로발달에 영향을 미치게 되고, 가정의 사회경제적 지위는 이러한 교육 자료의 특성과 양에 영향을 미치게 되어 학생의 진로선택에 영향을 준다.

이러한 초기 사회학습 진로이론의 내용에 개인에게 우연히 찾아오는 기회의 경험이라는 계획된 우연(happenstance)을 추가하여 최근 크럼볼츠는 사회학습 진로이론을 우연학습이론(Happenstance Learning Theory)으로 발전시켰다. 우연이란 한 개인의 진로에 영향을 미치는 요인 중 개인이 통제하기 힘든 '운'이라고 할 수 있는데, 크럼볼츠는 개인이 이러한 '운'을 자신에게 가능한 최대한으로 이로운 기회가 될 수 있도록 만들 필요가 있다고 하였다. 즉, 계획된 우연이론에서 진로상담의 목표는 학생이 보다 만족스러운 진로와 인생을 살아가기 위해 '행동하는 것'을 배울 수 있도록 돕는 것과 꾸준한 진로탐색 활동을 통해 우연히 일어난 일을 기회로 포착하여 활용할 수 있는 학습 능력을 갖추도록 조력하는 것이다. 우연이론은 개인의 진로결정과정에서 합리적 측면을 강조하여 제시한 다른 이론들에 비해 개인의 통제 밖에 있는 상황적 요인을 고려하고 있다는 점에서 상당히 현실적인 진로상담모형을 제시해 준다고 할 수 있다(김봉환 외, 2010).

(4) 사회인지 진로이론

사회인지 진로이론(social cognitive career theory, SCCT)을 제시한 렌트(Lent), 브라운(Brown)과 해켓(Hackett)은 반두라의 사회학습이론 중 자기효능감, 결과기대, 목표의 세 가지 사회인지적 개념을 중심으로 개인의 직업흥미가 어떻게 발달하는지, 진로선택이 어떻게 이루어지는지, 수행 수준을 어떻게 결정하는지 등을 설명한다(김봉환 외, 2013). 개인이 어떤 행동을 하게 되는 중요한 토대는 바로 자신이 그 행동을 해낼 자신이 있는가(자기효능감)와 그 행동이 자신에게 얼마나 좋은 결과를 안겨줄 것인가(결과기대)에 기인한다고 본다. 또한 자기효능감과 결과기대는 어떤 행동을 할 것인가와 그것을 통해 무엇을 이룰 것인가의 내용에 해당하는 목표를 설정하게 하고, 이러한 목표는 행동을 조직하고 이끌고 지속시키는 근간이 된다(그림 5-3).

개인의 진로에 영향을 미치는 맥락적 요인 중 사회인지 진로이론에서 가장 중요하게 간주되는 개념이 바로 진로장벽이다. 진로장벽은 진로를 선택하고 실행하는 과정에서 개인의 진로목표 실현을 방해하거나 가로막는 내적, 외적 요인들(Swanson & Tokar,

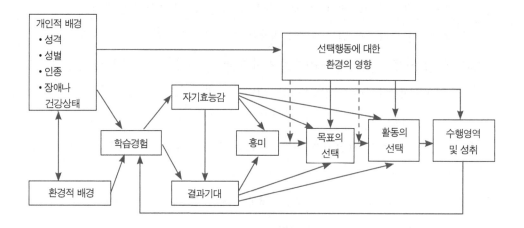

그림 5-3 사회인지 진로이론에서의 진로선택 모형

출처: Lent, Brown, & Hackett, 1994 : 93.

1991)로 정의된다. 사회인지 진로이론은 초창기 사회적 소수자였던 여성의 진로장벽에 대한 연구에서 출발하여, 인종, 사회적 계층과 같이 개인이 선택할 수 없는 개인적 특성과 이러한 특성에서 기인하여 개인에게 이익과 불이익을 주는 환경적 배경이 개인의 진로발달에 어떤 영향을 미치는지 설명하기 위해 꾸준히 발전해왔다.

결론적으로, 사회인지 진로이론을 기초로 한 진로상담 및 교육의 목표는 잘못된 자기효능감과 결과기대로 제외시킨 진로대안에 대한 탐색을 촉진하고, 왜곡된 진로장벽에 대한 지각을 현실화하여 장벽을 극복할 수 있도록 도우며, 성공경험을 통해 낮은 자기효능감을 회복하는 데 도움을 주는 것이라고 할 수 있다.

(5) 구성주의 진로이론

진로에 대한 구성주의적 접근은 실재가 있는 그대로 인식되는 것이 아니라 개인 스스로 실재를 구성해 나간다는 인식론적 구성주의에 기초하여 내적 구조의 성숙보다는 환경에 대한 적응과정을 통해 발달이 이루어진다는 맥락주의적 세계관으로 진로발달을 바라본다. 이러한 진로에 대한 구성주의적 접근은 크게 내러티브상담(narrative counseling)과 구성주의 진로이론(career construction theory)으로 분류된다. 전자는 코

크란(Cochran)의 일곱 가지 일화 상담기법이 대표적이고, 후자는 사비카스(Savickas)의 구성주의 진로이론이 대표적인데, 최근 사비카스의 구성주의 진로이론이 진로에 관한 구성주의적 접근의 중심으로 자리잡고 있다(김영빈·황매향·선혜연, 2016).

수퍼(Super)의 진로발달이론을 현대적으로 확장한 사비카스의 구성주의 진로이론은 개인의 특성에 대해 타고나거나 주어지는 고정된 것이라고 보는 관점에서 탈피해 개인은 적극적으로 삶을 만들어가는 주체라고 생각하고, 21세기 직업세계의 변화에 대처할 수 있는 개인의 적응력이 중요하다고 보았다. 변화된 현대사회, 특히 21세기에서의 진로를 전통적인 진로이론으로 더 이상 설명하기 어려운 이유는 기존의 진로이론들은 개인의 특성이 안정적이고 개인이 속한 조직에서 안정적인 일자리가 보장된다는 안정성의 가정과 진로가 정해진 단계를 순차적으로 밟아간다는 단계성의 가정을 기초로 하기 때문이다. 오늘날 정보화 사회에서는 개인에게 지속적인 학습을 요구하고 있고 이에 따라 개인의 특성 또한 지속적으로 변화되며, 환경의 변화가 심화될수록 변화하는 시장에 대응하기 위해 조직들은 내외적으로 계속 체제변화를 하고 그 결과 개인 일자리의 변화는 필연적이게 된다. 이러한 사회 변화 속에서 개인의 진로를 이해하고 설명하며 예측하기 위해서는 그러한 변화에 대처하는 개인의 유연성과 적응력, 나아가 전 생애에 걸친 변화의 역동을 이끌어갈 개인의 주도성이 요구된다. 즉, 진로란 자신의 특성에 맞는 일을 찾는 것에 그치는 것이 아니라 일의 세계와의 관계 속에서 자신의 삶을 만들어가는 과정이라고 할 수 있다.

구성주의 진로이론에서 학생은 자신의 진로관련 행동과 직업적 경험에 의미를 부여하면서 스스로의 진로를 구성해 간다고 본다. 즉, 이미 존재하는 어떤 사실을 발견하는 것이 아니라 적극적으로 의미화하는 과정을 통해 진로행동을 이끌고 조절하고 유지할 수 있다. 결론적으로, 구성주의 진로이론의 관점에서 진로상담 및 교육의 목표는 예측하기 힘든 미래에서 학생들이 원하는 삶을 창조해 나가는 과정으로 진로발달을 이해하고, 진로를 통해 구현하고자 하는 개인의 의미가 무엇인지를 지금까지의 삶의 이야기를 통해 탐색하고, 그 현실성을 점검하여 실현하도록 조력하는 데 있다.

진로진학지도 프로그램 개발을 위한 요구분석

프로그램 개발을 위한 기획단계에서 프로그램의 필요성을 확인하면서 이론적 기초를 마련한 후, 프로그램의 잠재적 대상자와 프로그램의 배경이 되는 환경에 대한 분석과 더불어 요구분석을 하는 것이 중요하다. 프로그램의 필요성은 잠재적 대상자인 학생이나 학교 및 국가와 같은 기관적 요구에서부터 시작되었지만 구체적인 요구를 보다 명확하게 분석하는 과정을 통해 프로그램의 성공 가능성을 높일 수 있다. 여기서는 프로그램에 대한 다양한 요구를 분석한다는 것이 무엇을 의미하고 어떻게 할 수 있는지에 대해 구체적으로 살펴보고자 한다.

1) 요구분석의 개념과 절차

요구(need)라는 의미는 학자들마다 다양하게 정의하지만 일반적으로 개인이나 조직이 갖추어야 할 상태와 현재 갖추어진 상태 사이에 존재하는 차이라고 할 수 있다(정무성·정진모, 2001). 예를 들어 일반적인 고등학생들의 진로성숙 수준은 자기 자신에 대한 이해를 기초로 적절한 진로대안을 두세 가지 이상 언급할 수 있어야 하는데(갖추어야 할 상태), △△고등학교 학생들의 경우 자기 자신에 대한 이해를 기초로 적절한 진로대안을 언급하지 못하는 경우(현재 갖추어진 상태)라면, 이러한 두 수준 사이에 존재하는 차이를 요구라고 할 수 있다.

요구는 다양한 방식으로 나타날 수 있다. 위에서 예시를 들었던 것처럼 개인이나 집단의 상태가 특정한 기준(수준)에 도달했는지 여부에 따라 발생하는 규범적 요구가 있을 수 있고, △△고등학교 학생들이 자신에 대한 이해나 적절한 진로대안에 대한 정보가 부족하다고 스스로 지각하는 경우(지각된 요구)가 있을 수 있으며, 이러한 개인이나 학교의 지각된 요구가 실제 프로그램이 필요하다고 표현되는 경우(표현된 요구)가 있을 수 있다. 만약 △△고등학교 진로진학상담교사가 △△고등학생들의 진로성숙 수준과 주변 고등학교 학생들의 진로성숙 수준을 비교해 봄으로써 프로그램의 구체적인 구성에 대한 요구를 확인해 본다면 이를 비교 요구라고 한다. 결론적으로 요구분석은 현재 성공적으로 이루어지는 것이 무엇인지, 새로 추가되어야 할 것이 무엇인지, 그리고 제거 혹은 수정되어야 할 것이 무엇인지를 결정하고 문제해결에 도움이 되는 방향을 제시하기 위해 사용하는 방법(Kaufman, 1982)으로서 프로그램 기획의 초석이 되는 작업이다.

요구분석은 ① 요구분석이 필요한 상황분석 ② 요구분석을 통해 얻고자 하는 정보 확인 ③ 활용 가능한 정보 유무 확인 ④ 요구분석 방법 결정 ⑤ 요구분석 계획 ⑥ 자료 수집 및 분석의 절차로 진행된다. 예를 들어 △△고등학생들의 진로성숙도 향상 프로그램의 요구를 분석하기 위해서 가장 먼저 요구분석이 반드시 필요한 상황인지, 현재 학교상황에서 요구분석이 가능한지, 어떻게 효율적으로 진행할지 등에 대한 검토가 필요하다. 즉, 누구를 대상으로, 얼마나 예산과 노력을 투자하여 무엇을 확인할 것인지 명확히 결정해야 한다.

이후 요구분석을 통해 알고자 하는 정보가 무엇인지 명료하게 확인하면서 이러한 정보를 얻기 위해 가장 적합한 요구분석의 대상자나 방법을 구체화할 수 있다. 예를 들어 △△고등학생들의 진로성숙도 향상에 관한 요구를 확인하려고 할 때 규범적 요구인지, 지각된 요구인지, 표현된 요구인지, 비교 요구인지에 따라 요구분석을 진로상담 전문가를 대상으로 할 수도 있고 △△고등학교 학생들을 대상으로 할 수도 있다.

또한 요구분석을 하기 위해 활용 가능한 정보의 유무를 확인할 필요가 있다. 기존의 다른 자료를 검토하거나 관련 선행 연구 등을 통해 확인될 수 있는 내용인지, 새로운 정보를 추가적으로 얻어야 하는지 등에 대한 결정을 해야 하고 이는 다음 단계의 요구분석 방법을 결정하는 과정으로 연결된다. 즉, 기존 자료를 분석하거나 면담, 관찰, 집단토의, 설문조사 등의 다양한 방법 중에서 효과적인 최선의 방법을 결정한다. 요구분석의 목적과 현실적 상황을 고려하여 최선의 방법을 선정했다면 구체적으로 어떤 단계를 거쳐 어떻게 요구분석을 할 것인지 요구분석 계획을 수립하고, 계획에 따라 자료를 수집한 후 분석하여 결과를 도출하고 보고서를 작성한다.

2) 요구분석의 방법

요구분석을 하기 위해 자료를 수집하는 방법은 다양하지만 여기서는 가장 빈번하게 사용되는 다음과 같은 몇 가지 방법을 중심으로 살펴보기로 한다.

(1) 기존 자료 분석

기존 자료 분석이라는 것은 2차 자료(secondary data), 즉 이미 존재하는 보고서나 참고자료를 재분석하는 방법이다. 프로그램의 '최적'과 '실재'를 알아내고자 사용되는 방법으로 예를 들어 '특성화고 고등학생 취업지원 집단프로그램'에 대한 요구분석을 위해 기존의 취업지원 프로그램에 관련된 문서들, 즉 프로그램 제작과정에 관련된 보고서, 프로그램 진행자 매뉴얼, 프로그램 참여자 소감문, 참여자들의 프로그램 사전-사후 검사 결과를 이용할 수 있다.

이러한 기존 자료 분석 방법은 시간과 비용이 적게 소요된다는 장점이 있어 효율성이 높은 방법이긴 하지만, 자료에 대한 신뢰도와 타당성에 대한 문제가 제기될 수 있으므로 다른 방법과의 혼용이 필요하고 이 자료만으로는 문제의 원인이나 해결방안을 분석해 내는 데 한계가 있다.

(2) 인상적 방법

인상적(impressionistic) 방법을 통한 요구분석 자료 수집은 면담, 관찰, 집단 토의, 포럼 등을 통해 얻은 질적 자료를 분석하는 방법으로서 크게 프로그램 내용에 대한 주요 정보제보자(key informants) 조사 방법과 소규모 집단을 대상으로 필요한 정보를 얻는 명목집단(nominal group) 방법이나 초점집단 면접(focus group interview) 등이 있다.

주요 정보제공자를 통한 요구분석은 프로그램 운영기관 관련자(예, 교장, 교감), 진행자(예, 진로진학상담교사, 담임교사), 참여자(예, 학생들)들 중 소수의 몇몇을 대상으로 심층면담이나 참여관찰을 실시하여 자료를 수집할 수 있고, 해당 프로그램 관련 전문가들을 대상으로 델파이 기법(Delphi technique)을 통해 자료를 수집할 수도 있다. 델파이 기법을 통한 자료수집은 주요 정보제공자들이 서로 간의 물리적 대면 없이도 활발한 상호작용을 통해 특정 사안에 대한 견해의 일치에 도달하는 방법이다. 델파이 조사는 진행조정자와 약 10~15명의 패널로 구성된 추진팀이 개발된 델파이 설문지에 대해 서신으로 응답하고, 진행조정자가 응답 결과를 정리하여 패널들에게 재송부하면 응답자들은 다른 패널들의 의견을 고려하여 설문지에 재응답하는 과정을 여러 차례 거치면서 합의된 의견을 도출해간다. 이러한 델파이 기법은 특정 주제에 대해 전문가 집단의 견해를 도출하고자 할 때 최근 자주 사용되는 방법이며 반대 견해를 가진 사람들이 직접적인 맞대응을 피하면서 합의해 나갈 수 있다는 장점이 있는 반면에 진행조정자가 객관성을 잃고 지나치게 개입할 경우 문제가 발생할 수 있다.

주요 정보제공자에 의한 자료수집 방법은 최적의 프로그램이 무엇인지, 프로그램 실제는 어떠해야 하는지, 주요 문제의 원인과 해결방안은 무엇일지 등을 소수를 대상으로 심도 있게 살펴보는 데 용이한 방법이지만 주요 정보제공자의 범위와 인원수에 따라 요구되는 시간과 노력에 있어 차이가 크게 날 수 있다. 즉, 설문이나 집단 토의를 통한 방법에 비해 시간과 노력이 많이 소요된다는 단점이 있으나 프로그램의 실제와 문제의 원인, 해결방안 등에 대한 심층적인 정보를 얻을 수 있다는 장점이 있다. 물론 이 경우 주요 정보제공자가 얼마나 타당하고 유용한 정보를 제공할 수 있는가에 대한 세심한 평가가 요구된다.

한편 소규모 집단을 대상으로 하는 명목집단 방법은 조사에 참여한 구성원들이 서로 의사소통을 하지 못하는 상황에서 각자의 솔직한 의견을 제시하면서 새로운 아이디어를 얻거나 정보를 종합할 필요가 있을 때 사용하는 방법이다. 명목집단에 선정된 개인은 서면으로 자신의 의견을 제출하고 이 내용을 정리하여 전체 구성원이 각 의견들에 대해 확인 후 투표를 통해 의견의 우선순위를 결정하는 방법이다.

명목집단 방법과 달리 초점집단 면접은 집단 참가자들의 활발한 토의와 상호작용을 강조하며, 상호작용을 통한 집단 역동에 대한 자료도 수집할 수 있다는 특징이 있다. 또한 초점집단 면접은 집단 참가자들이 직접 만나야한다는 측면에서 델파이 기법과도 차이가 있다. 최소 4명에서 10명 내외의 집단원들은 약 1시간 30분에서 2시간가량 관련 이슈에 대해 자신의 의견을 자유롭게 개진하면서 활발한 토론을 통해 다양한 요구를 도출하는 과정이다. 초점집단을 운영하는 진행자는 집단의 목적과 관련 이슈를 제시하지만 집단 의견 과정에 적극적으로 개입하기보다는 제한된 이슈를 중심으로 활발한 상호작용이 이루어질 수 있도록 조력하는 정도로만 개입한다. 그래서 필요한 형태의 답변이나 요구가 도출되기 어려울 수도 있다는 단점이 있으나 최근 요구분석을 위한 자료 수집시 자주 활용되는 방법이다.

(3) 설문조사

설문조사(survey)는 가장 널리 사용되는 요구분석 자료 수집 방법이다. 일반적으로 프로그램 운영기관 관련자들과 진행자들, 참여자들 중에서 다수의 사람들을 대상으로 미리 준비된 질문지를 실시하여 폭넓은 요구를 조사할 수 있다. 예를 들어 중학생의 진로성숙도를 향상시키기 위한 프로그램의 요구를 조사하기 위해 담임교사들을 대상으로 중학생들에게 필요한 진로 지식이나 준비 행동, 갖추어야 할 태도에 대한 문항에 답변하도록 하여 프로그램의 내용을 구성할 수 있다. 잠재적 대상자 집단의 중학생들을 대상으로 진로성숙도검사를 실시하여 점수가 낮은 문항들을 중심으로 프로그램에 대한 필요성과 요구를 확인해 볼 수도 있다. 예를 들어 진로성숙도검사에서 진로 지식이나 태도에 대한 평균 점수가 진로 준비행동 점수보다 낮다면 진로 지식이나 태도에 대한 요구가 더 높다고 볼 수 있을 것이다.

이러한 설문조사는 몇 명을 대상으로 실시할 것인가에 따라 시간과 비용에 차이가 발생하는데 설문조사의 목적상 가능한 많은 수를 포함하는 것이 이상적이므로 설문지 작성과 배포, 분석과 관련하여 비용이 들 수 있다. 하지만 프로그램에 대해 다양한 사람들에게 다각적인 정보를 비교적 짧은 시간에 얻을 수 있고, 자료에 대한 분석이 용이하며 무기명 응답을 통해 비교적 솔직한 의견이 수집될 수 있다는 장점이 있어 널리 사용된다. 다만 정보가 피상적 수준에서 수집될 수 있고, 자료의 신뢰성에 문제가 있을 수 있다는 측면에서 다른 자료 수집 방법을 함께 활용하여 보완하기도 한다.

연구과제

1. 진로진학지도 프로그램으로 개발할 필요가 있다고 생각하는 프로그램의 내용과 목적을 간략히 적어보자.
2. 상기한 진로진학지도 프로그램을 개발하기 위해 요구분석을 실시한다면 어떤 대상에게 어떤 방법으로 자료를 수집할 수 있을지 적어보자.

참고문헌

김봉환, 강은희, 강혜영, 공윤정, 김영빈, 김희수, 선혜연, 손은령, 송재홍, 유현실, 이제경, 임은미, 황매향
(2013). 진로상담. 서울: 학지사.

김봉환, 이제경, 유현실, 황매향, 공윤정, 손진희, 강혜영, 김지현, 유정이, 임은미, 손은령(2010). 진로상
담이론: 한국 내담자에 대한 적용. 서울: 학지사.

김영빈, 선혜연, 황매향(2016). 직업 · 진로설계. 서울: KNOU Press.

김창대, 김형수, 신을진, 이상희, 최한나(2011). 상담 및 심리교육 프로그램 개발과 평가. 학지사.

정무성, 정진모(2001). 사회복지 프로그램 개발과 평가. 서울: 양서원.

황매향, 김계현, 김봉환, 선혜연, 이동혁, 임은미(2013). 심층직업상담-사례적용 접근. 서울: 학지사.

Kaufman, R.(1982). Means and ends: Needs assessment, needs analysis and front-end analysis.
Educational Technology, 22(11), 33-34.

Kreuter, M. W. & Green, L. W.(1978). Evaluation of school health education: identifying
purpose, keeping perspective. *Journal of School Health, 48*(4), 228-235.

Lent, R. W., Brown, S. D., & Hackett, G. (1994). Toward a unifying social cognitive theory of
career and academic interest, choice, and performance. *Journal of Vocational Behavior,
45*, 79-122.

Rapp, C. A. & Poetner, L.(1992). *Social Administration: A Client-centered Approach*. New
York: Longman.

Swanson, J. L. & Tokar, D. M.(1991). Development and initial validation of the career barriers
inventory. *Journal of Vocational Behavior, 39*, 344-361.

6장

진로진학지도 프로그램의 구성

선혜연

목표

1) 진로진학지도 프로그램 개발을 위한 프로그램 활동요소의 수집과 개발 방법에 대해 설명할
   수 있다.

2) 효과적인 프로그램 활동요소 선정의 원리를 말할 수 있다.

3) 선정된 활동요소를 효과적으로 조직하는 원리를 이해한다.

이 장에서는 진로진학지도 프로그램 개발을 위해 프로그램을 구성하는 구체적인 방법과 절차에 대해 살펴본다. 프로그램 활동요소들을 수집하거나 개발하는 방법, 효과적인 활동요소를 선정하는 기준, 선정된 활동요소를 조직하는 방법에 대해 살펴볼 것이다. 이를 위해 기존에 개발된 진로진학지도 프로그램의 활동요소를 수집할 수 있는 다양한 정보원과 새로운 활동요소를 개발하고자 할 때 고려해야 할 점 등에 대해서도 간략히 살펴보기로 한다.

1 진로진학지도 프로그램 구성의 기초

1) 프로그램 구성의 개념

앞서 4장에서 개관했듯이, 프로그램의 구성이란 프로그램을 통해 궁극적으로 달성하고자 하는 목표가 잘 실현될 수 있도록 프로그램의 활동요소를 선정하고 조직하는 것을 의미한다. 프로그램 구성의 성공여부는 효과적인 활동요소의 선정과 조직에 달려있다. 활동요소(components)는 프로그램의 이론적 요소를 현실적으로 잘 구현하도록 고안된 활동으로서 진로진학지도 프로그램에서 이루어지는 다양한 활동들은 프로그램 내용이나 과정을 구성하는 최소 단위의 활동요소라 할 수 있다. 예를 들어 자유학기제의 진로체험 프로그램 중에 학생들이 자기이해를 위한 진로심리검사를 실시하고 그 결과를 해석받았다면 이 활동은 진로체험 프로그램의 활동요소라고 할 수 있다.

앞 장에서 살펴보았듯이 프로그램의 목표가 결정되면 목표를 달성하기 위해 세부목표들을 기술하는데 세부목표는 프로그램에서 선정한 목표를 달성하기 위해 의도된 각각의 개입이라고 하였다. 이러한 세부목표는 프로그램을 구성하는 주요 요소들을 포함하는 형태로 기술되기 때문에 프로그램 활동요소와 밀접한 관련을 갖게 된다. 그림 6-1에서 살펴볼 수 있듯이, 중학생의 진로성숙도 향상이라는 프로그램의 목표는 각각 자기이해 증진, 진로정보 습득, 합리적인 의사결정능력 함양이라는 구성요소들을 중심으로 세부목표가 기술될 수 있고 이러한 프로그램 세부목표는 구성요소들과 밀접한 관련을 갖는 몇몇 프로그램 활동요소들을 통해 달성될 수 있다.

일반적으로 프로그램의 한 회기는 2~3개의 활동요소로 구성되는데 하나의 활동요소는 15분 정도에서부터 40여분 정도가 소요되는 것까지 있기 때문에 프로그램 구성 시 활동 시간과 활동요소의 수에 대한 세심한 고려가 필요하다.

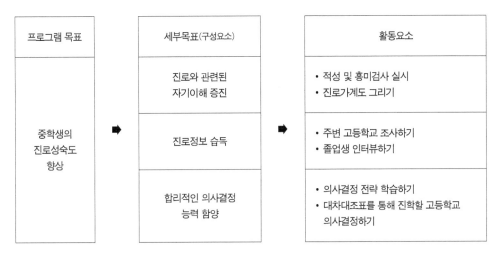

그림 6-1 프로그램 목표와 활동요소 구성 예시

2) 진로진학지도 프로그램 구성의 절차

프로그램의 구성은 프로그램의 목표와 이론적 근거에 따라 활동요소들을 수집하거나 개발하는 단계와 활동요소를 선정하고 조직하는 일련의 과정을 포함한다. 진로진학지도 프로그램을 구성하기 위해서는 우선 기존의 다양한 진로진학지도 프로그램을

조사하고 그 활동요소들을 수집할 필요가 있다. 관련 문헌 및 기존 프로그램의 검색과 수집을 통해 다양한 활동요소들을 수집할 수 있다. 그러고 나서 설정된 프로그램의 목표를 가장 잘 성취할 수 있는 활동요소나 개입방법 등에 대해 비교분석할 필요가 있다. 아직까지 우리나라에는 진로 집단상담 프로그램의 다양한 활동요소들이 개별적으로 어떤 효과를 보이는지에 대한 구체적인 연구가 많지 않다(선혜연 외, 2009). 하지만 기존의 선행연구들이나 프로그램 효과 연구들을 토대로 다양한 진로 활동요소 중에서 어느 것이 앞서 계획한 프로그램의 목표를 가장 잘 달성시킬 수 있는가를 판단하여 적절한 활동요소 및 개입전략을 선정하여야 한다.

선정된 활동요소들을 적절한 순서로 배치하는 조직 과정은 대상 학생들의 발달적 특성, 학생들 간의 친밀한 정도, 활동요소들의 논리적 순서 등을 고려하여 조직한다. 어느 정도 프로그램이 완성되었다면 실제로 프로그램을 실시할 때 발생할 수 있는 문제점을 미연에 확인하고 예방할 수 있도록 예비연구를 실시할 수도 있는데 그 결과를 반영하여 프로그램을 수정·보완한 후 프로그램 전체에 대한 지침서(매뉴얼)를 제작하면 프로그램 구성이 완료된다. 이러한 프로그램 구성 절차에 대한 내용을 정리하여 도식화하면 그림 6-2와 같다.

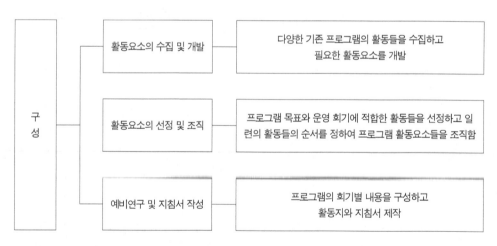

그림 6-2 진로진학지도 프로그램 구성 절차

1) 프로그램 활동요소 수집 및 개발

(1) 다양한 출처를 통한 활동요소 수집 방법

프로그램의 활동요소를 수집하기 위해서는 우선 프로그램의 구성요인을 포함하는 이론적 개념의 틀에서 도출된 주요 키워드를 중심으로 다양한 출처를 통해 관련 문헌 및 기존 프로그램을 검색하고 수집하는 작업부터 시작한다. 개발하려는 프로그램과 관련된 키워드를 추출하고 활동요소를 수집할 수 있는 다양한 출처를 마련해야 한다.

우선 키워드를 추출하기 위해서는 프로그램의 대상자 특성, 다루고자 하는 문제나 목표, 관련 이론 및 이론적 개념, 기존 프로그램의 한계점 등에서 키워드를 추출할 수 있다. 표 6-1의 내용은 중학생 진로성숙도 향상 집단프로그램을 개발하기 위해 활동요소를 수집하려고 할 때 추출할 수 있는 키워드를 정리해 놓은 것이다.

표 6-1 활동요소 수집을 위한 키워드 추출의 예시

	관련 내용	키워드
대상자 특성	중학생의 발달적 특성 중학교 소재지 특성	• 중학생 • 중학생 발달 • 소규모 중학교 • 농촌 중학생
다루려는 문제나 목표	진로성숙 향상	• 진로성숙 • 진로발달 • 성숙도 검사 • 진로태도 • 진로행동 • 진로탐색

관련 이론 및 개념	진로발달이론 발달단계이론 Super이론 직업포부발달이론 진로의사결정이론	• 발달 단계 • 성장기, 탐색기 • 진로포부 • 타협 • 진로의사결정
기존 프로그램의 한계점	일반중학생들 대상 학급단위 학생들을 대상으로 개발 최신 진로상담 방법을 반영하지 못함	• 특성별/차별적 개입 • 소집단 개입 • 구성주의 진로상담

키워드가 추출이 된 후에는 다양한 출처를 통해 자료를 수집해야 한다. 예를 들어 국내외 학술자료나 개관 논문들, 프로그램 효과를 메타분석[1]한 논문들이나 관련 분야의 책을 통해 자료를 수집할 수 있다. 특히 국내외 학술자료나 논문들은 국회도서관(www.nanet.go.kr)이나 학술연구정보서비스(www.riss.kr)를 통해 자료 탐색과 열람을 할 수 있다. 이외에도 정부기관 및 연구소 출판자료나 관련 학회나 워크숍 자료를 통해서도 다양한 활동요소를 수집할 수 있다. 간혹 책이나 학술지에 소개된 프로그램의 구체적인 내용을 알고 싶은 경우 프로그램 개발자 및 저자와 직접 연락을 취해 확인할 수도 있는데 학술연구의 경우 교신 저자가 표시되어 있고 보통 이메일 주소가 기재되어 있으므로 이를 통해 구체적인 정보를 문의해 볼 수 있다. 마지막으로 수집된 프로그램과 활동요소를 활용하기 용이한 방식으로 정리하고 비교하면서 각 활동요소의 장단점을 세심하게 확인해야 한다. 표 6-2는 기존 프로그램의 활동내용을 정리하는 형식을 보여주는 예시표이며, 표 6-3은 몇 가지 프로그램을 요목별로 비교하여 정리한 표 형식을 예시로 제시한 것이다.

1 　 메타분석은 동일하거나 유사한 주제로 연구된 많은 연구물들의 결과를 객관적으로 그리고 계량적으로 종합하여 고찰하는 연구방법임.

표 6-2 유사 선행 프로그램 활동내용 정리 형식의 예

연구자	프로그램	연구 내용	대상	회기
이은교 (2008)	인지행동적 프로그램	정서 인식과 정서 조절, 행동적 방략, 타인 정서 이해, 자동적 사고 알기, 인지적 방략을 구성요소로 하여 정서 조절 방략을 학습하는 프로그램	초4 (12명)	11회기 (50분)
김태은 (2012)	정서조절 프로그램	정서 인식, 정서 표현, 정서 조절의 3개 영역으로 내용을 구성하고, 정서 조절 측면에서는 자신의 감정 조절과 정서의 반영적 조절을 주로 놀이를 활용하여 하는 프로그램	ADHD 초 2~초3 (7명)	12회기 (60분)
남성희 (2015)	정서조절 집단상담 프로그램	정서와 정서조절 수준의 인식에 대한 부분을 다루고, 체험적 수준, 인지적 수준, 행동적 수준으로 정서조절 영역을 구분하고, 게임과 인지행동 프로그램을 활용한 프로그램	저소득 가정 초4~초6 (10명)	11회기 (60분)
김태희 (2015)	집단미술치료 프로그램	정서인식, 정서표현, 정서조절, 공감과 자아존중감을 변화 원리로 하여 다양한 미술활동을 활용한 프로그램	고2 (8명)	12회기 (60분)
김윤주 (2013)	독서치료 활용 집단상담 프로그램	적응적 정서조절과 부적응적 정서조절능력 향상을 위해 준비와 자료 선정, 자료 제시, 이해 조성, 추후활동과 평가 단계로 구성한 독서치료 활용 프로그램	초5 (10명)	12회기 (50분)
강민정 (2016)	역할놀이 활용 집단상담 프로그램	자기정서 인식 및 표현, 감정조절 및 충동 억제, 자기정서 이용, 타인 정서 인식 및 배려, 대인관계로 구성된 역할놀이 활용 프로그램	초4 (25명)	12회기 (60분)
김신정 (2012)	어머니 연계 집단상담 프로그램	자기조절과 타인조절을 중심으로 감정의 이해와 표현, 부정 정서의 전환, 타인의 감정에 대한 공감과 반응 등을 다루며 부모 교육과 부모 참여 회기를 포함한 프로그램	초2 (10명)	11회기 (학생 40분/ 부모 60분)

표 6-3 프로그램 비교분석표의 예

영역	NOICC 진로개발 역량 및 NACE 서비스 기준	전공탐색 관련 콘텐츠 요소	컴퓨터 진로지도 체제의 요소
자기이해	○	○	○
직업정보	○	○	○
학업관련정보	○	○	○
진로결정	○	○	○
진로계획	○	○	○
구직,적응,발전	○	○	△
생애역할과 진로 관계이해	○	—	△
다양한 경험	△	○	△

출처: 임언, 정윤경, 백순근(2003)

(2) 새로운 활동요소의 개발

앞서 다양한 출처를 통해 기존의 활동요소들을 수집하여 정리한 후 비교해 보는 과정을 통해 적절한 활동요소를 선정할 수도 있고 기존 프로그램 활동요소를 약간 수정하여 활용할 수도 있지만, 프로그램 목표에 기존의 활동이 맞지 않거나 적합한 활동요소를 도저히 수집할 수 없는 상황이라면 새로운 활동을 개발해야 한다. 앞서 언급했듯이 진로진학지도 프로그램의 경우 사실상 현존하는 다양한 활동요소가 있기 때문에 적절한 출처를 통해 수집하다보면 활용 가능한 활동요소들을 상당 부분 찾을 수 있다. 실제 이 책의 4부에서는 대규모 연구프로젝트를 통해 국가적 차원에서 개발된 양질의 진로진학지도 프로그램의 활동요소를 활용할 수 있도록 소개할 것이다. 그럼에도 불구하고 대상 학생과 상황에 보다 특화되고 프로그램 목표 달성을 위한 최선의 방법을 찾다보면 활동요소의 개발이 불가피한 경우가 발생할 수 있다. 특히 기존의 활동요소들이 프로그램에서 목표로 하는 대상 학생들의 발달적 특성에 적합하지 않거나 프로그램 세부목표에 적합한 활동요소가 아닌 경우 기존의 활동요소들의 한계점을 보완하는 방향으로 개발하게 된다. 활동요소의 개발을 위해서는 다양한 사람들의 아이디어를 제공받거나 의견을 나누는 과정을 통해 개발하는 것이 좋고 한두 명의 의견을 통해 개발한 활동요소의 경우 다양한 전문가나 프로그램 관련자들로부터 추후 의견을 듣고 반영하여 활동요소를 수정하는 타당화 과정이 필요하다.

2) 프로그램 활동요소의 선정 및 조직

(1) 활동요소의 선정기준

목표 달성을 위한 최적의 프로그램 활동요소를 선정하기 위해 Sussman(2001)은 회기별로 수집한 활동요소를 다음과 같은 5가지 선정기준에 따라 평가할 수 있다고 하였다.

① 수용성: 활동요소가 참신하고 재미있고 유용하며 효과가 있다고 표적집단이 느

끼는지 여부

② 접근성: 표적집단이 활동요소를 잘 이해하고 참여할 수 있는 정도

③ 목표달성에 도움이 되는 정도: 활동요소가 프로그램의 목표와 관련성이 높고 구체적이고 즉각적인 효과를 나타낼 수 있는 정도

④ 표적집단에 미치는 영향력: 프로그램 대상자들에게 의도했던 효과가 나타날 수 있는지 여부

이러한 네 가지 활동요소 선정기준에 따라 5점 Likert척도로 평가하여 총합을 계산 후 가장 높은 점수의 활동요소를 선정하는 방법의 예시를 표 6-4에 제시하였다. 이러한 방법을 사용할 경우 합산 점수가 대략 어느 정도 수준 이하일 경우 새로운 프로그램 활동요소를 개발한 것인지에 대해 미리 정해 놓을 필요가 있다. 예를 들어 '평정 후 합산 점수가 16점을 초과하는 활동을 선정할 것이며, 비교를 통해 상대적으로 상위 점수로 선정된 활동요소가 있다고 하더라도 선정기준 항목들 중 3점 이하 활동의 경우는 배제한다'와 같은 기준을 미리 평정 전에 정해 놓고 시작하는 것이 좋다. 또한 이러한 프로그램 활동요소의 효율성에 대한 평가는 개발자 단독의 결정보다는 프로그램 관련 전문가들과의 협의나 잠재적 참여 학생들과의 충분한 논의를 기초로 하는 것이 적절하다.

표 6-4 프로그램 활동요소 선정기준과 평가 결과 예시표

회기	회기 목표	참고 프로그램	선정기준				점수	채택 여부	수정 · 보완내용
			수용성	접근성	목표달성	영향력			
1	프로그램의 목적과 구성을 알고, 참여할 때 지켜야 할 일들을 약속할 수 있다.	마음을 열고 함께 해요 (김태희, 2015)	4	5	4	5	18	◎	
		만나서 반가워 (신은지, 2014)	4	4	4	4	16		
		첫만남 (정순민, 2015)	4	4	3	4	15		

2	진학을 위한 입시준비에서 느끼는 부정적인 정서를 알아차릴 수 있다.	여러 가지 마음이 있어요 (박성희, 2003)	3	4	3	3	13		선화를 그린 뒤 보이는 것을 글로 표현하는 활동 대신 선화를 그리며 느낀 자신의 감정을 은유적으로 표현하는 활동으로 수정·보완
		선화/낙서 그리고 글쓰기 (이봉희, 2010)	4	4	4	5	17	◎	
		은유적 표현으로 감정을 깊이 있게 인식하기 (최은주, 2011)	4	4	5	4	17	◎	
3	희망적인 자신의 미래를 상상하며 행복감을 느낄 수 있다.	내 인생의 징검다리 (이민아, 2016)	4	3	4	4	15		기존 프로그램들을 참고하여 개발자가 새롭게 개발
		나 어때? (이선미, 2012)	3	3	4	4	14		
		행복의 양말 만들기 (주정옥, 2010)	3	3	4	3	13		

(2) 활동요소의 조직

프로그램의 목적과 목표에 맞도록 회기 수와 시간을 결정하고, 수집된 활동요소들 중 회기별 목표 달성을 위해 적합한 활동요소를 선정한 후에는 적절한 순서로 배열하여 프로그램 활동요소를 조직해야 한다. 활동요소의 조직은 활동요소의 선정만큼이나 중요한 과정이다. Sussman(2001)은 발달과정 및 환경적 맥락, 프로그램 흐름의 측면을 고려한 활동요소의 순서 조직을 제안하였다.

우선 진로진학지도 프로그램은 궁극적으로 대상 학생의 변화를 목표로 하기 때문에 변화의 원리를 고려하여 프로그램을 배열하고 조직할 필요가 있다. 예를 들어 진로성숙도 향상을 위해 자기이해와 전공탐색, 그리고 적절한 의사결정 실습이라는 세 가지 구성요소를 배열함에 있어 일반적인 진로발달 변화의 순서라면 자기를 이해하고 관심 있는 전공을 탐색하여 정보를 습득한 후 자신에게 적합한 전공을 합리적으로 선택하기 위해 의사결정 연습을 해보는 방식으로 순서가 배열되어야 한다. 그런데 프로그램의 회기를 의사결정 연습 → 자기이해 → 전공탐색의 순으로 한다면 변화의 논리에 부적합한 배열 순서가 되어 논리적 순서에 기초한 프로그램 활동요소 배열이라고 할 수 없다.

두 번째로 프로그램 활동요소의 배열을 위해 학생들의 발달과정을 고려해야 한다. 진로진학지도 프로그램은 궁극적으로 학생들의 진로발달 및 선택을 조력하기 위한 목적으로 주로 학교현장에서 이루어지는 프로그램이라고 할 수 있다. 따라서 프로그램의 주된 수혜자는 분명 학교현장의 학생들, 특히 초중고 학생들일 것이다. 인간을 대상으로 하는 모든 활동들은 인간의 발달적 특성을 고려해서 개발되어야 하며, 특히 아동 및 청소년들을 대상으로 하는 프로그램은 이들의 발달적 특성과 발달과업을 고려해야 한다. 앞 장에서 간략히 살펴본 진로발달이론들은 다양한 발달적 정보를 제공해주는데, 프로그램 활동요소의 조직에 있어서도 대상 학생들이 어떤 발달적 특성을 보이고 어떤 순서로 발달과업을 이루어 나가는지 등에 대한 발달적 지식을 고려해야 한다. 예를 들어 Super(1952)는 진로발달단계이론에서 초등학교 고학년의 경우 자기개념의 발달을 중심으로 진로가 발달하는 성숙기에 해당하고, 중고생의 경우 다양한 사회활동을 통해 자아를 검증하는 탐색기의 발달과업을 갖는다고 하였다. 이러한 발달적 지식에 기초하여 진로탐색 프로그램의 활동요소들을 조직함에 있어 초등학교 고학년의 경우 '자기개념 형성에 대한 활동'을 중심으로 조직하고, 중학생의 경우 '자기개념에 기초한 직업세계 탐색 활동'을 중점적으로 조직할 수 있을 것이다. 또한 '자기개념 형성'에 대한 활동요소를 먼저 제시한 후 자기개념에 기초한 '직업세계 탐색' 활동요소가 이어지는 방식으로 활동요소들을 배열할 수 있다.

세 번째로 프로그램 활동요소는 프로그램이 실시되는 환경적 맥락을 고려해서 조직할 필요가 있다. 개인이나 상황을 둘러싸고 있는 환경체계는 크게 미시체계, 중간체계, 외부체계, 거시체계로 구분된다(Bronfenbrenner, 1979). 미시체계란 개인이 직접 경험하는 집이나 학교와 같은 물리적 환경과 부모, 교사와 같은 사회적 환경을 포함하는 개념이다. 중간체계는 미시체계 간의 상호작용을 의미하는데 부모와 교사와의 관계, 형제와 친구와의 관계 등을 포함한다. 외부체계란 정보, 학교 운영방침, 대중매체, 지역사회 등과 같은 영향력 있는 사회적 환경을 말하며, 거시체계는 경제적, 사회적, 교육적, 법적 체계 등을 포함하는 개념이다. 진로진학지도 프로그램의 경우 이러한 다양한 환경적 맥락을 포함하는 내용으로 구성될 수 있는데 이런 경우 개인에게 가장 가까운 미시체계에서부터 점차 광범위한 체계를 포함하는 방향으로 활동요소를 조직할 수 있을 것이다. 예를 들어 학생들이 자신과 직업세계에 대한 이해를 위해 부모님의 직업을 조사하고 자신의 진로목표를 부모님이나 교사와 함께 이야기 나누어 보는 활동을 진행했다면 이것은 개인을 둘러싼 가장 근거리의 미시체계에 대한 접근으로 볼 수 있다. 이러한 미시체계에 대한 접근에 이어 지역사회의 다양한 일터에 대해 조사하거나 성공한 지역사회 직업인을 인터뷰하는 등의 활동을 하게 되면 이는 외부체계에 대한 접근이라고 볼 수 있는데 이러한 체계적 접근 역시 활동요소의 조직에 있어 고려해야 할 부분이다.

마지막으로 프로그램 활동요소를 조직 시 활동요소 간의 관계 유형을 고려할 필요가 있다. 각 활동요소는 그 자체로서 이론적 적합성과 목표를 갖고 있지만 낱낱으로 배열되기 보다는 몇 개의 활동요소들이 함께 연합되어 작용하면서 프로그램의 궁극적인 목표를 보다 효과적으로 달성할 수 있다. Sussman(2001)은 이러한 프로그램 활동요소의 관계 유형을 네 가지로 제시하였는데 이중 진로진학지도 프로그램 활동요소의 배열을 위해 고려할 만한 세 가지를 구체적으로 살펴보면 다음과 같다.

- 동일 목표형: 둘 혹은 그 이상의 활동요소가 동일한 개입 효과를 갖도록 구성된 유형으로 한 가지 목표를 이루기 위해 다양한 다른 활동들이 조직되어 있는 경우를 의미한다. 즉, 진로성숙도 향상 프로그램에서 진로와 관련된 자신의 특성을 이해하고 수용할 수 있다는 동일한 목표를 위해 한 회기에는 '직업선호도 검사활동'을 하고 다음 회기에는 '직업적성검사'를 하게 된다면 이 두 가지 활동요소는 동일 목표형의 관계를 갖고 있다고 볼 수 있다. 동일 목표형의 활동요소들은 같은 회기 혹은 이어지는 회기별 활동으로 구성된다. 여러 개의 활동요소를 설계할 때 주의할 점은 과도한 중복성을 피하면서 목표에 대한 성과를 최대화할 수 있는 최적의 구성을 이루는 것이다.

- 빌딩 블록형: 빌딩 블록형은 2~3개의 프로그램 활동요소가 연계되어 구성된 형태로 앞에 제공된 활동이 다음에 제공되는 활동의 기초 과정이 되는 방식으로 연결된 것이다. 예를 들어 대학입시를 앞둔 고3 수험생들의 진로발달을 조력하기 위해 현재 학업성취나 수험과정에 대한 불안을 진단하고, 이를 기초로 수능시험에 대한 부정적 정서를 조절할 수 있는 활동을 진행한 후 진학의사결

정 활동을 통해 미래를 설계할 수 있도록 회기별 전개과정을 구성하는 경우가 이에 해당한다. 즉, 하나의 활동요소가 다른 것의 토대를 제공하기 때문에 둘 이상의 활동요소들이 서로 순차적으로 결합되어 활동요소A가 활동요소B의 효과를 위한 기초가 되는 구성이다.

- 상보적 관계형: 둘 이상의 활동요소가 각기 다른 형식과 목표하에 진행되지만 각 활동요소들의 효과는 서로 상보적인 관계에 있어 하나의 활동요소가 다른 활동요소의 효과를 서로 증대시키는, 일종의 시너지 효과가 발생하는 활동요소들 간의 관계이다. 예를 들어 취업 역량을 강화하기 위한 프로그램에서 면접 역량을 강화하기 위한 모의 면접 활동을 진행하고, 진로정보 수집 능력을 강화하기 위해 다양한 주변조력자들의 조언을 듣는 활동을 구성했다면 두 활동은 다른 형식과 목표를 갖고 있지만 실제 취업의 가능성을 높이고 취업을 위해 필요한 두 가지 기술을 증대시킴으로서 상보적인 시너지 효과를 발생시킬 수 있다. 이러한 경우가 활동요소 간의 상보적 관계 유형이라 할 수 있다.

3 예비 연구와 프로그램 지침서

1) 예비 연구 실시와 프로그램 수정

진로진학지도 프로그램의 목표에 적합한 활동요소들을 선정하여 조직하고 나면 사실상 프로그램의 전체적인 모양새와 내용이 갖추어졌다고 할 수 있다. 다만 보다 효과적인 프로그램을 개발하고 효율적인 운영을 위해 새롭게 개발된 프로그램 활동요소들에 대한 효과와 활동요소들의 조직 속에서 유의미한 효과가 있을지에 대한 근거를 확보해야 할 필요가 있다. 예비 연구는 이러한 필요에서 실시할 수 있다.

예비 연구는 상대적으로 작은 표본 수로 완성된 프로그램 초안을 검증하는 과정이다. 예비 연구는 프로그램 운영의 용이성을 조사하고, 프로그램 참가자들의 프로그램 수용정도를 진단할 수 있으며, 프로그램의 기대효과를 미리 검증할 수 있다는 장점이 있다. 또한 예비 연구 결과에 따라 완성된 프로그램을 좀 더 효과적이고 효율적인 방향으로 수정할 수 있고, 규모가 큰 대단위 프로그램을 실시해야 하는 경우 시행착오의 가능성을 줄여줌으로써 경제적, 행정적 측면에서 효율성을 높일 수 있다는 장점이 있다.

예비 연구의 방법은 프로그램 개발의 상황과 맥락 속에서 적절히 진행될 수 있다. 예를 들어 프로그램 활동요소 중 새롭게 개발된 요소들의 효과에 대한 확인이 필요할 경우 새로운 활동에 대해 프로그램 대상자와 유사한 다른 몇몇 학생들에게 실시해보고 피드백을 들어보는 방법을 통해 간단히 이루어질 수 있다. 혹은 프로그램 전체를 한두 명의 참가자에게 실시해보면서 진행상의 어려움이나 활동요소 조직의 효율성을 점검하고 참여 학생들의 의견도 청취할 수 있다. 예비 연구를 어떻게 진행할지에 대한 결정을 위해서는 ① 시간과 자원이 어느 정도인가에 따라 ② 예비연구의 목적이 무엇인지에 따라, 예를 들어 특정 환경에서의 실행가능성을 알고 싶은 것인지, 참가자의 프로그램 수용 정도를 조사하기 위해서인지, 프로그램의 즉각적 성과변화를 조사하기 위해서인지 등을 고려해야 한다.

하지만 예비 연구가 실제 프로그램의 실시와 유사해질수록 비용과 노력의 측면에서 부담이 높아질 수밖에 없기 때문에 개발자의 상황이나 맥락에 적합한 수준에서 적절히 운영해야 한다. 예비 연구와 실제 프로그램 운영 후 평가의 차이점을 정리하면 표 6-5와 같다.

표 6-5 예비 연구와 실제 프로그램 운영의 비교

준거	예비 연구	실제 프로그램 운영
규모	비교적 소규모 시행	대상자 전체 시행
평가의 중점 요인	과정요인	결과요인

예비 연구를 실시하면서 프로그램을 수정하기 위해서는 예비 연구에 대한 평가가 필요하다. 이 책의 8장과 9장에서 자세히 다루게 될 프로그램의 효과 평가에 대한 내용은 예비 연구의 평가에도 적용될 수 있다. 다만, 예비 연구의 경우 '프로그램이 의도했던 대로 실행될 수 있는지, 그리고 그 실행과정이 원래 계획했던 것과 일치하는지'와 같은 운영에 대한 평가와 '참여자나 진행자가 프로그램에 어떻게 반응하는지'와 같은 과정평가, '프로그램이 실제 도움이 되었는지'와 같은 성과 평가의 측면을 중심으로 평가하는 것이 유용하다. 그러나 예비 연구는 실제 프로그램의 성과 평가와는 달리 즉각적인 성과 평가만을 확인할 수 있고 장기적인 성과 평가는 측정하기 어렵다는 점에서 제한적이다.

2) 프로그램 지침서 제작

프로그램의 실시 타당도를 높이기 위해서는 정교한 프로그램 지침서(manual)가 필수적이다(김계현, 2000). 프로그램 개발자의 취지나 목표가 프로그램 실시자에게 제대로 전달되기 위해서 프로그램 지침서를 개발해야 한다는 의미이다. 진로진학지도 프로그램의 경우 개발자와 실시자가 현실적으로 진로진학상담교사를 중심으로 동일하게 이루어질 가능성이 높기 때문에 프로그램 지침서가 반드시 필요한 것은 아니다. 그러나 진로진학지도 프로그램을 수업에 비유한다면 지침서는 일종의 '학습지도안' 같은 것이다. 교사가 이미 교수 내용에 익숙해져 있더라도 명확한 교안을 작성하고 계획에 의해 수업을 운영할 때 학습목표에 대한 명확한 방향성을 가진 체계적인 수업이 진행될 수 있으며, 교수내용이 누락될 가능성이 낮아지고, 수업시간 내 다양한 변화 상황에 유연하게 대처할 수 있게 된다. 즉, 새롭게 개발된 진로진학 프로그램에 대한 지침서를 제작하는 것은 이후 다른 실시자들이 같은 프로그램을 진행하는 데 있어 필요하기도 하지만 개발자가 프로그램을 실시하고 운영함에 있어 청사진이 될 수 있다. 한편 프로그램 지침서의 형식이나 포함되어야 하는 내용은 프로그램이나 실시 기관의 특성을 반영하여 다양한 형태로 구현될 수 있다. 일반적으로 일시, 실시대상, 회기주제 및 목표,

주요 내용 및 준비사항, 활동 내용 등을 포함하여 작성되고 필요에 따라 회기 중에 활용되는 활동지가 추가될 수 있다. 이러한 진로진학지도 프로그램 지침서의 예시를 제시하면 표 6-6과 같다.

표 6-6 진로진학지도 프로그램 지침서 예시

활동명	3차시: 내가 갈 고등학교는?		소요시간	45분
활동목표	• 자신이 원하는 고등학교 생활에 대해 생각해 본다. • 진학 예정인 고등학교에 대한 정보를 알아보고 방문계획을 작성한다.			
준비물	교사	동영상, 시청기기, 활동지 3-1~3-3, 인터넷을 활용할 수 있는 교실		
	학생	필기도구		

	교수-학습활동	소요시간	준비물	전달방식
도입	1. 지난 차시 되돌아보며 이번 활동 간략히 설명하기 2. "Live your dream now?" 동영상을 시청하며 고등학교 생활가치에 대해 생각해 보기	10분	동영상, 시청기기	강의 동영상 시청
전개	1. 진학할 고등학교에 대해 미리 정보를 아는 것이 성공적인 고등학교 생활에 도움이 됨을 이해하기 2. 내가 진학할 고등학교의 생활환경, 교육과정 알아보기 3. 진학할 고등학교 방문계획 세워보기	30분	인터넷 환경, 활동지 3-1~3-3	강의 개인활동 모둠활동
마무리	1. 전환기 동안 어떤 고등학교 생활을 보낼 것인지 생각해 볼 것을 안내하며 활동 마무리하기 2. 다음 차시 '고등학교 공부, 달라도 너무 달라' 간략히 설명하기	5분	–	강의

> 유의사항
> • 3차시는 배정된 학교에 대한 정보 검색 활동으로 이미 고등학교 배정이 완료되었다는 것을 전제로 하고 있습니다. 그러나 학교 배정이 되지 않은 경우, '가장 배정될 확률이 높은' 학교나 희망 학교에 대해 알아보는 활동으로 구성할 수 있습니다.
> • 학교 정보 검색 시, 제한 시간을 25분으로 제한하여 필요한 정보를 빠르게 찾고 활동지에 충실하게 적도록 안내합니다.
> • 인터넷이 가능한 학습 환경에서 활동을 신행합니다.
> • 학교 방문 체험 시, 미리 고등학교에 연락을 취해 놓도록 안내합니다.
> • 학교 방문 체험 시, 학교 선생님이나 선배들에게 예절을 갖추고 말할 수 있도록 지도합니다.

출처: 한국직업능력개발원(2013).

연구과제

1. 진로진학지도 프로그램의 활동요소로 현재 알고 있는 활동들의 목록을 적어본 후, 각 활동은 어떤 목적하에 실시될 수 있을지 적어보자.

2. 위에서 작성한 프로그램의 목록을 살펴보면서, 그러한 활동요소를 조직하여 제작할 수 있는 진로진학지도 프로그램은 어떤 진로발달특성과 관련이 있을지 적어보고, 각 활동요소들의 관계 유형을 고려하여 활동들을 실시 순서에 따라 배열해 보자. 그리고 그렇게 배열한 이유에 대해 적어보자.

참고문헌

김계현(2000). 상담심리학 연구: 주제론과 방법론. 서울: 학지사.

임언, 정윤경, 백순근(2003). 이공계 대학생의 전공 및 진로탐색 프로그램 개발. 서울: 한국직업능력개발원.

한국직업능력개발원(2013). 전환기 진로지도 프로그램(STP-M) 운영 매뉴얼. 서울: 한국직업능력개발원.

Bronfenbrenner, U. (1979). *The Ecology of Human Development: Experiments by Nature and Design*. Cambridge, MA: Harvard University Press.

Sussman, S. (Ed.). (2001). *Handbook of program development for health behavior research and practice*. Sage Publications.

3부

진로진학지도
프로그램의
운영 및 평가

7장

진로진학지도 프로그램의 운영

이자명

목표

1) 진로진학지도 프로그램 실행의 중요성을 이해한다.

2) 진로진학지도 프로그램 실행의 단계를 이해하고 주요 과업에 대해 설명할 수 있다.

3) 진로진학지도 프로그램의 모니터링을 과정평가 및 형성평가 측면에서 설명할 수 있다.

4) 진로진학지도 프로그램 서비스의 질 관리에 대해 설명할 수 있다.

이 장에서는 진로진학지도 프로그램의 운영에 대해 살펴보고 성공적인 프로그램 실행을 위한 과업과 전략을 제안하고자 한다. 아울러 효과적인 프로그램 운영을 위한 계획과 실행 방안을 점검하게 될 것이다. 마지막으로 프로그램 실행 단계와 서비스 질 관리를 위한 모니터링 방안을 살펴보고자 한다.

1　진로진학지도 프로그램의 실행 계획

1) 진로진학지도 프로그램의 실행에 대한 이해

(1) 프로그램 실행의 의미

진로진학지도 프로그램을 실행한다는 것은 프로그램 기획 시 설정한 목적과 목표를 달성하기 위해 계획한 프로그램 활동을 실제 수행하는 과정을 의미한다. 이러한 프로그램 실행은 대상영역에 따라 광의와 협의로 구분된다(김창대 외, 2011).

넓은 의미의 프로그램 실행이란 계획된 프로그램을 진행하기 위한 운영조직을 구성하는 것부터 실제 진행 및 활동 평가와 결과 보고에 이르는 일련의 과정을 아우른다. 즉, 진로진학지도 프로그램 기획 및 설계단계에서 현장의 문제를 분석하고 관련자들의 요구조사 결과를 바탕으로 개입이 필요한 문제를 선정한 후 개입전략과 방법을 구체화한다. 다음으로 실제 프로그램 실행을 위한 세부계획을 검토한 후, 프로그램 운영에 필요한 인적·물적 자원, 예산, 기관과의 협력, 운영 및 관리 방식에 대한 아이디어를 확보한다. 더불어 양질의 서비스 제공을 위한 모니터링이나 서비스 질 관리를 위한 구체적인 노력을 계획하는 것을 모두 포괄하는 것이다(황성철, 2014).

반면 협의의 프로그램 실행은 해당 프로그램에서 구성한 활동을 지도자와 참여자들의 상호작용을 통해 전개하는 것을 뜻한다. 즉, 프로그램 구성계획을 실제로 진행하는 도입부터 마무리까지의 과정이다(김미자 외, 2014). 이 장에서는 광의의 '프로그램 실행' 측면에서 프로그램 실행과 관련한 주요 내용들을 살펴보고자 한다.

프로그램을 진행하고 운영 및 관리하는 과정에서는 다음의 내용을 반드시 고려해야 할 것이다(이민홍·정병오, 2012). 우선, 프로그램 실행을 위한 최적의 조건이 성립되도록 다양한 기법과 전략을 적용한다. 이를 위해 프로그램 참여자의 동기부여, 합리적인 실행 계획안 구성, 활동 환경 조성을 위한 다양한 자원을 적극 활용하는 자세가 필요하다. 또한 계획된 프로그램 활동들은 진행과정에서 유연하게 적용하고 필요시 조정할 수 있어야 할 것이다. 마지막으로, 프로그램 참여자들의 동기를 강화하고 참여 효과를 증진시켜 효과적인 진로진학지도를 수행할 수 있어야 할 것이다. 아울러 참여자들에게 다양한 강화요인을 제공하고, 참여자들의 경험 및 반응을 프로그램 활동 내용에 반영하여 프로그램을 수정·보완하도록 한다.

이상에서 검토한 진로진학지도 프로그램 실행이 갖는 의미와 실행 시 고려할 내용을 바탕으로 실제 실행에 필요한 주요 과업은 다음과 같다. 구체적으로는 프로그램 실행의 계획 수립 및 관리, 운영 체제 확립, 홍보, 참가자 모집 및 선발, 프로그램 기록 및 정보관리 등이다.

2) 프로그램 실행을 위한 주요 과업

(1) 프로그램 실행 계획 수립

진로진학지도 프로그램의 효과적인 실행을 위해서는 무엇보다도 구체적인 계획 수립이 필요하다. 세부계획의 내용과 절차에는 프로그램의 목적과 목표달성에 필요한 요소들이 모두 포함되었는지, 계획을 실행하는 과정에서 예상할 수 있는 문제는 무엇인지 검토해야 할 것이다. 이때 6W1H 체크리스트를 활용하면 전반적인 실행계획과 실행과정 상에서 고려해야 할 요소들을 확인할 수 있다. 구체적인 내용은 표 7-1과 같다.

표 7-1 6W1H 체크리스트

6W1H		실행계획 수립의 주요 요소		실행과정에서의 문제 확인 요소
WHAT	무슨 프로그램을 실행하는가?	• 프로그램 종류(분야)와 형태, 제목 - 프로그램 핵심 요소	실행 활동 관련 문제	• 유사 활동 실행 여부 • 더 급박하게 필요한 활동 • 무관하게 이루어지는 활동
WHY	왜 해야 하는가?	• 프로그램 목적, 주제, 강조점 • 프로그램과 계획된 회기, 월별 중점 사항과의 관계	실행 목적 달성 관련 문제	• 왜 그 사람이 그 활동을 하는가 • 왜 그 시간과 장소인가 • 왜 그 방법으로 하는가 • 목적 달성에서 무리, 무관성, 무일관성은 없는가
WHO	누가 하는가?	• 프로그램의 주최, 주관, 후원 • 프로그램 실행 준비요원 • 프로그램 담당자 • 그 외 외부 전문가, 자원봉사자	실행주체와 관련된 문제	• 현재 실행하는 사람은 누구인가 • 반드시 실행에 참여해야 하는 사람은 누구인가 • 그 밖에 실행할 수 있는 사람은 누구인가
FOR WHOM	누구를 위해 하는가?	• 프로그램 참가 대상의 특징 • 참가자 선정 • 참가 인원	실행 대상 관련 문제	• 왜 이 사람을 대상으로 해야 하는가 • 참가자 선정은 어떻게 할 것인가 • 인원 구성은 적절한가
WHEN	언제 하는가?	• 프로그램 실행의 예정일시 • 프로그램 실행 기간	실행 시기 및 기간 관련 문제	• 언제 실행하는 것이 바람직한가 • 정해진 시기와 기간 외에는 할 수 없는 것인가 • 실행 기간이 적절한가
WHERE	어디서 하는가?	• 가장 적합한 장소 • 우천 시나 급변한 상황을 대비한 차선책	실행 장소 및 주변 여건 관련 문제	• 여기서 실행하는 것이 최선인가 • 주변 여건에 방해를 받지(주지) 않는가 • 실행 장소가 무리하게 정해지지는 않았는가
HOW	어떻게 실행해야 하는가?	• 프로그램 진행 구조와 절차 (업무 분장, 순서, 세부 방법) • 예산과 인력 확보 • 홍보방법 • 보고서 및 참고자료 출간을 위한 계획	실행 방법 관련 문제	• 어떤 방법으로 실행되고 있는가 • 다른 방법은 없는가 • 방법상의 일관성은 유지되는가

출처: 김창대 외(2011)와 황성철(2014) 재구성

(2) 프로그램 관리

진로진학 프로그램에 대한 기획 및 설계만으로는 프로그램의 목적과 목표를 달성하기는 힘들다. 따라서 프로그램을 실행하는 과정에서 지속적인 관리가 필요하다. 프로그램을 계획대로 잘 진행하고 예상치 못한 상황이 발생했을 시 합리적으로 대처하는 것은 프로그램 관리 기법을 통해 검토할 수 있다. 프로그램 실행 중 관리는 문제발견 및 예측과 프로그램 진행 두 가지 측면에서 가능하다(김영숙 외, 2002).

① 문제발견 및 예측

프로그램 실행과정에서 문제를 발견하는 관리기법은 경영학에서 흔히 사용하는 서비스 질, 비용, 전달, 안전, 방법 등에 대한 점검기법, 4M(man, machine, material, method) 점검기법, 6W1H 체크리스트 등이 있다(이민홍·정병오, 2012). 그 중 앞 절에서 소개한 6W1H는 프로그램 수행 인력(who), 목적(why), 내용(what), 시기(when), 장소(where) 및 방법(how) 등 다방면에서 프로그램 실행 과정상 발생할 수 있는 문제점을 발견하고 예방하는 데 도움이 된다. 반면 단순하게 일상적인 점검을 하거나 형식적인 대책만을 제시하고 실질적인 논의로 이어지지 못할 수 있다는 점은 주의해야 할 부분이다.

② 프로그램 진행

여기에서는 프로그램 진행을 효율적으로 관리하기 위해 사용된 인접 학문의 다양한 기법 중, 진로진학지도 프로그램에서 쉽게 적용할 수 있는 것 위주로 소개하고자 한다.

- 프로그램 평가 검토 기술(Program Evaluation and Review Technique, PERT): PERT는 사업계획의 조직적인 추진을 위하여 인적 및 물적 자원의 제약 아래서 최소한의 비용을 활용하여 최단시간 내에 사업을 완성하기 위해 개발된 네트워크 분석기법이다(이민홍·정병오, 2012). PERT는 기한이 정해진 프로그램에서 계획된 주요활동의 상호관계와 시간을 논리적 흐름에 따라 연결하고 도식화하여 사업 진행 정도를 점검하도록 돕는다. 구체적인 절차는 그림 7-1과 같다.

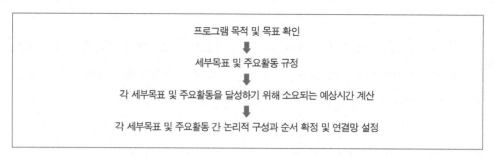

그림 7-1 PERT 적용 절차

PERT를 적용하여 분석한 프로그램 운영의 주요 과업과 경로는 그림 7-2를 참고하시오.

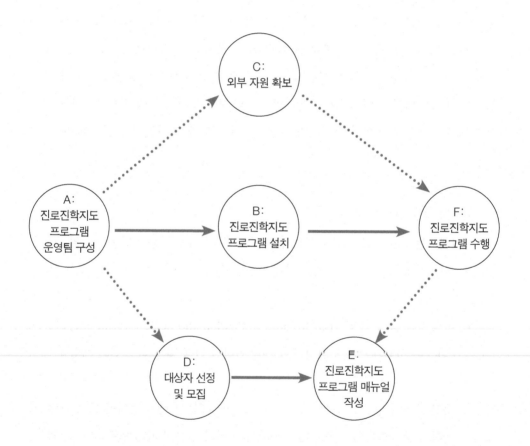

그림 7-2 진로진학지도 프로그램 운영의 주요 과업과 경로

- 시간별 활동계획도표(Gantt Chart): 시간별 활동계획표는 1919년 미국의 사업
  가 Henry Gantt가 개발한 것으로, 가로에는 월별 또는 일별 시간을 기재하고
  세로에는 주요 세부목표 및 관련활동을 기재하는 도표이다(서울대학교 교육연구
  소, 1995). 이는 시간적 순서에 따라 프로그램 실행 과정에서 수행해야 내용들을
  표기하는 방법으로 현장에서 프로그램 진행 관리를 위해 일상적으로 가장 많이
  사용하는 기법이다.

표 7-2 진로발달 프로그램의 시간별 활동계획도표 예시

year	2017						2018	
month	7	8	9	10	11	12	1	2
프로그램 운영팀 구성	◎							
프로그램실 설치	◎							
외부 자원 확보		◎						
대상자 선정 및 모집		◎	◎					
프로그램 매뉴얼 작성	◎	◎						
자아이해와 사회적 역량 개발			◎	◎				
일과 직업세계의 이해				◎	◎			
진로탐색					◎	◎		
평가 및 보고서 작성							◎	◎

- 월별 진행카드(Shed-U Graph): 월별 진행카드는 특정 활동이나 업무를 월별로
  구분하여 기재하여 간단하게 사용하는 방식이다. 필요한 업무를 시간에 따라
  배치하거나 재배치하기에는 유용하나 활동 간 상관관계를 보여주지는 못한다
  (그림 7-3).

- 총괄진행표(Flow Chart): 총괄진행표는 프로그램 활동의 흐름을 시각적으로 나
  타냄으로써 프로그램 진행에 대한 관리를 프로그램 시작부터 마무리까지 포괄
  적으로 이해하도록 돕는다(그림 7-4).

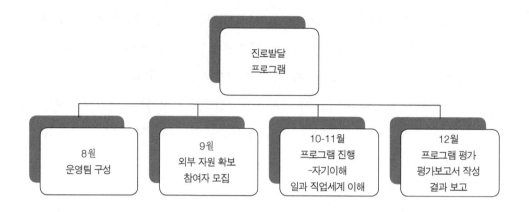

그림 7-3 진로발달 프로그램 월별 진행카드 예시

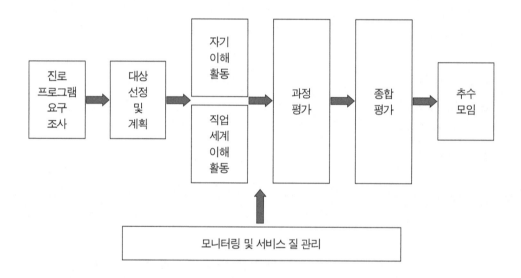

그림 7-4 진로발달 프로그램의 총괄진행표 예시

(3) 프로그램 운영 체제의 확립

① 인적·물적 자원의 확보와 관리

프로그램의 실행과 관리에서 중요한 요소는 인적·물적·방법론적 자원으로

3M(man, material, method)이라 지칭한다. 인적 자원은 그 중 가장 중요한 것으로 꼽히는데(김영숙 외, 2002), 이러한 인적 자원에는 프로그램 실행에 필요한 관리자, 실무자, 프로그램 지도자 및 설계자와 평가자 등이 포함된다. 여느 프로그램처럼 진로진학 프로그램 진행 시에도 프로그램 지도자의 역할이 매우 중요한 만큼, 프로그램의 목표를 적절히 구현할 수 있는 지도자를 선정해야 하겠다. 아울러 해당 프로그램이 지향하는 바와 구체적인 내용 및 전략에 대해 사전에 충분한 교육을 실시해야 할 것이다. 특히 동일한 시기에 동시에 여러 프로그램을 진행할 경우, 통일된 방식으로 프로그램을 진행할 수 있도록 구조화된 프로그램 진행 교육 및 운영 매뉴얼 개발이 필요하다.

물적 자원으로는 프로그램을 실행하기 위한 제반 시설과 설비, 다양한 보조 활동 매체 등이 있다. 원활한 프로그램 진행을 위해서는 다양한 물적 자원을 미리 확보하고 준비하는 것이 필요하다. 일반적으로 기자재와 같은 물적 자원은 학교나 기관에서 확보하고 있으므로, 미리 활용 가능한 자원을 확인하고 사용할 수 있도록 준비한다. 확보되지 않은 물적 자원은 기부나 대여 등을 통해 사용할 수 있는 방법을 모색하거나 예산이 있는 경우 예산을 사용하여 마련한다. 진로진학지도 프로그램의 경우, 다양한 심리검사 및 체험 활동이 수반되는 경우가 많으므로 물적 자원의 활용 여부와 확보 방법에 대해 기획 단계에서 검토가 필요할 것이다.

② 예산 수립과 확보·관리

프로그램은 운영에 필요한 자원이 확보되어야 실제로 진행이 가능하다. 예산을 수립하고 관리하는 과정은 곧 자원을 계획하고 운용하는 것이 된다(김창대 외, 2011). 프로그램 예산 수립은 프로그램이 성취하려는 목적과 목표를 위해 필요한 비용을 계산하는 것으로, 예산을 수립함으로써 프로그램을 관리·감독하기 편해지고 프로그램 목표 성취에 대한 책임성이 강조될 수 있다. 반면 예산 책정을 결정하는 관리자의 권한이 지나치게 강력해질 경우, 프로그램의 의도나 진행이 방해 받을 우려가 있다.

프로그램 예산은 프로그램의 목표를 성취하는 데 들어가는 비용을 의미하므로, 프로그램의 성과를 강조하는 예산 수립방식을 고려해야 할 것이다. 예산 작성은 그림 7-5의 절차를 따른다(김미자 외, 2014).

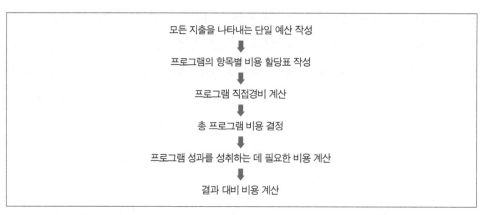

모든 지출을 나타내는 단일 예산 작성

⬇

프로그램의 항목별 비용 할당표 작성

⬇

프로그램 직접경비 계산

⬇

총 프로그램 비용 결정

⬇

프로그램 성과를 성취하는 데 필요한 비용 계산

⬇

결과 대비 비용 계산

그림 7-5 프로그램 운용 예산 수립 절차

프로그램 예산은 인건비, 관리비, 기자재 및 집기 구입비, 수용비, 사업비 등의 항목으로 구분되며, 각 항목의 산출근거를 명시하는 것이 바람직하다. 구체적인 항목이 결정되면, 예산 항목별 자금조달계획을 알 수 있도록 프로그램의 예산 계획을 작성한다.

표 7-3 진로발달 프로그램 예산 계획 예시 (단위: 원)

항목		계	산출근거	예산조달계획	
				신청금액(%)	자부담(%)
인건비	진행보조	100,000	보조요원 종일 활동비 x1회	100,000(10)	
	소계	100,000		100,000(10)	
사업비	오리엔테이션	140,000	현수막 70,000 x1회 다과비 50,000 x1회 준비비 20,000 x1회	140,000(14)	
	심리검사	60,000	MBTI 3,000 x10명 x1회 Holland 3,000 x10명 x1회		60,000(6)
	직업탐방	240,000	10,000 x12명 x2회	240,000(24)	
	특기적성	260,000	강사료 200,000 x1인 x1회 문구류 30,000 x1회 다과비 30,000 x1회	260,000(26)	
	자원봉사자간담회	100,000	10,000 x5인 x2회	100,000(10)	

	평가회	100,000	자문료 30,000 x3인 x1회 다과비 10,000 x1회	100,000(10)	
	소계	900,000		840,000(84)	60,000(6)
관리 운영비					
	소계				
기타					
	소계				
총계		1,000,000		940,000(94)	60,000(6)

③ 관련 기관과의 협력

진로진학지도 프로그램은 해당 기관에서 자체적으로 개발하여 운영하기도 하지만 때로는 타 기관에 의뢰하여 진행하기도 한다. 프로그램이 예산 지원을 받아 실행되는 경우, 프로그램의 고객은 참여자와 예산 제공자 양측이 되므로, 프로그램 참여자 측면의 성과뿐만 아니라 프로그램을 의뢰하고 지원한 기관의 만족 또한 고려해야 할 것이다. 이를 위해서는 프로그램을 의뢰한 기관과의 적극적인 의사소통과 협력이 요구되며, 이러한 협력 관계는 원활한 진행을 도와 다시 참여자에게 혜택이 돌아가도록 선순환하게 된다(김창대 외, 2011).

④ 프로그램 운영 방식 결정

진로진학지도 프로그램 운영의 방식은 프로그램의 규모, 프로그램 형식, 참여자의 동질성, 시행 기간 및 진행 장소 등을 결정함으로써 확립할 수 있다.

- 프로그램 규모: 프로그램의 규모는 프로그램의 목표나 성격에 따라 특정 주제 관련 소집단을 구성하거나 학급 혹은 학교 전체를 대상으로 결정되기도 한다. 소집단의 경우, 참여자의 발달 수준 및 프로그램 주제, 지도자의 경험 수준 등에 따라 적정 인원이 달라진다. 어린 아동은 3-4명, 청소년 집단의 경우 6-8명, 성인의 경우 10-15명 정도가 일반적이다. 심리 내적인 주제를 다루는 집단의 규

모는 모든 구성원이 원만하게 상호작용을 할 수 있을 정도로 크면서 동시에 구성원들이 정서적으로 집단 활동에 몰입하고 감정을 나눌 수 있을 만큼 작은 것이 바람직하다(이형득 외, 2002). 그렇지만 진로진학을 주제로 한 교육 목적이 강조된 프로그램의 경우, 대집단 운영도 가능하며, 한 학급 전체가 함께하면서 동시에 소그룹 조별 활동을 진행하는 것과 같이 대집단 속 소집단 운영이라는 혼합 방식 또한 흔히 활용되고 있다.

- 프로그램 형식: 프로그램의 형식은 프로그램의 개방성과 구조화 정도, 참여자의 동질성 여부 등에 영향을 받는다(김창대 외, 2011). 프로그램의 개방성은 프로그램이 진행되는 기간 중에 새로운 집단원 참여를 허용할지 여부를 뜻한다. 즉, 프로그램 진행 기간 중에 새로운 참여자를 허용한다면 개방집단이, 그렇지 않다면 폐쇄집단이 된다. 한편 회기 내 진행의 구조화 정도에 따라 구조화·반구조화·비구조화 프로그램으로 구분하기도 한다.

- 참여자의 동질성: 참여자의 동질성 여부 또한 프로그램 구성 형식을 좌우하는데, 참여자 성별, 연령, 발달단계, 문제 영역 등에 따라 참여자의 특성을 구분할 수 있다. 참여자의 동질성 여부는 프로그램의 목적과 실시 조건 등을 고려하여 결정하게 되며, 비교적 빠른 공감대 형성과 응집력을 필요로 하고 특수한 주제를 다루는 경우에는 동질집단이, 다양한 상호작용과 현실검증 기회를 강조하는 프로그램은 이질집단이 효과적이다. 그럼에도 순수한 동질집단이란 현실적으로 존재하기 힘들다(Bates, Johnson, 1972). 예를 들어, 학급 단위의 진로탐색 프로그램이라면 같은 학교 같은 반 학생이라는 점에서는 동질적이라 할 수 있겠지만 프로그램에 대한 동기, 개인의 인지적·정서적 특성 차이 등을 고려한다면 엄격한 의미에서 이질적인 집단이 된다. 프로그램 기획 및 운영 시에는 이러한 부분에 대한 고려가 필요하다.

(4) 프로그램 홍보

진로진학지도 프로그램 실행 단계에서 핵심 과업은 프로그램 참여자 모집과 진행을 위한 자원 확보이다. 프로그램 참여자 모집을 위해서는 참여자들의 관심과 참여를 유도하는 다양한 조치를 취하게 되는데, 일반적으로 이를 프로그램 마케팅 혹은 홍보라 한다. 마케팅이란 '소비자의 필요와 욕구를 발견하고 이를 충족시키기 위한 제품이나 서비스를 제공하는 경영 활동'(한국청소년개발원, 2005)으로, 영리를 목적으로 하는 기업조직 외에도 '비영리 마케팅' 활동 등을 통해 다방면에서 이루어지고 있다. 프로그램 홍보 시 고려할 전략은 구체적으로 아래와 같다.

프로그램 홍보를 위한 세부 전략

1. 눈길을 끄는 홍보 내용 준비
   - 정확하고 명확한 최소한의 내용 전달
   - 쉽고 친숙한 표현 사용

2. 효과적인 홍보 문구 작성
   - 정확하게 목표 정의
   - 잠재적 학습자의 요구 파악 및 요구를 충족할 수 있는 목표 수립
   - 교육 참여 혜택 강조
   - 첫 3~4초 내에 독자의 관심 포착
   - 독자의 즉각적인 참여 독려 및 강력한 메시지 사용
   - 다양한 홍보 카피를 만든 후 피드백 받기
   - 검토, 재검토

3. 적절한 홍보매체 선정
   - 포스터, 전화 혹은 대면, 유인물 및 가정통신문, 교내 방송, 또래를 통한 홍보, 지역방송, 현수막 등

출처: 김진화(2001).

---

(5) 참가자 모집 및 선발

학교나 학급 차원에서 의무적으로 참여하는 경우가 아니라면, 프로그램 성격에 따라 참여자 선정 기준을 마련한 후 홍보를 하게 된다. 프로그램 참여 선발 기준이 있다면 홍보 시에 명확하게 기준을 제시하도록 한다. 미리 준비해둔 신청서를 활용한다면 보다 효율적으로 선정 기준 부합 여부를 확인할 수 있으며, 프로그램 진행에 필요한 정보를 취득하는 데 도움이 된다.

진로탐색 프로그램 참여 신청서

이름		성별	남 / 여	학년 반 번		
연락처	본인			보호자		

위 사람은 진로탐색 프로그램에 성실하게 참여할 것을 약속합니다.

_____ 서명

본 프로그램에 관심을 가져 주셔서 고맙습니다. 보다 효과적인 프로그램 운영을 위해 몇 가지 질문을 드립니다. 응답 내용은 프로그램 운영 및 개선을 위한 목적 외에는 공개되지 않으므로 편안하게 응답하시면 됩니다. 감사합니다.

1. 진로탐색 프로그램에 신청하게 된 계기는 무엇입니까?

2. 진로탐색 프로그램에 기대하는 바는 무엇입니까?

3. 다음 중 수업 외 활동 프로그램 참여하기에 좋은 시간대를 골라 주세요. 여러 개 응답하셔도 됩니다.
(1) 수요일 3-5시
(2) 금요일 3-5시
(3) 월수금 점심시간 30분씩
(4) 기타 : _____

그림 7-6 진로진학지도 프로그램 참여 신청서 예시

한편 선정 기준의 유무와 상관없이 가능한 프로그램 진행자는 사전에 신청자를 유선 혹은 대면하여 면담하고 프로그램 참여의 적절성 여부를 결정하는 것이 바람직하다. 사전 면담은 신청자의 참여 동기와 주요 특성을 탐색하고 프로그램 지도자와 라포(rapport)를 형성하도록 돕는다.

(6) 프로그램 기록관리 및 정보관리

진로집단 프로그램을 실행할 때는 여러 종류의 기록을 관리하고 다양한 정보를 다루게 된다. 관련 기록에는 프로그램 기획과 세부 계획서를 시작으로, 모집공고 및 신청서, 참여자 면담 기록 및 프로그램 매뉴얼, 프로그램 과정 기록물 등이 있다. 또한 참여자에게 과제를 제시한 경우, 과제물을 수합하고 관리해야 하며, 종결 및 평가 기록과 결과 보고를 위한 보고서 등도 제작하고 관리해야 한다. 기록양식들은 프로그램의 목적과 성격에 따라 내용 구성이 달라지며, 이러한 기록은 효과적인 프로그램 운영과 참여자 조력을 위한 유용한 정보를 얻기 위한 것인 만큼 기록의 형태와 내용을 개선하려는 노력 또한 게을리하지 않도록 한다(김미자 외, 2014).

표 7-4 진로탐색 집단상담 프로그램 과정 기록의 예

회기	2회기
일시	2016 년도 10 월 10 일 15 시 30 분 - 17 시 30 분
장소	교내 집단상담실
진행자	김○○(진로진학상담교사), 박○○(진행보조요원)
참여자	서○○, 김○○, 이○○, 진○○
결석자	최○○(독감 결석), 김○○(결석 이유 확인 안 됨)
회기 주제	심리검사 해석 및 자기이해 활동
회기 목표	1. MBTI 성격검사 및 Holland흥미검사 결과의 바른 이해 2. 자신의 성격 특성과 진로 흥미를 연결하여 진로 포부 탐색
개별 참여자 관찰 기록	1. 서○○: 2. 김○○: 3. 이○○: 4. 진○○:
과제	1. 배포된 검사지 찬찬히 읽어 보기 2. 오늘 논의한 직업 중 관심 직업 검색해 오기 3. 경험보고서 작성
비고	1. 성격과 흥미 외에도 자신의 성적을 고려해야 하지 않냐는 질문이 나옴(진○○). 이후 회기에서 실제 진로선택에 도움이 되는 진학 정보 등을 함께 다룰 예정. 2. 김○○가 연속 2주째 불참. 별도 면담이 필요할 것으로 생각됨.

프로그램 시행 과정에서는 필요한 정보를 효과적으로 활용할 수 있도록 구체적 정보의 내용을 확인하고 이를 투입, 전환, 산출할 수 있어야 한다(김미자 외, 2014). 진로진학지도 프로그램을 운영하다 보면 다양한 정보를 접하게 되는데, 이를 분류하면 표 7-5와 같다(황성철, 2014).

표 7-5 진로진학지도 프로그램 수행에 필요한 정보 구분

지역사회 정보	지역 특성에 관한 정보(지역 문화, 경제적 특성), 유사 서비스 제공 기관, 지역사회 자원 목록 등
참여자 정보	참여자의 당면 과제, 개인력 및 가족력, 만족도 측정과 서비스 성과, 경제 상황, 위기개입 필요 여부, 진로의사결정 여부, 관심 영역, 성적 등
서비스 정보	기관의 서비스 단위, 참여자 수, 서비스 관련 활동에 관한 정보 등
관계자 정보	프로그램 담당 기간, 담당자의 임면 혹은 전직 · 보직 변경에 관한 사항, 강사 정보
자원할당 정보	전체 비용, 예 · 결산 자료, 특수한 유형의 서비스 비용 등

최근에는 이러한 정보와 그 기록물을 전산화하여 손쉽게 정보를 수집하고 기록을 보관할 수 있도록 함으로써, 정보를 분석 및 평가의 활용 범위 또한 확대되고 있다. 그럼에도 이러한 자료는 기관의 주요 정보 또는 개인의 사적인 정보를 포함하고 있는 만큼, 비밀 유지 및 관계자 외 열람 제한 등 엄격한 관리가 요구된다.

2 진로진학지도 프로그램의 실행 및 모니터링

프로그램 기획과 구성이 정교한 설계도에 따라 배를 만드는 과정이라면, 프로그램 실행은 배를 직접 바다에 띄우고 결함을 찾아 보완하며 배를 완성하는 과정에 비유된다(김창대 외, 2011). 본 절에서는 진로진학지도 프로그램의 목적과 목표를 달성하기 위한

실제적인 운영과 개입의 과정을 다루고자 한다. 이를 위해 프로그램 실행의 원리, 실행 단계, 프로그램 모니터링과 진로진학지도 서비스의 질 관리를 살펴보고, 실제 적용에 대해 알아보고자 한다.

1) 프로그램 실행의 원리

프로그램의 실행은 목적과 목표 달성을 위해 계획하고 조직한 활동 내용을 실제로 실시하는 과정을 의미한다(김창대 외, 2011). 진로진학지도 프로그램 실행은 참여자 개인 차원의 요인과 환경 차원의 요인들 간의 상호작용에 영향을 받는다. 이러한 주요 요인들은 다음의 가정을 바탕으로 한다. 우선 프로그램 지도와 관련된 모든 요인은 프로그램 실행 중 지속적으로 영향을 미친다. 둘째, 모든 요인들은 상호 관련되어 있다. 마지막으로 이들 기본 요인들은 이와 관련한 사회체제 및 문화적 맥락에 따라 기능한다(한국청소년개발원, 2005). 프로그램 실행에 영향을 미치는 요인들 간의 관계를 그림으로 나타내면 그림 7-7과 같다.

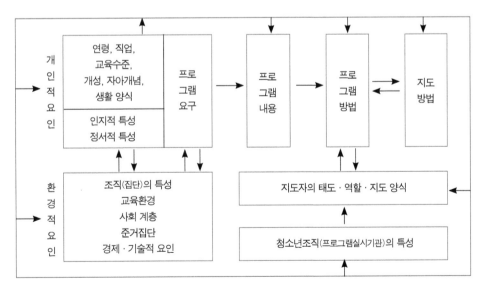

그림 7-7 프로그램 실행에 영향을 미치는 요인 간 관계(한국청소년개발원, 2005)

이상의 요인들 간 관계를 고려하였을 때, 성공적인 프로그램 실행은 프로그램 지도자의 지도활동, 관리자의 운영관리, 참여자의 참여활동이 상호작용할 때 가능하다. 이를 위해 다음의 기본원리를 살펴보자.

성공적인 프로그램 실행의 원리

1. 프로그램 지도자는 참가자의 적극적인 참여를 촉진하고, 프로그램 전반을 운영 · 관리하는 관리자 혹은 실무자와 긴밀히 협조한다.
2. 효과적인 프로그램 실행에 필요한 인적 · 물적 자원을 확보한다.
3. 계획된 프로그램 실행 과정은 상황에 맞게 조정하는 융통성과 순발력을 갖춘다.
4. 프로그램 지도자는 참여자의 변화를 촉진하는 상호작용이 원활한 환경을 마련하고 지속적으로 관리한다.
5. 프로그램 지도자는 참여자의 변화를 잘 감지하고 이해할 수 있는 감수성과 그 과정에 적절히 반응할 수 있는 역량을 갖춘다.

출처: 김창대 외(2011).

---

2) 프로그램 실행 단계

잘 조직된 상담 및 심리교육 프로그램은 집단 역동의 자연스러운 발달과정을 고려하여 프로그램의 내용과 활동요소를 구성한다(이재규, 2004). 진로진학지도 프로그램 또한 지도자가 이러한 집단 역동의 흐름을 이해하고 활용할 수 있다면 프로그램의 효과를 극대화시킬 수 있겠다. 진로진학지도의 경우, 참여 인원이나 회기 구성과 같은 프로그램 운영 방식이나 프로그램 실시 목적과 기관의 요구 등에 따라 집단 역동을 활용할 수 있는 정도가 매우 달라진다. 그럼에도 지도자가 이러한 집단 역동의 흐름을 다룰 준비가 되어 있다면 실제 현장에서 보다 효과적으로 프로그램 운영이 가능할 것이다.

선행연구에서는 집단의 역동적인 과정을 이해하기 위해 다양한 단계를 제시하였는데, 이 절에서는 김창대 등(2011)이 제안한 도입-전개-마무리 3단계에 대해 표 7-6으로 소개하고자 한다.

표 7-6 진로진학지도 프로그램 실행 단계별 특징과 과제 및 실행전략

단계	특징	과제와 실행전략
도입	• 낯설고 긴장됨 • 기대와 호기심 • 새로운 상황에 대한 불안	• 프로그램에 대한 이해를 도모하고 관심과 동기 유발 • 프로그램에 대한 오리엔테이션 및 구조화 • 자기소개를 통한 친밀감과 유대감 형성 • 적극적인 참여 유도 • 지도자의 촉진적인 의사소통과 모델링 • 편안하고 안정된 환경과 집단 분위기 마련
전개	• 집단 분위기가 활성화됨 • 격려와 지지를 통해 신뢰감과 응집력 구축 • 배운 내용을 연습, 실천, 적용함 • 문제해결 시도 • 새로운 자기에 대한 탐색과 성취감 경험 • 과도기 단계로서 갈등, 저항, 의존적인 모습이 나타나기도 함	• 구체적인 지도활동 전개 • 참여자의 흥미, 욕구, 능력 수준의 변화를 민감하게 파악하고 대처하기 • 참여자의 관심과 흥미를 발견하고 강화하기 • 자기 탐색과 수용 촉진 • 의사소통 및 상호작용 촉진 • 참여자에 대한 촉진적 피드백 • 비효과적인 행동에 대한 직면, 대안행동 습득 • 문제해결 시도에 대한 격려 • 모델링 및 참만남 • 진행 상황 점검 • 참여자의 진전 상황 확인과 피드백 • 집단 활동의 내용뿐만 아니라 과정을 다루는 집단상담 전문능력의 활용 • 다양한 지도활동 구사능력 발휘 • 다양한 회기 진행방식 구사하기
마무리	• 프로그램 완수에 대한 자부심과 만족감 • 집단원 간 유대관계 결속 • 변화에 대한 성취감 • 지속적인 변화와 학습 전이를 위한 노력 • 추수모임 확인	• 집단 경험에서 얻은 긍정적인 의미 조명하기 • 성장과 변화에 대해 칭찬과 보상 제공 • 변화의 구체적인 측면을 확인하고 이후의 변화 촉진 요인으로 삼기 • 미해결과제 확인하고 다루기 • 구체적인 피드백을 통해 긍정적인 경험에 대해 강화하기 • 종결로 인한 아쉬움에 공감하고 참여자의 변화가 일상 장면에까지 이어지도록 격려하기 • 추수모임을 계획하고 변화를 위한 연습 실행기간 검토 • 프로그램 과정과 결과에 대한 평가 및 기록

3) 모니터링

프로그램 모니터링(program monitoring)은 프로그램 수행과정에서 그 프로그램이

처음 의도한 대상에게 적절한 서비스를 제공하였는지, 계획한 대로 예산과 운영이 이루어졌는지, 소기의 성과를 거두었는지에 대해 종합적으로 점검하고 검토하는 과정이다(김상곤 외, 2012). 즉, 프로그램 모니터링은 '프로그램을 계획하였을 때 가정했던 사항들이 실제로 실행되는지를 보기 위해 프로그램 과정을 측정하는 체계적인 노력'을 의미한다(Rossi & Freeman, 1993). 일반적으로 프로그램 모니터링은 프로그램이 실시되는 과정에 대한 평가로, 프로그램의 작동과 내적 역동성을 평가함으로써 프로그램을 개선하고 참여자의 변화를 촉진하고자 한다. 몇몇 문헌에서는 모니터링을 과정평가와 동일한 의미로 사용하고 있다.

한편 일부에서는 모니터링이 형성평가(formative evaluation)와 과정평가(process evaluation)를 가리키는 용어로 사용된다. 형성평가는 프로그램 실행의 초기 단계에 프로그램을 형성하고 발전시키고자 실시하는 평가로, 최종 성과가 아닌 개입에 초점을 두는 평가이다. 반면 과정평가는 프로그램 실행의 전 과정에 걸쳐 이루어지는 평가를 뜻한다. 넓은 의미에서 형성평가는 과정평가의 일부이며, 과정평가의 주목적이 프로그램 실행과정을 모니터링 하는 것이다 보니 용어의 혼용이 생긴 것으로 보인다(김창대 외, 2011).

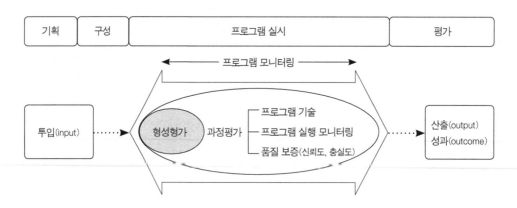

그림 7-8 프로그램 모니터링, 형성평가 및 과정평가의 의미(김창대 외, 2011)

4) 프로그램 서비스의 질 관리

진로진학지도 프로그램은 서비스 제공활동, 행정활동, 지역사회활동 등 다양한 활동을 수행하지만, 무엇보다도 참여자의 요구에 맞는 서비스를 제공하는 것이 가장 중요한 임무이다. 행정활동과 지역사회활동은 양질의 서비스를 제공하기 위한 지원 업무에 해당될 것이다(이민홍·정병오, 2012). 따라서 핵심 활동인 서비스 제공활동을 잘 하기 위해서는 적극적인 서비스 질 관리가 전제된다. 질 좋은 서비스는 참여자의 입장에서 참여자의 요구에 적합한 것을 의미하며, 기관의 입장에서는 참여자의 요구를 충족시키는 수준을 유지하는 것이 된다. 선행연구에 따르면, 서비스의 질은 접근성, 보증성, 의사소통, 유능성, 준수성, 정중성, 결핍성, 지속성, 공감성, 안정성, 인격성, 수행성, 신뢰성, 대응성, 유형성 등 15가지 하위 차원을 포함하며(Martin & Kettner, 1996), 유형성, 신뢰성, 대응성, 보증성, 공감성의 다섯 가지로 개념화하기도 하였다(Cronin & Taylor, 1992). 프로그램의 질 관리는 이러한 서비스 질의 하위차원에 어떻게 접근하는가에 상당히 좌우되기 마련이다. 따라서 양질의 진로진학지도 프로그램 서비스 제공을 위해서는 참여자 입장에서 프로그램의 유형성, 신뢰성, 대응성, 보증성, 공감성 등이 충족될 수 있도록 노력해야 한다.

Cronin과 Taylor(1992)는 서비스 질을 유형성, 신뢰성, 대응성, 보증성, 공감성 다섯 가지 하위차원으로 개념화하고 22개의 문항으로 조직한 서비스 질 만족도 조사 지표를 개발하였다(표 7-7). 이에 근거하여 실제 프로그램 서비스의 질을 평가한다면 보다 손쉽게 체계적인 서비스 질 관리가 가능할 것이다.

표 7-7 프로그램 서비스 질의 차원과 지표(Cronin & Taylor, 1992)

차원	지표
유형성(tangibles)	• 최신 장비 구비 여부 • 서비스 제공기관 및 시설의 시각적 호감도 • 단정하고 깔끔한 직원의 용모 • 서비스 관련 안내자료 구비 여부
신뢰성(reliability)	• 약속한 내용의 이행 정도 • 불편사항 발생 시, 서비스 제공 기관의 문제해결 태도 • 서비스 제공의 정확성 • 약속 시간에 서비스를 제공하는 정도 • 정확한 업무기록 및 유지능력
대응성(responsiveness)	• 서비스 수행시간에 대한 정보제공 여부 • 신속한 서비스 제공 여부 • 참여자를 도와주려는 자발성 • 참여자의 요구에 신속히 대응하는 자세
보증성(assurance)	• 참여자에게 신뢰감을 주는 정도 • 서비스를 받을 때 느끼는 안정감 • 직원의 예의바름과 공손한 정도 • 충분한 직무관련 지식의 정도
공감성(empathy)	• 참여자 개개인에게 기울이는 관심의 정도 • 참여자에 대한 인간적인 배려 • 참여자 요구에 대한 이해도 • 참여자의 이익을 진지하게 고려하는 정도 • 참여자가 편할 때 서비스를 받게 하는 정도

연구과제

1. 진로진학지도 프로그램 실행시 주요 개념들을 설명해 보자.

2. 자신이 기획한 진로진학지도 프로그램을 실제 진행하게 되었다고 가정해 보자. 효과적인 프로그램 실행을 위해 고려할 사항들에 대해 설명해 보자.

3. 진로진학 프로그램 서비스의 모범적인 질 관리 예시에 대해 설명해 보자.

참고문헌

김상곤, 최승희, 안정선(2012). 사회복지 프로그램 개발과 평가. 학지사.

김영숙, 김욱, 엄기욱, 오만록, 정태신(2002). 사회복지 프로그램 개발과 평가. 교육과학사.

김창대, 김형수, 신을진, 이상희, 최한나(2011). 상담 및 심리교육 프로그램 개발과 평가. 학지사.

김미자, 전남련, 윤기종, 정현숙, 오주, 박정란(2014). 사회복지 프로그램 개발과 평가. 양서원.

김진화(2001). 평생교육 프로그램 개발론. 교육과학사.

서울대학교 교육연구소(1995). 교육학용어사전. 하우.

이민홍, 정병오(2012). 사회복지 프로그램 개발과 평가. 나눔의 집.

이재규(2004). 학교에서의 집단상담: 실제와 연구. 교육과학사.

이형득, 김성회, 설기문, 김창대, 김정희(2002). 집단상담. 중앙적성출판사.

한국청소년개발원(2005). 청소년 프로그램 개발 및 평가론. 교육과학사.

황성철(2014). 사회복지 프로그램 개발과 평가. 공동체.

Bates, M. M. & Johnson, C. D. (1972). *Group leadership: A manual for group counseling leaders*. Denver, CO: Love Publishing Company.

Cronin, J. J., & Taylor, S. T. (1992). A measuring service quality: A reexamination and extension. *Journal of Marketing. 56*(2), 55-68.

Martin, L., & Kettner, P. (1996). *Measuring the performance of human service program*. Thousand Oaks, CA: Sage.

Rossi, H. A., & Freeman, H. E. (1993). *Evaluation: a Systematic Approach*(5th ed). Newbury Park, CA: Sage.

8장

진로진학지도 프로그램 평가의 기초

이자명

목표

1) 진로진학지도 프로그램 평가의 중요성을 이해한다.

2) 프로그램 평가의 주요 개념을 이해하고 평가의 목적과 주의점에 대해 설명할 수 있다.

3) 프로그램 평가 관련 다양한 모형에 대해 설명할 수 있다.

4) 진로진학지도 프로그램 평가의 원리 및 기준을 설명할 수 있다.

진로진학지도 프로그램을 실행한 후, 프로그램의 성과와 가치를 판단하는 것은 진행자의 중요한 책무이다. 그간 진로진학지도는 진학과 같은 주요 성과를 단시일 내에 확인하기 어렵고, 프로그램 서비스 제공을 객관적이고 과학적으로 평가하기 힘들다는 이유로 간과되는 경향이 있었다. 그렇지만 시행한 프로그램을 객관적이고 과학적으로 평가할 수 있을 때, 진로진학지도 전문가로서의 역량을 제대로 인정받을 수 있을 것이다. 본 장에서는 진로진학지도 프로그램을 평가하기 위해 기초적으로 알고 있어야 할 평가의 개념 및 다양한 평가모형, 평가의 목적과 활용 방안 등에 대해 살펴보고자 한다.

1 진로진학지도 프로그램 평가의 개념 및 목적

1) 프로그램 평가의 의미

평가라는 용어 자체는 흔하게 사용되는 만큼 이해하는 데 어려움은 없을 것이다. 사전적 의미의 평가란 '물건의 화폐 가치를 정함', '사람 및 사물의 가치나 수준을 판단하거나 가치나 수준 그 자체'이다(민중서림 편집부, 2013). 평가의 사전적 의미는 간결하지만 학술적인 정의는 매우 다양하고, 가치판단이 포함되는 만큼 일치된 합의에 이르기에 어려움이 있다. 특히 최근에는 평가가 국가 정책에서 개인의 능력에 이르기까지 다양한 장면에 적용되는 만큼, 평가의 의미는 활용되는 관점에 따라 다를 수밖에 없다.

이러한 평가 결과는 가능한 수치를 가지고 객관적으로 제시하는 것이 일반적이지만, 인간의 삶에는—특히 심리내적인 부분과 관련하여서는—수량이나 수치로 표현하기 힘든 경우가 많기에 더더욱 합의가 어렵다. 이에 따라 최근에는 주관적인 의미나 가치를 표현하고자 질적인 평가를 강조하기도 한다.

이러한 맥락에서 평가(evaluation)는 가치(value)를 부여하며 비평(criticizing)을 가하는 것이라 할 수 있다(한국청소년개발원, 2005). 즉, 평가란 대상의 과거 및 현재 상황이나 변화 및 진행 과정, 그리고 변화 결과 등을 심층적으로 분석하는 종합적이고 전문적인 수행을 의미한다. 평가라는 용어는 판단, 인식, 분석, 접근, 비판, 시험, 등급, 검사, 판정, 등위, 검토, 점수, 조사 등으로 대체되기도 하는데, 평가 수행시 이러한 용어를 활용하여 목적에 맞게 조작하게 된다.

프로그램 평가는 프로그램의 설계와 전달이 효과적인지, 목표한 결과가 도출되었는지를 확인하는 절차를 의미한다(김미자 외, 2014). 프로그램 평가 또한 그간 다양하게 정의되었는데, 우선 프로그램의 성과(효과성, 서비스 질, 효율성, 영향 등)를 측정하기 위해 기준을 설정하고, 프로그램의 기획과 실행 및 결과에 관한 자료를 수집해서 기준에 따라 분석하여, 프로그램의 서비스 질 향상이나 이해관계자의 중요한 의사결정을 돕는 과정으로 볼 수 있다(Rubin & Babbie, 2008). 혹은 효과성 측정, 의사결정 조력, 체계적 절차와 조사 방법의 활용, 조직과 지역사회의 특성을 반영한 다양한 평가 적용 등을 모두 포괄하는 넓은 의미로 접근하기도 한다(황성철, 2014).

이처럼 평가는 여러 측면을 내포한 상당히 복합적인 개념이다. 따라서 어떤 의도와 목적을 가지고 평가개념을 적용하는가에 따라 그 의미가 달라지는데, 일반적으로 진로진학지도 프로그램 평가와 같은 교육활동이나 프로그램 관련해서는 대개 표 8-1에서 제시한 네 가지 측면에서 평가를 정의한다(배호순, 2011).

표 8-1 프로그램 평가의 네 가지 측면(배호순, 2011)

프로그램의 가치나 장점 판단	• 기본적이고 핵심적인 평가를 의미함 • 평가대상의 장점이나 가치를 체계적으로 판단하는 것을 평가로 봄 • 해당 프로그램의 확대 혹은 존속, 투자 여부 등에 영향을 미침
프로그램 목적 달성 정도 확인	• 프로그램이 의도하는 바를 어느 정도 달성했는지 확인함 • 프로그램이 바람직한 목적을 추구하기 위해 체계화한 활동임을 전제로 평가함 (예) 전통적인 교육평가

프로그램의 효과 및 영향 판단	• 프로그램 실시로 인한 효과나 영향을 판단하는 데 초점을 둠 • 프로그램을 일종의 독립변인(처치변인)으로 간주함 • 프로그램 실시로 인하여 발생한 변화를 측정 및 사정하여 프로그램의 타당성 확인 (예) 청소년 대상으로 진행한 진로탐색 프로그램의 효과를 사전-사후 평가를 통해 비교하는 과정
프로그램에 대한 의사결정 보조	• 프로그램과 관련하여 합리적인 의사결정을 보조하기 위한 목적으로 실시 • 프로그램에 대한 상황 평가, 투입 평가, 과정 평가, 결과 평가 등을 통해 의사결정에 도움이 되는 자료를 제공 • 결과 평가에만 의존할 때 발생하는 오류를 줄임 (예) 당장의 프로그램 결과는 미진하더라도 프로그램 개발·실천 과정에서 필요한 요소가 투입되었는지, 프로그램 운영 과정은 합리적이었는지, 프로그램 운영 결과 는 있었는지 등을 종합적으로 검토 후 존폐 여부 결정 (예) 진로탐색 프로그램 결과에서 전반적인 진로성숙도의 변화는 적었지만 세부적 으로 진로 동기는 향상되었고 참여자 만족도가 높았음을 종합적으로 검토함

2) 평가의 목적과 문제점

(1) 프로그램 평가의 이유와 목적

프로그램의 평가 시행은 해당 프로그램이 지향하는 바를 충분히 달성했는지, 프로그램 진행상의 어려움은 무엇이었는지, 프로그램 기획과 개발에 필요한 정보를 제공하는지 등을 판단하도록 돕는다. 프로그램 평가가 필요한 주된 이유는 ① 프로그램의 가치에 대한 객관적 정보와 피드백 제공을 통해 합리적인 의사결정(decision making)을 지원하고 ② 새로운 프로그램에 대한 효과성 평가를 통해 더 나은 프로그램 개발을 위한 지식기반(knowledge base)을 확충하도록 도우며 ③ 프로그램 재원을 지원한 기관에 대한 책무성(accountability)을 입증할 수 있기 때문이다(Royse et al., 2005). 프로그램 책무성은 프로그램 참여자가 프로그램에 대해 만족했는지, 문제 및 요구가 해결되었는지, 프로그램이 효율적으로 진행되었는지 등에 대한 정보를 제공함으로써 프로그램의 정당성을 확보한다(이민홍·정병오, 2012).

프로그램을 평가하는 이유는 행정적인 의사결정과 프로그램의 긍정적인 측면을 보여주기 위해서이다. 따라서 프로그램 관계자는 프로그램이 효과적인지에 대한 가설을 설정하고 이에 대해 스스로 질문함으로써 프로그램 평가의 기초를 마련할 수 있다(표 8-2).

표 8-2 프로그램 평가의 동기: 가설 및 질문(Royse et al., 2005)

가설: 우리가 보여주고자 하는 것	질문: 우리가 알고자 하는 것
1. 참여자에게 도움이 된다.	1. 참여자에게 도움이 되었는가?
2. 참여자는 제공된 서비스에 만족한다.	2. 참여자는 제공된 서비스에 만족하였는가?
3. 프로그램은 사회문제해결에 도움이 된다.	3. 프로그램은 사회문제해결에 도움이 되었는가?
4. 본 프로그램은 투자할 만한 가치가 있다.	4. 본 프로그램은 투자할 만한 가치가 있었는가?
5. 본 프로그램이 기존의 프로그램보다 우수하다.	5. 본 프로그램이 기존의 프로그램보다 우수한가?
6. 프로그램에 추가적인 인적 · 물적 자원이 필요하다.	6. 현재의 프로그램을 어떻게 향상시킬 것인가?
7. 프로그램 인력이 효과적으로 활용된다.	7. 프로그램 인력이 효과적으로 활용되었는가?

이러한 이유에서 실시한 프로그램 평가는 프로그램 운영의 성공 여부를 판단하는 전반적인 과정이며, 프로그램의 중단, 축소, 유지 및 확대 여부 등 주요 의사결정에 실질적으로 도움을 주는 것을 목적으로 진행하게 된다(김학주, 2008). 프로그램 평가의 목적은 ① 프로그램의 궁극적인 성공 여부 확인 ② 프로그램의 실행 과정에서의 문제점 확인 ③ 프로그램의 기획 및 개발에 필요한 정보수집 및 제공 ④ 책무성의 이해 ⑤ 프로그램 개발 이론 형성에 기여 등 다양한 측면에서 고려할 수 있다(김영숙 외, 2002; 성규탁, 1998; Rubin & Babbie, 2008).

진로진학지도 프로그램 평가의 목적을 구체적으로 살펴보면 다음과 같다.

우선, 프로그램 평가는 프로그램의 기획과 실행에 필요한 정보 제공을 목적으로 한다. 평가는 프로그램의 중단, 축소, 유지, 확대 등의 여부를 결정하는 데 필요한 정보를 제공하고, 프로그램 수정 · 보완에 필요한 내용 또한 제공해야 한다. 프로그램의 효과성(effectiveness)과 효율성(efficiency)에 대한 평가 결과는 그 프로그램의 운명을 판단하는 중요한 근거가 된다(김미자 외, 2014). 또 다른 프로그램 평가의 목적은 프로그램 실행과 관련한 책무성 이행이다. 프로그램 평가 결과는 프로그램을 지원한 개인 · 기관과 서비스 참여자에게 보고됨으로써 프로그램 실행에 대한 신뢰를 높인다. 마지막으로 적절한 프로그램 평가는 프로그램 개발 이론을 발전시키고자 하는 목적을 갖는다. 프로그램 평가 자료는 기존 이론의 인과관계를 뒷받침하거나 수정하는 데 기여할 수 있다.

이상의 내용을 바탕으로 프로그램 평가의 의의를 정리하면 다음과 같다. 우선, 평가는 프로그램 관리 역량을 향상시킨다. 프로그램 평가를 통해 얻어진 정보를 바탕으로 진로진학지도 프로그램 실행자들은 보다 효율적으로 프로그램을 운영하고, 프로그램의 질적 향상을 도모할 수 있게 된다. 또한 체계화된 평가 결과는 프로그램의 효율성, 품질, 효과성에 대한 판단을 내리고 의사결정하는 데 활용할 수 있는 공동의 용어를 제공한다. 이러한 공동의 용어는 프로그램을 지속적으로 관리하고 모니터링할 수 있게끔 돕는다.

(2) 프로그램 평가 관련 문제점

최근 다양한 진로진학지도 프로그램이 시행되면서 프로그램 관련 평가 또한 활성화되고 있다. 그럼에도 실제 현장에서 프로그램 평가를 실시하는 데에는 여러 가지 어려움이 따르게 마련이다. 따라서 진로진학지도 프로그램을 개발하고 운영하는 관계자는 아래 표 8-3의 내용에 유의하여 평가를 진행하기 바란다. 표 8-3은 사회복지 프로그램 평가 시 발생하는 문제를 진로진학지도 프로그램 평가 장면에 적용하여 일부 재구성한 것이다.

표 8-3 프로그램 평가 관련 문제점

문제점	내용
프로그램의 중복성	• 비슷한 내용의 프로그램을 중복해서 제공받음
프로그램 내용의 이질성	• 동일한 제목의 프로그램도 제공되는 기관이나 상황에 따라 실제로는 다르게 진행됨
프로그램 목표 불일치	• 동일한 특정 프로그램이 기관이나 상황에 따라 각기 다른 목표를 가지고 진행됨
비표준화된 도구 사용	• 흔히 사용되는 기관 자체 제작 도구는 타당도 및 신뢰도 검증이 이루어치치 않은 것으로 평가 결과에 오류를 초래할 수 있음
다양한 측정도구의 부족	• 다양한 목표 달성 여부를 측정할 수 있는 측정도구가 부족함. 혹은 실제 사용되는 도구가 제한적임
측정도구와 측정 내용의 불일치	• 측정도구 선정의 문제. 측정하고자 하는 내용을 측정하는 적절한 도구를 사용하지 못함

통계분석의 한계	• 최소한의 검증 분석을 하지 않아 개입 후 변화의 정도가 통계적으로 유의미한 것인지 설명하지 못함
일반화의 제한	• 참여자 및 서비스 제공 상황의 특수성으로 인해 프로그램 효과를 일반화하는 데 제한적임
부적절한 통계기법이나 평가 설계 적용	• 자료분석력이 부족하여 체계적인 평가 설계나 분석이 이루어지지 못함
프로그램 관계자의 역기능적 태도	• 프로그램 관리자 · 담당자가 프로그램 효과에 대해 과도한 기대를 가짐 • 프로그램 실행에 대한 평가를 담당자 개인에 대한 평가 또는 공격으로 인식함 • 프로그램 평가가 참여자의 몰입을 방해하여 진행에 방해가 된다는 인식 • 프로그램 평가 결과가 부정적으로 사용되리라는 두려움(예, 예산감축, 프로그램 종결 등)

출처: Posac & Carey(1997), 김통원(2009), 이민홍 · 정병오(2012) 재구성

진로진학지도 프로그램의 평가에는 관련자의 심리적 요인과 사회 · 환경적 요인이 동시에 영향을 미칠 수 있다. 그러므로 프로그램 평가 담당자는 이러한 심리교육 프로그램 평가의 특성을 이해하고 발생할 수 있는 문제점을 최소화하도록 한다. 특히 프로그램 평가를 수행하는 과정에서 평가와 이해관계가 있는 사람들의 태도로 인해 여러 가지 역기능적인 요소가 발생할 수 있다는 점을 염두에 두어야 할 것이다(Posac & Carey, 1997).

2 진로진학지도 프로그램 평가의 원리 및 모형

1) 프로그램 평가의 원리와 기준

(1) 프로그램 평가 원리

프로그램 평가는 몇 가지 기본적인 원리에 따라 이루어진다. 첫째, 평가는 진로진학지도 프로그램을 실행하는 과정 속에서 다양한 사상, 조건 또는 상태들에 대한 바람

직성을 평가한다. 이러한 바람직성에 대한 평가는 필연적으로 가치체계와 연결되므로 평가자의 가치가 중요하게 작용하기 마련이다. 둘째, 평가는 프로그램이 전개되는 실제 상황 속에서 문제를 발견하고, 진단하고, 방안을 마련하면서 문제 예방 또한 함께 고려하는 종합적인 과정이다. 따라서 프로그램 평가는 단순히 프로그램 결과와 성과에만 초점을 맞춰서는 안 될 것이다. 셋째, 평가는 프로그램과 관련한 의사결정을 촉진하기 위해 정보를 얻는 과정이다. 마지막으로 프로그램 평가는 지속적이고 종합적으로 실시될 때 의미가 있다. 즉, 프로그램 평가란 프로그램의 목적 및 목표와 관련한 여러 활동의 의미를 통합시키는 종합적인 활동이다.

(2) 프로그램 평가 기준

이상의 프로그램 평가 원리는 적절한 실행 기준을 가지고 평가를 진행할 때 효과적이다. 프로그램 평가는 평가 진행이 확실히 필요한 상황에서 적절한 정보와 윤리적인 고려를 바탕으로 이루어져야 한다. 또한 명확한 목표의식과 실행 기준이 마련된 후 진행해야 한다(한국청소년개발원, 2005). 일반적으로 프로그램 평가 실행 여부를 결정하는 기준은 크게 유용성, 실행가능성, 타당성, 정확성 등 네 가지로 나뉜다(김미숙, 1999). 프로그램 평가 실행 기준은 다음의 표 8-4에 구체적으로 제시하였다. 실제 프로그램 평가전에 체크리스트로 만들어 검토하길 권한다.

표 8-4 프로그램 평가 기준 및 세부 내용

기준	세부기준	내용
유용성	이해관계자 파악	• 평가에 참여하였거나 영향을 받게 되는 관계자는 파악하였는가?
	평가자 신임	• 평가 수행자는 신뢰할 만한 능력을 갖추고 있는가?
	정부별주와 선택	• 평가 대상자에 초점을 맞춰 정부를 중심으로 수집하였는가?
	평가의 해석	• 결과를 해석하는 데 적용된 전망, 절차, 이유가 명확하게 진술되었는가?
	보고의 명확성	• 평가 보고는 대상, 상황, 목적, 절차 및 결과 중심으로 기술하였는가?
	보고서 배포	• 평가 결과는 관계된 사람들과 공유하는가?

	보고 시기	• 평가 관계자들이 보고된 정보를 잘 활용할 수 있도록 보고서 공개시기가 적절한가?
	평가의 영향	• 관계자들이 지속적으로 프로그램을 개선해 나갈 수 있도록 기획하고 실행되었는가?
실행 가능성	실행적 절차	• 평가 절차는 현실적인가? • 프로그램 진행의 방해를 최소화하면서 요구된 정보를 얻을 수 있도록 구성되었는가?
	정치적 생명력	• 다양한 관계 집단의 입장을 충분히 고려한 가운데 기획되었는가? • 평가 결과의 오용을 막고 집단의 협력을 이끌어내는데 중요함
	비용 효과성	• 평가를 위한 자원 지출을 정당화할 수 있을 만큼 가치 있는 정보를 생산하였는가?
타당성	형식적 책임	• 평가와 관련한 형식적 측면(내용, 방법, 주체자, 시기 등)에 대한 책임은 서면으로 진술하고 동의를 받는가? • 평가 책임자는 기술된 내용을 지켰는가?
	이해의 갈등	• 평가 과정에서 드러나는 이해의 갈등은 공개적으로 정직하게 다루어졌는가?
	완전하고 솔직한 표현	• 구두나 서면 평가보고는 평가의 한계점까지 포함하여 관련한 모든 것들을 공개적이고 직접적으로, 그리고 정직하게 제시하는가?
	대중의 알 권리	• 평가 대상 집단에서 참여자의 알 권리를 존중하고 보장하는가? • 관련 원칙이나 제약 내에서 참여자의 안전이나 사적 권리가 지켜지는가?
	인권	• 평가 과정에서 인간으로서의 권리나 행복이 존중되고 보호받도록 설계하고 실행되는가?
	인간적 상호작용	• 평가자는 평가와 관련한 사람들과 상호작용하면서 인간의 가치와 존엄성을 보호하는가?
	균형 잡힌 보고	• 평가는 조사 대상의 장점과 약점을 공정하게 다루고 있는가?
	재정적 책임	• 평가자의 자원 배당과 지출은 적당한 책무성 절차를 반영하며, 신중하고 윤리적인 책임이 따르도록 설계되었는가?
정확성	대상파악	• 무엇을 평가할 것인지를 명확히 하기 위해 평가 대상(프로그램, 사업 계획, 교재)에 대해 충분히 조사하였는가?
	상황분석	• 평가대상이 존재하는 상황이 대상을 파악하는 데 영향을 줄 수 있으므로 면밀한 조사가 이루어졌는가?
	서술된 목적과 절차	• 평가의 목적과 절차는 이해하기 쉽고 상세하게 기술되었는가?
	정확한 정보 출처	• 정보의 적절성이 보장될 수 있도록 모든 정보의 출처를 정확히 기술하였는가?
	타당한 측정	• 정보수집 도구와 절차의 타당성이 확보되는가?
	신뢰로운 측정	• 믿을 만한 도구와 방법에 의해 정보를 획득하는가?

체계적 자료 통제	• 평가 결과에 활용된 모든 자료는 잘 보관되는가?
	• 동시에 평가 결과가 잘못되지 않도록 재조사가 가능한가?
양적 정보의 분석	• 체계적이고 활용 가능한 분석 방법을 통해 양적 정보를 분석하는가?
질적 정보의 분석	• 체계적이고 활용 가능한 분석 방법을 통해 질적 정보를 분석하는가?
타당화된 결론	• 평가에서 도출한 결론은 관련자들이 사정할 수 있도록 확고히 타당화되었는가?
객관적 보고	• 평가에 관여한 집단의 사적인 감정이나 편파성에 의해 평가 결과나 보고가 왜곡되지 않도록 객관적인 평가 절차가 제시되었는가?

출처: 한국청소년개발원(2005)

이상의 기준과 평가 원리에 따라 진행한 프로그램 평가는 다양한 기능을 갖는다. ① 프로그램 대상에 대해 효율적으로 이해하고 진단하며 개입할 수 있다. ② 진로진학지도 프로그램 구성요소를 개선시킨다. ③ 참여자 지도 및 학습 행위를 촉진시키고 참여 동기를 높인다. ④ 평가 결과는 참여자의 행동변화 및 프로그램 효과 판정뿐만 아니라 참여자의 생활지도나 상담의 자료로 활용 가능하다. ⑤ 평가의 실시는 진로진학지도의 질적 수준을 유지하고 향상시킨다.

2) 프로그램 평가 모형

(1) 프로그램 평가의 다양한 접근

프로그램 평가에서 평가모형은 평가 목적을 효과적으로 달성하기 위해 특정 탐구법을 적용하여 평가방법과 절차를 체계화한 것이다. 평가모형은 평가를 시작하던 초기에는 프로그램 평가 자체를 설명하기 위한 것이었으나 프로그램에 대한 개념이 보편화되면서 최근에는 프로그램 평가, 프로그램의 정책 평가, 프로그램을 실행하는 시설 평가에 이르기까지 그 범위가 확장되는 추세이다(김미자 외, 2014).

프로그램 평가 모형은 크게 목표지향 접근, 관리지향 접근, 고객지향 접근, 전문성지향 접근, 참여자지향 접근의 다섯 가지로 구분된다(Fitzpatrick et al., 2004).

표 8-5 평가모형의 비교

	목표지향 모형	관리지향 모형	고객지향 모형	전문성지향 모형	참여자지향 모형
평가목적	• 목적의 달성 범위	• 의사결정을 위한 유용한 정보제공	• 서비스 구입의 의사결정을 돕기 위한 정보 제공	• 질에 대한 전문적 판단 제공	• 프로그램 활동의 복잡성을 이해하고 묘사 • 정보를 요구하는 청중의 요구에 대응
주요특성	• 측정 가능한 목표 구체화 • 데이터 수집을 위한 객관적 측정도구의 사용 • 목표와 성과의 차이 구분	• 의사결정을 위한 논리제공 • 프로그램 개발의 전 과정에서 평가	• 서비스를 평가하기 위한 기준 체크리스트 사용 • 고객에게 정보 제공	• 개인의 지식과 경험이 평가의 기초 • 합의된 기준의 활용 • 팀 접근 • 실사	• 다양한 현실을 반영 • 귀납적인 추론과 발견의 사용 • 현장에서의 직접 경험 • 관련자의 참여 • 의도된 이용자 훈련
평가의 개념화에 대한 기여	• 성과에 대한 사전 및 사후 측정 • 목적의 구체화 • 기술적으로 견고한 측정 도구 사용	• 욕구와 목적의 구체화 및 평가 • 대안적 프로그램 설계 및 평가 고려 • 프로그램의 실행에 대한 감시 • 오류 검사와 성과 설명 • 욕구의 감소 또는 제거 확인 • 조직 평가에 대한 가이드라인	• 서비스와 활동에 대한 기준 리스트 • 고객 보고서 기록 • 평가의 형성 및 총괄 기능 • bias 통제	• 주관적 비판에 대한 정당화 • 외부 검증을 받은 self-study	• 불시적 평가 설계 • 귀납적 추론의 사용 • 다양한 실체의 인정 • 맥락의 중요성 • 자연주의적 질문에 대한 기준 제공
평가기준	• 목표의 측정 가능성 • 측정도구의 신뢰도 및 타당도	• 활용성 • 실현 가능성 • 기술적 견고성	• 편파 지양 • 기술적 견고성 • 결과를 도출하고 추천을 할 수 있는 기준 제공 • 요구와 효과성에 대한 증거	• 인정받는 기준의 활용 • 전문가의 자격부여	• 진실성 • 적합성 • 감사 가능성 • 확실성

장점	• 사용 용이성, 간소성 • 성과에 초점 • 높은 적용성 • 목표 실현의 강조	• 포괄성 • 관리자의 정보 요구에 대한 민감성 • 평가에 대한 체계적 접근 • 프로그램과정에 대한 평가 • 실행을 위한 상세한 가이드라인 제공 • 다양한 정보 활용	• 고객 정보 요구의 강조 • 상품개발자에 영향 • 경제성 • 활용성 • 체크리스트의 유용성	• 광범위한 적용 • 효율성(실행 용이) • 인간 판단의 이용	• 기술과 판단에 초점 • 맥락 고려 • 평가 기획 진행에 대한 공개 • 다원주의 • 귀납적 추론 활용 • 다양한 정보 사용 • 이해의 강조
단점	• 평가에 대한 지나친 간소화 • 성과에 대한 지나친 강조 • 단선적	• 조직 효율성과 생산 모델 강조 • 운영하고 관리하는 데 비용이 많이 듦 • 관리자의 관심사에만 초점	• 비용 및 지원 부족 • 창조성 및 혁신을 억제 • 공개 논의 및 교차 검사 못함.	• 반복 가능성 • 개인적 bias에 취약 • 결론을 지지하는 문서의 부족 • 이익 충돌의 공개 • 직관의 과도한 사용 • 전문가의 과도한 자격 부여 및 의존	• 비지시성 • 비규정화되고 기괴한 형태 우려 • 높은 비용 및 업무 강도 • 가정의 일반화 • 결론 도출이 어려움

출처: Fitzpatrick et al.(2004).

① 목표지향 평가모형(objective-oriented approach)

목표지향 평가모형은 사전에 설정한 프로그램 활동 목적이 어느 정도까지 달성되었는지에 초점을 두는 평가방법이다. 이 모형은 1942년에 Tyler가 제시한 이래 현재까지도 가장 많이 활용되고 있다. 목표지향 평가모형은 프로그램이 의도한 바를 성취하였는지에 대해 간략하게 평가할 수 있어서 적용이 용이하며, 프로그램 담당자로 하여금 결과에 대해 명백히 밝히게 하여 프로그램 결과에 대해 책임감을 갖도록 하는 장점이 있다. 게다가 참가자의 성과를 수치화하여 비교적 손쉽게 객관적인 정보를 얻을 수 있도록 한다. 또한 비용적인 측면에서도 상당히 경제적이다. 목표지향 평가모형은 1) 프로그램 목적 및 목표의 구체적인 설정, 2) 목표를 측정 가능한 형태로 변형, 3) 프로그램 효과성을 측정할 수 있는 도구의 선정, 4) 목표 달성도 측정, 5) 데이터 분석 및 해석, 6) 평가 결과를 반영하여 프로그램 목적, 목표, 내용 등의 수정 및 보완과 같은 단계로 진행한다.

목표지향 평가모형의 여러 장점에도 불구하고 프로그램과 관련된 자원의 관계를 고려하지 못하기 때문에 목표 달성을 하지 못한 경우에 그 원인을 밝히기가 힘들다. 또한 사전에 설정한 성과 위주로 측정하기 때문에 목표설정 자체가 미비하거나 예상하지 못한 긍정적 혹은 부정적인 부수효과에 대해서는 평가하기가 힘들다는 한계가 있다. 예를 들어 진로탐색 프로그램의 경우, 진로정보 획득 및 의사결정을 목표로 정했더라도 실제로는 집단 교류를 통한 대인관계 확장, 진로선택지의 현실성 검토 및 다양화와 같은 초기 설정한 목표 외에도 여러 효과를 기대할 수 있을 것이다. 이처럼 설정된 목표만으로 프로그램을 평가할 경우, 실제 프로그램의 효과에 대해 풍부한 탐색과 검토가 제한되기 쉽다.

이후 이러한 한계를 보완하고자 Scriven(1967)은 의도했던 효과와 의도하지 않은 부수 효과를 함께 봄으로써 실제적인 프로그램 효과를 평가하는 탈목표 평가모형(goal-free evlauation)을 개발하였다. 이 모형은 프로그램에 대한 부수 효과를 확인하기 위해 목표 대신 대상 집단의 요구를 평가의 준거로 활용하며, 요구 근거 평가(need-based evaluation)로 불리기도 한다. 탈목표 평가모형은 평가를 전문가가 전문적인 지식과 기술을 바탕으로 평가 대상 및 평가 내용의 가치를 체계적으로 판단하는 활동으로 보고, 판단의 기준, 전문가 지식과 기술, 자질과 경험 등을 중요하게 다루는 경향이 있다. 탈목표 평가모형은 1) 프로그램 시행과 관찰, 2) 기술적 자료 분석, 3) 이차적 효과 분석, 4) 표적 집단의 요구, 5) 실제적인 프로그램 효과 분석 등의 절차에 따라 진행한다. 탈목표 평가모형은 최종 목표 달성 여부에만 국한되지 않고 프로그램 진행 과정에서 나타난 다양한 성과를 고려한다는 점에서 의의가 크다. 그렇지만 시행과정에 대한 지속적이고도 주의 깊은 관찰이 요구되는 만큼, 많은 시간적·경제적 비용이 소요되고 현장에서 적용상의 어려움이 있다는 점도 감안해야 할 것이다.

② 관리지향 평가모형(management-oriented approach)

관리지향 평가모형은 평가의 목적을 의사결정을 지원하는 것에 두기 때문에 '의사결정 평가모형'으로 부르기도 한다. 관리지향 평가모형은 의사결정자에게 필요한 정보를 제공하여 의사결정을 돕는 과정으로 보고 이와 관련한 기능을 강조한다. 즉, 프로그램 관리자의 의사결정이 프로그램 평가를 하는 핵심 동기로 보고 , 평가자는 관리자와 밀접하게 소통하고 대안별 장·단점을 구체화하여 합리적인 의사결정을 할 수 있도록 돕는다(Alkin, 1969; Stufflebeam & Shinkfield, 1985). 프로그램 관계자는 상황, 투입, 과정 및 성과 등 네 가지 측면에서 의사결정에 직면하게 되는데, Stufflebeam과 Shinkfield(1985)는 이를 토대로 CIPP 모형을 제안하였다. CIPP 모형은 평가를 의사결정과 책무성 측면에서 네 가지로 구분하여 제시한다(표 8-6).

표 8-6 CIPP 모형에서의 의사결정 및 책임성

	의사결정(형성평가 기능)	책무성(총괄평가 기능)
상황평가	• 목표 선정 및 우선순위 결정을 위한 지침	• 욕구, 기회, 문제 등에 대한 기록 • 선택에 대한 목표와 근거 기록
투입평가	• 프로그램 전략의 선택을 위한 지침	• 선택한 전략·설계 선택 이유에 대한 기록
과정평가	• 프로그램 실행을 위한 지침	• 실제 과정에 대한 기록
성과평가	• 프로그램 폐지, 유지, 수정 및 확대 등을 위한 지침	• 성과 기록 및 의사결정 재검토

출처: Stufflebeam & Shinkfield(1985), 이민홍·정병오(2012) 재구성

상황평가는 목적 및 목표를 결정하는 데 필요한 상황적 토대나 이론적 근거를 제공한다. 투입평가는 프로그램의 목표를 달성하기 위해 요구되는 자원과 전략에 관한 정보를 얻기 위해 활용하는 평가 방법이다. 과정평가는 프로그램의 목표를 달성하기 위해 실천하고 있는 전반적인 수행 활동의 효율성에 대한 정보를 수집하는 것이다. 주로 계획이 잘 수행되고 있는지, 방해요인이나 수정이 필요한 부분은 없는지 등과 관련한 정보를 다룬다. 마지막으로 프로그램에 의해 성취된 성과 관련 자료를 질적·양적으로 측정하여 해당 프로그램의 성과를 판정하고자 하는 활동을 성과평가라 한다.

관리지향 평가모형은 평가를 통해 의사결정에 필요한 정보를 도출하고 프로그램을 수정·보완하는 데 필요한 근거를 제시한다는 점에서 유용하다. 그렇지만 관리지향 평가는 평자가의 능력이 부족하거나 의사결정자의 관심사가 평가정보와 일치하지 않

을 우려가 있다. 또한 관리지향 평가모형을 활용하기 위해서는 관리자가 평가정보를 악용하지 못하도록 보완장치가 필요하며, 절차가 복잡한 만큼 비용적인 측면에서 부담이 큰 편이다.

③ 고객지향 평가모형(consumer-oriented approach)

고객지향 평가모형은 프로그램 서비스를 제공받는 '소비자'의 입장에서 프로그램을 점검하고 효과를 평가하는 형태이다. 고객지향 평가모형은 프로그램 서비스에 대해 제대로 알아보기 힘든 사람들에게 유용한 정보를 제공하여 획득된 지식을 바탕으로 자신에게 보다 적합한 서비스를 선택하도록 돕는다. 이 경우, 고객의 입장만이 지나치게 강조되면 프로그램이 평이해지거나 창의적이고 새로운 시도에 소극적이게 될 수 있으니 유의해야 한다.

④ 전문성지향 평가모형(expertise-oriented approach)

전문성지향 평가모형 또한 가장 오래되고 보편적으로 많이 사용하는 접근으로 기관, 프로그램, 상품, 활동 등에 대한 평가를 전문지식에 근거하여 내리는 방법이다. 예를 들어, 진로·취업센터의 질을 경력개발 및 진로발달 전문가가 프로그램 내용, 인력구성, 위기개입 시스템 등의 측면에서 평가하는 것이다. 일반적으로 전문성지향 평가모형을 운영할 경우, 한 사람의 전문가가 평가에 대한 모든 지식을 아우르기 어렵기 때문에 분야별 전문가팀을 구성하게 된다. 구체적으로는 인증제도와 같은 공식적 전문가 심의체계, 대학원 논문 심사제도와 같은 비공식적 전문가 심의체계, 특별심의위원회 및 특별개별심의위원회 등의 네 가지로 나뉘며, 이는 심의를 수행하는 조직 및 공표된 기준의 존재 여부, 정기적인 심의 실시, 다양한 전문가 의견 포함 및 심의결과가 프로그램에 영향을 미치는지 여부 등을 기준으로 구분된다(표 8-7).

표 8-7 전문성지향 평가모형의 네 가지 유형

유형	구조	공표된 기준	정기적 일정	다양한 전문가 참여	결과 반영
공식적 전문가 심의체계	O	O	O	X	대부분
비공식적 전문가 심의체계	O	드물게	가끔	O	대부분
특별 심의 위원회	X	X	X	O	가끔
특별 개별심의 위원회	X	X	X	X	가끔

출처: Fitzpatrick et al. (2004).

⑤ 참여자지향 평가모형(participants-oriented approach)

참여자지향 평가모형은 프로그램에 참여하는 사람들의 요구 충족을 프로그램의 주요 목적으로 보고, 참여자들의 다양한 요구와 시선에 따라 프로그램 가치를 판단하는 접근이다. 본 모형은 평가의 대상과 주체를 구분하기보다는 프로그램에 참여했던 사람들의 비판적 성찰과정을 통해 도출된 결과를 프로그램에 대한 평가로 간주한다. 이에 따라 참여자지향 평가모형은 별도의 측정도구 대신 참여자들이 직접 자신의 행위를 돌아보고 나누는 비판적 성찰과정을 거쳐 자신의 삶 속에서 프로그램 결과를 적용시키는 일련의 과정(doing reflective apply)을 뜻한다(김진화, 2005).

전통적인 평가모형들이 평가대상에 대해 기계적으로 접근하면서 평가 보고서 작성 등에만 지나치게 관심을 기울이다보니 프로그램 실행 현장의 실체를 반영하지 못한다는 비판을 받은 반면, 참여자지향 평가모형은 평가과정에서 관련자의 직접적 경험과 표적 집단의 적극적인 참여를 강조하는 가장 직관적이고도 다원주의적인 접근을 지향한다.

참여자지향 평가모형은 다양한 시각과 가치에 개방적인 만큼 새로운 통찰과 아이디어 개발에 유리하다. 또한 맥락적 상황에 대한 고려, 다양한 정보 활용, 인간관계 및 조직의 특성을 반영하는 데도 효과적이다. 더불어 프로그램의 내부 상황이나 실체에 대해 풍부한 정보를 제공할 수 있으며, 평가과정에서 쉽게 소외되는 참여자의 역량을 강화한다는 강점이 있다. 그럼에도 이 모형은 실행이 복잡하여 비용이 많이 들고 평가

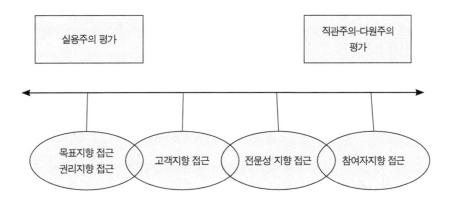

그림 8-1 프로그램 평가 모형의 성격적 배치

출처: Fitzpatrick et al.(2004).

자 개인의 의견이 지나치게 많이 반영될 수 있다는 점, 평가자의 주관적 특성에 영향을 받는다는 점, 일반화하기에 어렵다는 점 등에서 제한적이다.

Fitzpatrick과 동료들(2004)이 제안한 모형은 실용주의적 평가에서 직관주의-다원주의적 평가로의 연속체로 그려볼 수 있다(그림 8-1). 물론 대부분의 접근방법은 다양한 성격을 가지고 있어서 제시된 여러 범주에 동시에 해당할 수도 있지만, 각 모형이 가장 중요하게 고려하는 평가 이유와 평가 주체에 초점을 두어 이해한다면 그림 8-1과 같은 구분이 가능하다.

Fitzpatrick 등(2004)이 제안한 평가모형 구분 외에도 프로그램 평가에는 시행시기, 목적, 자료의 활용 등에 다양한 기준을 적용할 수 있다. ① 프로그램 평가는 시행시기에 따라 진단평가, 형성평가에 해당하는 수행평가, 종합평가에 해당하는 성과평가가 있다. ② 평가의 목적에 따른 유형화의 경우, 특정목적을 가지고 해당 프로그램 평가가 특정 점수에 도달해야 하는 것으로 가정하는 준거지향 평가와 여러 프로그램과 비교하여 어떤 프로그램이 잘 시행되었는지를 확인하는 규준지향 평가가 있다. ③ 프로그램 평가를 위한 자료나 증거의 활용 방식에 따른 구분 또한 가능하다. 객관적인 자료만을 고려하는 양적 평가와 주관적 측면이나 계량화하기 어려운 부분을 다루는 질적 평가로도 구분된다.

연구과제

1. 진로진학 프로그램 평가의 주요 개념들을 설명해 보자.

2. 진로진학 프로그램 평가의 다양한 접근에 대해 설명해 보자.

3. 자신이 경험한 진로진학 프로그램을 떠올려 보자. 그 프로그램에 대해 주관적으로 평가해 보고, 효과적인 프로그램 평가를 위해 필요한 정보를 정리해 보자.

4. 자신이 실제 경험한 혹은 관찰한 진로진학지도 프로그램 중, 효과적인 평가 방법 및 활용 방안을 논의해 보자.

참고문헌

김미숙(1999). 사회교육 프로그램 평가론. 원미사.

김미자, 전남련, 윤기종, 정현숙, 오주, 박정란(2014). 사회복지 프로그램 개발과 평가. 양서원.

김진화(2005). 평생교육 프로그램 개발론. 교육과학사.

김영숙, 김욱, 엄기욱, 오만록, 정태신(2002). 사회복지 프로그램 개발과 평가. 교육과학사.

김통원(2009). 사회복지 프로그램 기획과 평가. 신정.

김학주(2008). 사회복지 프로그램 개발과 평가. 청목출판사.

민중서림 편집부(2013). 엣센스 국어사전. 민중서림.

배호순(2011). 교육프로그램 평가론. 원미사.

성규탁(1998). 사회복지행정론. 법문사.

이민홍, 정병오(2012). 사회복지 프로그램 개발과 평가. 나눔의 집.

한국청소년개발원(2005). 청소년 프로그램 개발 및 평가론. 교육과학사.

황성철(2014). 사회복지 프로그램 개발과 평가. 공동체.

Alkin, M. C. (1969). Evaluation theory development. *Evaluation Comment, 2,* 2-7.

Fitzpatrick, J. L., Sabders J. R., & Worthen, B. W. (2004). *Program evaluation: Alternative approaches and practical guidelines.* New York: Pearson Education Inc.

Posac. E. J. & Carey, R. G. (1997). *Program evaluation: Methods and case studies* (5th ed.). Upper Saddle River, NJ: Prentice Hall.

Royse, D., Thyer, B. A., Padgett, D. K., & Logan, T. K. (2005). *Program evaluation: An introduction* (4th ed.). Belmont, CA: Thomson Brooks/Cole.

Rubin, A. & Babbie, E. (2008). *Research Methods for Social Work*(6th ed.). Belmont, CA: Thomson Brooks/Cole.

Scriven, M. (1967). The methodology of evaluation. In R. W. Tyler, R. M. Gagre, & M. Scriven(Eds.), *Perspectives of curriculum evaluation,* Volume I(pp. 39-83). Chicago, IL: Rand McNally.

Stufflebeam, D. L. & Shinkfield, A. J. (1985). *Systematic evaluation.* Boston: Kluwer Academic.

Tyler, R. W. (1942). General statement on evaluation. *Journal of Educational Research, 35,* 492-501.

9장

진로진학지도 프로그램 평가의 실제

이자명

목표

1) 진로진학지도 프로그램의 다양한 평가 방법을 이해한다.

2) 프로그램 평가의 타당도와 신뢰도 개념을 설명할 수 있다.

3) 프로그램 평가의 전반적인 절차를 이해하고 평가의 결과 보고에 대해 설명할 수 있다.

이 장에서는 진로진학지도 프로그램 평가를 실제 진행하면서 고려할 사항에 대해 알아보고자 한다. 성공적인 프로그램 평가를 위해서는 평가 목적에 맞는 다양한 평가 방법에 대해 충분히 이해하고 타당도와 신뢰도를 갖춘 평가 결과를 도출하는 것이 중요하다. 더불어 진로진학지도 프로그램을 효율적으로 평가하기 위한 평가 기획부터 결과 보고까지 전반적인 절차를 살펴보도록 한다.

1 ## 진로진학지도 프로그램의 평가 방법

1) 프로그램 평가 방법

(1) 진단평가

진단평가는 프로그램 시작 전이나 시작과 동시에 실행하는 평가로, 프로그램의 실행을 보다 원활하게 하기 위한 목적으로 실시하는 것이다. 프로그램을 시작하는 상황에서 최대의 효과를 이끌기 위한 서비스 계획, 참여자 요구의 반영, 진행을 위한 준비 정도, 프로그램 목적이나 목표의 반영 등 원활한 프로그램 진행과 관련한 정보를 수집하고 평가한다.

일반적으로 진단 평가에서는 ① 프로그램의 목적이나 목표는 명확히 제시되었는가? ② 프로그램 내용은 지역이나 표적 집단의 요구를 잘 반영하는가? ③ 프로그램 준비도, 운영자 전문성, 실행 기간 등과 같이 프로그램 목적을 성취하기 위한 기준은 명확히 제시되었는가? ④ 프로그램을 실행할 인력은 잘 구성되었는가? ⑤ 프로그램 실행을 위한 예산 관련 준비는 적절한가? 등의 내용을 확인하게 된다.

표 9-1은 진단 평가를 위한 구체적인 문항 내용 및 각 문항 검토에 필요한 참고 자

료로서 실제 프로그램 진단 평가 시 필요에 따라 활용할 수 있을 것이다.

표 9-1 프로그램 진단 평가를 위한 문항과 참고 자료 예시

진단 평가 문항	참고 자료
• 프로그램 진행 목적은 명확하게 제시되어 있는가?	목적 확인
• 프로그램 진행을 위한 목표는 명확히 제시되어 있는가?	세부목표 확인
• 세부목표는 목적을 달성하기 위한 형태로 구성되어 있는가?	목적과 목표의 연계성 확인
• 요구분석에서 본 프로그램의 개설을 희망한 응답은 어느 정도 있었는가?	요구분석 자료, 프로그램 실행을 위한 구체적인 목적, 프로그램 기획서
• 프로그램 운영에 투입된 인력의 전문성은 어떠한가?	프로그램 운영자 이력 확인
• 프로그램 실행 기간은 적절하게 구성되었는가?	프로그램 계획서, 활동 내역 확인
• 예산은 적절한가? (시간당 배정 예산의 적절성, 적정 수준의 강사료, 재료 준비 등을 위한 예산 배정)	프로그램의 구체적인 내용
• 평가 확인을 위한 내용은 구비하고 있는가?	평가 도구, 평가 내용 확인
• 프로그램의 효과적인 운영을 위해 기존의 평가 내용을 피드백하고 있는가?	기존의 평가 내용에 대한 피드백 부분 확인
• 프로그램의 진행을 위한 조직원은 몇 명으로 구성되었는가?	프로그램 실행도 확인

출처: 김미자 외(2014).

표에서 제시한 내용 외에도 각자의 현장에서 고려해야 할 사항이 더 있다면 현장의 특수성을 반영하여 문항을 추가하도록 한다.

(2) 수행과정 평가

수행과정 평가란 프로그램으로 인하여 변화하는 과정에 초점을 맞춰 평가하는 방법 중 하나이다. 일반적으로 평가는 프로그램 결과가 중심이 되는 경향이 있는데, 이는 평가의 목적이 최종 산출물에 집중되기 때문이기도 하지만, 효과 등을 판단하기 위한 근거가 대부분 프로그램 종결에 집중되기 때문이다(정무성 역, 2000). 그렇지만 수행의 과정은 최종 산출물이나 최종 목표에 영향을 미치기 마련이니 만큼, 프로그램 평가 시

에는 프로그램의 수행이나 실천 과정, 그로 인한 변화의 과정 등에도 주목해야 할 것이다. 수행과정 평가는 프로그램이 실행되는 과정을 분석함으로써 내용이 어떻게 전달되고, 어떤 형태로 전달되는지, 전달되는 과정에 오류는 없는지 등을 살핀다. 이에 수행과정 평가에서는 양적방법 뿐만 아니라 질적 방법 또한 자주 활용하게 된다. 일반적으로 양적 방법을 통해 조사한 내용을 질적 방법으로 해석하는 형태를 가지며, 최종 정보를 해석하기 위한 근거 자료로 질적 분석을 한다(신덕상 외, 2014). 수행과정 평가를 위한 분석 시 프로그램 운영과 관련해서 고려할 내용을 정리하면 표 9-2와 같다.

표 9-2 수행과정을 위한 조사 내용

---
1. 최종 관리자와 구성원 간 상호작용
2. 구성원들 간 상호작용
3. 구성원과 내담자, 구성원과 지역주민, 수혜자와 의사결정자 사이의 상호작용
4. 개입을 전달하기 위해 사용되는 자원
5. 개입을 전달하기 위해 필요한 구성원의 노력
6. 의도한 결과와 개입 사이의 일치
7. 개입이 실제로 전달되었는지 정도
8. 내담자, 수혜자, 지역주민 등이 프로그램에 쉽게 접근할 수 있었는지에 대한 접근성
9. 프로그램 조정하는 구성원 혹은 다른 조직의 조직원들 간 자원 공유 능력

수행과정 평가는 원인과 결과·효과로 구분하여 해석하기 때문에 중간의 처리나 전환과정을 블랙박스에 비유하기도 한다(김미자 외, 2014). 이는 프로그램이 실제 운영하는 사람의 역량이나 태도 등에 따라 집단 내 상호작용이 달라질 수 있어서 프로그램의 수행과정이 어떻게 변화할지 확신하기 힘들다는 뜻이다. 프로그램은 대개 [투입 → 처리 → 산출 → 성과] 순으로 진행된다. 앞서 비유한 블랙박스는 처리 과정에 해당하며, 수행과정 평가는 이 처리 과정의 내용에 주목한다. 이를 그림으로 나타내면 그림 9-1과 같다.

현장에서 진로진학지도 프로그램을 시행하다 보면 종종 신청자의 요구와 기관의 기대 사이에 간극이 발생하곤 한다. 수행과정에 대한 평가는 이러한 간극을 최소화하고 진행 과정에서 발생하는 문제를 통제하고자 하는 목적을 가지고 있다. 문제에 대처

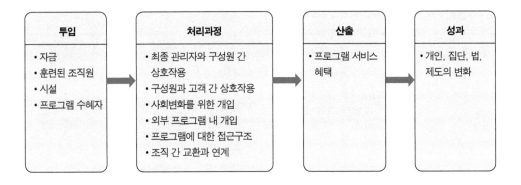

투입	처리과정	산출	성과
• 자금 • 훈련된 조직원 • 시설 • 프로그램 수혜자	• 최종 관리자와 구성원 간 상호작용 • 구성원과 고객 간 상호작용 • 사회변화를 위한 개입 • 외부 프로그램 내 개입 • 프로그램에 대한 접근구조 • 조직 간 교환과 연계	• 프로그램 서비스 혜택	• 개인, 집단, 법, 제도의 변화

그림 9-1 프로그램 평가의 진행

하기 위해서는 프로그램을 실행하는 과정에서 간극이 발생하는 시점을 명확히 파악하고, 프로그램이 본래 지향하는 바에 맞게끔 진행하는 것이 필요하다. 수행과정 평가내용은 최종적으로 프로그램이 이루고자 하는 목표에 어느 정도 근접하게 서비스가 실행되는지를 확인하도록 돕는다.

이러한 수행과정 평가는 일반적으로 '개시 → 도구선정 및 개발 → 프로그램 개발 → 프로그램 모니터링 → 재순환'의 다섯 단계로 이루어진다(배호순, 2011). 먼저 중립적 입장에서 문제되는 부분을 찾은 후(개시), 다양한 관련 집단의 요구에 맞는 자료 수집이 가능한 도구를 선정하거나 개발한다(도구 선정 및 개발). 다음으로 합의된 목표와 가치를 반영하는 프로그램을 정의하고(프로그램 개발), 새로운 프로그램의 실행과정을 지속적으로 확인하고 감독한다(프로그램 모니터링). 마지막으로 새로운 이슈가 발생하는 경우, 이상의 과정을 반복하도록 한다(재순환).

(3) 수행성과 평가

성과는 프로그램의 수행, 결과, 영향 등을 통해 발생한 의미 있는 변화를 뜻한다. 성과는 프로그램이 진행되는 가운데 참여한 활동이 아니라, 활동을 통해 변화된 성취를 측정하며, 프로그램 목표와 관련성이 높다(신덕상 외, 2014). 진로진학지도 프로그램의 주요 평가 영역에는 산출 및 성과, 자원, 생산성, 효율성, 비용효과성, 고객만족, 서비스 품질 등 7가지가 있다(Poister, 2004).

표 9-3 진로진학지도 프로그램 성과평가 영역과 평가기준

성과평가 영역		영역별 평가기준(예)
산출 및 성과	진로진학지도 프로그램이 궁극적으로 달성하고자 한 결과물	• 정신건강 • 진로성숙도 • 심리적 독립, 자신감, 자아존중감, 효능감, 정체성, 가치관 • 사회성, 소속감, 적응력 • 경제적 자립 • 진학, 입직 • 역량강화, 지식, 학습, 성취감
자원	진로진학지도 프로그램 개발 및 운영에 요구되는 자원	• 인적 자원: 네트워크, 지지체계, 조력자, 멘토, 롤모델 • 물적 자원: 후원, 재정지원 • 시간 • 정보자원
생산성	투입된 노동력 대비 산출(output) · 성과 (outcome)	• 산출 관련 생산성; 평균 상담 건수, 프로그램 참여자 수 • 성과 관련 생산성: 프로그램을 통해 해결한 문제 사례, 참여자 지원을 위한 지역사회의 위원회 구성 등
효율성	투입 대비 산출 혹은 서비스 개별요소에 소요된 비용	• 인당 지원 비용, 진단 또는 검사 비용, 상담 비용, 시설 유지보수 비용 등
비용효과성	성과 당 소요된 비용	• 학생 1인 당 소요된 직업훈련비, 입시 스트레스로 인한 불면증 치료비, 면접기술 향상 프로그램 비용 등
고객만족	내담자, 이해관계자, 지역사회 등이 프로그램에 대해 보고하는 주관적 평가	• 삶의 질, 생활 만족도, 직무 만족도, 이용자 만족도 등
서비스 품질	성과를 이끌어내는 데 요구되는 서비스 과정상의 충실도	• 적시성, 홍보(인지도), 만족도, 내담자 관리, 정기 검사, 직원 평가, 전문가 자문, 매뉴얼 개발 및 보급 등

출처: 조성우 · 노재현(2009), 신덕상 · 서문진희 · 권정언(2014) 재구성함.

(4) 만족도 평가

만족도 평가는 엄밀히 말해서 성과평가가 아닌 서비스 품질 측정기법이지만, 만족도 조사의 장점으로 인해 심리서비스를 제공하는 현장에서는 서비스의 주관적 효과 평가의 방법으로 흔히 활용되고 있다. 만족도 평가는 비용이 비싸지 않으면서도 해석이용이하고, 손쉽게 실행할 수 있으며, 내담자의 경험과 관찰이 서비스 제공자에게 중요하다는 사실을 응답자에게 알려주는 효과가 있다(김창대 외, 2011). 또한 서비스에 대해 이용자의 경험을 묻는 과정 자체가 프로그램에 대한 호감을 높이고 프로그램 성과를

되짚어보는 의미가 있기에 유용하다는 보고도 있다(김경미, 2008).

만족도 평가는 참여자의 프로그램에 대한 생각을 물음으로써 프로그램의 성과를 간접적으로 알아보는 도구로 활용이 가능하다. 다만 많은 응답자들이 만족도 조사에서 긍정적으로 응답하는 경향이 있으므로 충분히 신뢰하기 어렵고, 프로그램의 성과를 직접 확인하는 것이 아니므로 그 결과만 가지고 프로그램 성과로 제시하기에는 한계가 있다. 따라서 만족도 평가 결과를 프로그램의 주요 성과로 보는 시각에 대해서는 적절한 개입이 마련되어야 할 것이다. 또한 국내에서 사용되는 만족도 조사 도구의 대부분은 표준화가 미흡한 실정이므로 만족도의 차원, 조사방법, 조사 시점과 형태 등을 다양화하고 신뢰도와 타당도가 검증된 도구를 마련하려는 노력이 필요하다.

국내 교육 현장에서 표준화된 만족도 조사 도구를 사용하는 경우는 아직 드문 반면, 미국 정신보건 분야에서는 고객 만족도 조사(Client Satisfaction Questionnaire, CSQ) 혹은 CSQ 단축판을 대부분 이용하고 있다(Pascoe & Attkisson, 1983). 이는 서비스 만족도와 관련해서 동일한 이해를 돕는 표준화된 항목과 방법에 대한 현장의 요구가 높다는 것을 의미한다(김창대 외, 2011). 표 9-4는 고객 만족도 조사(CSQ) 내용이다.

표 9-4 고객 만족도 조사(CSQ)(Pascoe & Attkisson, 1983)

본 기관에서 받은 서비스에 대해 아래의 질문에 응답해 주시기 바랍니다. 응답 결과는 귀하가 받은 서비스나 프로그램의 개선을 목적으로 사용될 것입니다. 각 질문을 읽고 귀하가 그렇다고 생각하는 번호에 솔직하게 O표 해 주세요. 감사합니다.

1. 귀하가 받은 서비스의 질은 어떠했습니까?
   A. 좋지 않았다.
   B. 보통이다.
   C. 좋았다.
   D. 매우 좋았다.

2. 귀하는 자신이 원했던 서비스를 받았습니까?
   A. 전혀 아니다.
   B. 아니다.
   C. 그렇다.
   D. 매우 그렇다.

3. 귀하가 참여한 프로그램은 자신의 욕구를 어느 정도 충족시켰습니까?
   A. 전혀 충족되지 않았다.
   B. 약간 충족되었다.
   C. 대부분 충족되었다.
   D. 모두 충족되었다.

4. 귀하가 받은 서비스에 대해서 어느 정도로 만족하십니까?
   A. 매우 불만족한다.
   B. 약간 불만족한다.
   C. 대체로 만족한다.
   D. 매우 만족한다.

5. 만약 귀하가 아는 사람이 유사한 상황에 있을 때 이 프로그램에 참여하도록 권하겠습니까?
   A. 전혀 권하지 않겠다.
   B. 권하지 않겠다.
   C. 권하겠다.
   D. 적극적으로 권하겠다.

6. 귀하가 받은 서비스는 문제를 효과적으로 해결하는 데 도움이 되었습니까?
   A. 전혀 도움이 안 되었다.
   B. 도움이 되었다.
   C. 약간 도움이 되었다.
   D. 매우 큰 도움이 되었다.

7. 귀하는 전체적으로 이 프로그램과 서비스에 대해 어느 정도 만족하십니까?
   A. 매우 불만족한다.
   B. 약간 불만족한다.
   C. 대체로 만족한다.
   D. 매우 만족한다.

8. 귀하가 다음에 이러한 서비스를 필요로 할 경우 다시 이 프로그램에 참여하시겠습니까?
   A. 전혀 그렇지 않다.
   B. 그렇지 않다.
   C. 그렇다.
   D. 매우 그렇다.

(5) 비용분석

Rubin과 Babbie(2008)는 프로그램 성과를 얻는 데 얼마나 효율적이었는지는 투입 비용을 간과한 채 성과에만 초점을 두어서는 제대로 알기 힘들다고 주장하였다. 비용을 고려한 효율성은 앞서 수행성과 평가에서도 소개가 되었지만, 비용 문제는 실제 현장에서 프로그램을 개발하고 진행할 때 해당 활동의 존폐를 결정할 만큼 중요한 영향을 미치기에 다시 한 번 살펴보고자 한다.

진로진학지도 프로그램을 운영하는 기관의 입장에서는 한정된 자원으로 최고의 효과를 내는 프로그램을 선별해야 하는 만큼 비용에 대한 고려는 매우 중요한 주제이다. 즉, 프로그램이 의도한 목표를 달성한 정도와 함께 그 목표를 얼마나 경제적으로 실현할 수 있는가도 프로그램을 평가하는 주요 기준이 된다(김영종, 2007). 그런데 진로진학지도와 같은 심리서비스의 경우, 투입과 산출, 성과가 단일 형태로 나타나지 않기 때문에 그 중요성에도 불구하고 실제 현장에서 비용분석을 통한 효율성 평가를 실시하기는 기대만큼 쉽지 않다. 물론 최근 들어 심리교육 프로그램 효율성에 대한 관심이 높아지면서 관련 평가가 시도되고 있다. 이러한 프로그램 효율성 평가에 대해 이해하기 위해서 본 절에서는 가장 기본적인 비용분석방법인 비용효과분석과 비용편익분석에 대해 알아보도록 한다.

- 비용편익분석: 비용편익분석은 프로그램에 투입된 비용과 프로그램을 통해 얻게 된 편익을 금전적 가치로 환산하는 분석이다(이민홍·정병오, 2012). 이 때 프로그램 편익은 프로그램에서 얻어진 가시적·비가시적인 프로그램의 성과를 의미한다. 비용이란 프로그램 기획 단계부터 실행 후 평가를 진행하기까지 직·간접적으로 요구되는 자원이다. 이러한 비용편익분석은 실제 진로진학지도 현장에서 적용되기 어려운 점이 많다. 왜냐하면 심리교육 관련 프로그램 성과는 화폐가치로 환산하기 어려우며, 편익의 의미가 상당히 주관적이고 프로그램의 이차적 비용을 산정하기 어렵기 때문이다(김영종, 2007).

- 비용효과분석: 비용효과분석은 진로진학지도와 같은 심리교육 현장에서 비용편익분석을 적용시키기 어렵다는 점을 고려하여 성과를 화폐가치로 전환하지 않는다. 대신 동일 목표를 달성하기 위해 수행한 다른 프로그램 관련 전체 비용을 각각 계산한 후, 최소 비용으로 최대 효과를 내는 경우를 가장 효율적인 것으로 본다.

(6) 메타평가

진로진학지도 프로그램의 개발이나 개선을 위해서는 이전에 시행된 유사한 프로그램의 성과에 대한 종합적인 이해가 필요하다. 메타평가는 동일한 목적으로 수행된 다수의 프로그램 평가결과를 메타분석을 통해 활용하는 방법이다.

메타분석은 기존에 보고된 특정 주제의 결과 자료를 비교 가능한 형태로 만들어 통합할 수 있게끔 하는 통계분석법으로, 대상 주제와 관련한 프로그램들의 전반적인 효과성을 보여주기 때문에 '분석에 대한 분석(analysis of analysis)'이라 불리기도 한다(황성동, 2014). 예를 들어, 진로미결정을 다루는 프로그램의 결과 자료를 분석하여 진로미결정과 관련한 프로그램들의 전반적인 효과성을 확인하는 것이 메타분석이다.

메타분석은 일반화 가능성을 높인다는 점에서 프로그램 효과의 외적 타당도를 더 잘 추정할 수 있도록 돕기 때문에, 메타분석을 활용하면 기존의 단일 연구에 비해 전반적인 프로그램 이론을 이해하고 새로운 프로그램을 고안하거나 기존 프로그램을 수정 · 보완하는 데 매우 유용하다. 즉, 메타분석은 프로그램 평가자에게 여러 가지 실행 환경과 참가자를 대상으로 특정 유형의 프로그램과 원하는 결과 사이의 관계에 대한 정확한 분석을 제공한다(김창대 외, 2011). 이러한 이점에도 불구하고, 메타분석을 시행할 때는 몇 가지 주의해야 할 점이 있다. 우선, 메타분석은 이미 출판된 연구만을 대상으로 하기 때문에 실제보다 효과 크기가 과대평가되었을 가능성이 있다. 또한 메타분석은 특정 유형의 양적 연구만을 대상으로 하므로 분석 대상이 실제 현장에서 진행되는 프로그램에 비해 제한적일 수밖에 없다.

(7) 규준참조 평가 vs. 준거참조 평가

프로그램 평가 시 평가 점수를 해석하는 기준을 어떻게 두는가에 따라 규준참조 평가와 준거참조 평가로 구분한다. 프로그램에 대한 평가 내용을 서로 비교하여 우열을 가리는 상대평가 방식을 규준참조 평가(norm-referenced test) 혹은 규준지향 평가라고 한다. 이와는 다르게 평가 기준 점수를 별도로 정해서 이를 준거로 삼고, 준거 점수에 비추어서 프로그램 평가 점수가 목표를 달성하였는지 여부를 판단하는 절대평가 방식은 준거참조 평가(criterion-referenced test) 혹은 준거지향 평가라고 부른다.

규준참조 평가와 같은 상대평가에서는 프로그램 평가 시 어떤 점수를 받았는가 보다는 다른 프로그램과 비교해서 어느 정도의 수준을 달성하였느냐가 중요한 의미를 갖는다. 즉, 프로그램 간의 변별을 중요시하기 때문에 프로그램을 서열화하고 가장 높은 평가를 받은 프로그램부터 선별적으로 좋은 프로그램이었다고 의사결정하고자 할 때 유용한 방법이다. 준거참조 평가의 경우, 기준 점수를 설정하고 해당 프로그램이 평가에서 어느 정도 수준의 달성을 했는지에 관심을 갖는 절대평가 방식이다. 즉, 준거참조 평가는 원래 프로그램이 설정한 목표(준거)에 비해 실제 프로그램을 평가하니 어느 정도의 효과가 나타나는지를 보고자 할 때 적용한다.

예를 들어, '면접불안 조절집단'을 계획할 때 집단 목표를 '발표불안 점수 30점 이하로 낮추기'로 하고 프로그램 진행 후 실제 참여자의 발표불안 점수 평균이 기준 점수에 비해 어떠한지를 보고자 한다면 이는 준거참조 평가이다. 이와는 다르게 '면접불안 조절집단'을 A, B, C 세 그룹으로 진행한 후 가장 효과가 좋았던 그룹을 선발하고자 한다면 이는 규준참조 평가가 될 것이다.

(8) 양적 평가 vs. 질적 평가

양적 평가는 통일된 기준에 의해 선택된 표본으로부터 일반화할 수 있는 대표적인 특성을 파악하는 것을 목적으로 한다. 양적 평가는 평가의 내용을 양적으로 수량화하여 누구나 이해할 수 있는 형태로 결과를 제시하는 분석이다. 따라서 양적 평가는 결과의 수량화가 필수적이며, 평가 내용을 일반화하여 다른 프로그램 평가에 적용할 수 있도록 한다. 또한 평가 내용을 믿을 수 있도록 객관화된 신뢰도를 중시하며, 일반화하기 위한 표준화 작업이 매우 중요하다.

질적 평가는 양적 평가에서 다루기 힘든 평가의 주관적 측면을 중요하게 다룬다. 즉, 수량화하기 힘든 정의적 영역에 대한 평가를 목적으로 하며, 자료가 가지는 일차적 의미 파악에 유용한 방법이다. 질적 분석은 프로그램을 실행하는 현실에서 일어나는 변화의 역동성에 주목하며, 자료 분석의 객관성보다는 평가의 타당성을 중요하게 고려한다. 질적 평가는 수치화하기 힘든 현장의 내용을 다루는 데는 용이하나 응답자가 처한 특정 상황에만 적용가능한 일반화의 한계에 대해서 고려해야 한다.

양적 평가와 질적 평가는 그 목적과 장단점이 서로 매우 다른 만큼, 평가를 진행하기에 앞서 평가의 목적에 부합하는 적합한 평가를 선택하도록 한다.

2) 프로그램 평가의 신뢰도와 타당도

프로그램 평가를 진행하기 위해서는 평가 목적에 부합하는 좋은 평가 도구를 사용해야 한다. 좋은 평가 도구란 언제 측정하더라도 점수가 큰 차이 없이 안정적으로 일관되게 나와야 하고, 또한 측정하고자 하는 것을 충실하게 측정해 주는 도구이다. 이를 흔히 검사의 신뢰도와 타당도라고 하며, 신뢰도와 타당도는 측정도구가 얼마나 가치 있고 믿을 수 있는지를 판단하는 중요한 개념이다(김재환 외, 2014).

(1) 신뢰도

신뢰도(reliability)란 보고자 하는 것을 얼마나 안정적으로 일관성 있게 측정하는가에 대한 개념이다. 따라서 신뢰도는 믿음성(dependability), 안정성(stability), 일관성(consistency), 예측성(predictability), 정확성(accuracy) 등과 혼용되기도 한다(김미자 외, 2014). 신뢰도를 확인하는 방법에는 몇 가지가 있는데 대표적으로 검사-재검사 신뢰도(test-retest reliability), 동형검사 신뢰도(equivalent form reliability), 반분 신뢰도(split-half reliability), 문항 내적합치도(inter-item consistency) 등이 있다.

① 검사-재검사 신뢰도

검사-재검사 신뢰도는 하나의 평가도구 혹은 검사를 같은 집단에 반복 실시해서 그 두 점수 간 상관계수를 산출하는 방법이나. 동일한 문항으로 두 번 검사하기 때문에 평가 실시 간격이나 여러 조건(예. 수검자 컨디션, 동기 등)에 영향을 받는다. 따라서 대부분의 심리검사보다는 반복노출의 영향이 적고 비교적 학습과 관련되지 않는 검사(예. 감각식별, 운동 등)에 적합하다.

② 동형검사 신뢰도

동형검사 신뢰도는 검사의 내용과 난이도는 동일하나 문항이 각기 다른 두 개의 검사를 제작하고 이를 같은 수검자에게 실시해서 얻은 점수 간 상관계수로 신뢰도를 추정한다. 실제로는 동형검사 개발이 힘들고, 문항 학습 효과를 배제하기 어려워서 확인이 어렵다. 동형검사 신뢰도의 문제를 해결하고자 고안된 것이 반분신뢰도나 문항 내적합치도이다.

③ 반분 신뢰도

반분 신뢰도는 검사를 한 번 실시한 후, 다양한 방식으로 점수를 반분하여 신뢰도를 측정한 것으로, 1회 시행만으로도 신뢰도를 구할 수 있다는 장점이 있다. 그럼에도 반분하는 방식에 따라 신뢰도가 달라지고 검사를 반분할 때 검사 초반보다 후반으로 갈수록 연습의 효과가 나타날 수 있다. 일반적으로는 검사 문항의 길이가 길수록 검사 신뢰도가 향상되는 데, 반분 신뢰도는 검사문항이 절반으로 줄어들고, 상관점수에도 영향을 받게 되므로, 유의해야 한다.

④ 문항 내적합치도

문항 내적합치도는 반분 신뢰도의 단점을 보완하고 내적합치도를 보다 정확하게 측정하는 방법이다. 문항 내적합치도를 계산하는 데 가장 보편적으로 사용되는 것은 문항들 간의 상관관계를 계산하는 것으로 Kuder-Richardson 신뢰도 계수와 Cronbach's α 등이 있다. 문항 내적합치도 또한 반분 신뢰도와 마찬가지로 1회 실시되는 장점이 있으나, 검사가 다양한 이질적인 요인으로 구성되어 있을 경우, 다른 신뢰도 추정 방법을 적용하는 것이 바람직하다(김재환 외, 2014).

(2) 타당도

타당도(validity)는 신뢰도와 더불어 측정도구의 가치를 판단하는 중요한 근거가 된다. 타당도는 한 도구가 제작 시 의도했던 개념을 실제로 측정하였는지, 그리고 그 측정이 얼마나 정확하였는지를 의미한다(김재환 외, 2014). 타당도는 절대적인 측정이 가능하지 않으므로, 상대적인 타당도를 측정하게 된다. 타당도 검증에는 여러 방법이 있는데, 그중 일반적으로 많이 고려하는 내용 타당도(content validity), 준거 타당도(criterion validity), 구성 타당도(construct validity) 등에 대해 살펴보자.

① 내용 타당도

내용 타당도는 검사 도구가 측정하고자 의도한 내용을 어느 정도로 충실히 측정하고 있는지에 대해 전문가 그룹이 동의할 때 확보되는 타당도이다. 내용 타당도는 성격이나 적성 검사보다는 능력이나 숙련도에 관한 검사에서 중요하게 다루어진다. 왜냐하면 성격이나 적성의 전체 내용은 기술하기가 어려운 반면, 능력이나 숙련도는 그렇지 않아서 내용 타당도가 비교적 중요한 의미를 갖게 되기 때문이다. 또한 특정 분야에 대한 전반적인 능력을 측정하는 인지적 능력검사에도 유용하다.

② 준거 타당도

준거 타당도는 이미 타당도가 있다고 인정된 기존 검사의 측정 결과와 새로이 개발된 측정 도구의 결과 간 상관관계를 비교하여 타당도를 판단하는 방법이다. 예를 들어, 진로사고검사와 새로이 개발하는 검사 간 상관이 높으면 준거 타당도가 있는 것으로 해석한다. 준거 타당도는 검사 결과가 경험적 기준을 얼마나 잘 예언하느냐 또는 그 기준과 어떤 관련이 있느냐와 같이 주어진 준거에 비추어 검사의 타당도를 확인하는 과정이다. 이때 준거가 미래 기준이면 예언타당도, 현재 기준이면 공인 타당도로 구분하게 된다.

③ 구성 타당도

구성 타당도는 측정하고자 하는 개념이 전반적인 이론적 틀 속에서 논리적으로나 실제적으로 적절한 관련성이 있는지를 경험적으로 검증하는 방법이다. 즉, 구성 타당도는 해당 도구가 얼마나 이론적 구성개념이나 특성에 맞게 구성되어 있는지를 의미한다. 구성 타당도는 요인분석과 같은 통계적 분석을 통해 검사의 요인 구조를 밝히거나 다른 검사 변인과의 관계를 분석하는 방법으로 검증된다(김재환 외, 2014).

진로진학지도 프로그램의 평가 절차

진로진학지도 프로그램 평가는 획일적인 과정을 거치기보다는 평가방법에 따라 다양한 단계와 절차를 거치면서 실행될 수 있지만 대부분 '평가 기획 및 설계', '평가 정보의 수집과 분석', '결과 판단 및 활용'의 세 단계를 기본으로 이루어진다. 프로그램 평가는 원래 평가 조사(evaluation research)를 의미하기 때문에 일반적인 조사방법 절차를 활용하여 수행한다. 그럼에도 프로그램 평가의 경우 사전에 설정한 목적과 목표 달성에 초점을 두고 향후 프로그램 개발과 관련된 주요 의사결정의 근거자료를 확보하는 것을 강조하기 때문에 일반 조사와는 분명 구분되어야 한다(황성철, 2014).

1) 평가 기획 및 설계

평가 기획 및 설계 단계의 주요 과업은 평가의 목적 확인, 대상과 범위의 설정, 평가방법과 도구 결정, 평가절차와 일정확정 등이다. 이 단계에서 우선적으로 고려할 사항은 평가 필요성의 확인과 평가 목적의 설정이다. 평가 목적이 명료해야 평가 활동의 방향과 내용을 구체적으로 설정할 수 있는 만큼, 구체적이고 명확한 평가 목표 설정은 매우 중요하다. 목표가 설정되면 이를 달성할 수 있는 방향으로 평가의 대상이나 범위, 방법, 측정도구, 절차 및 일정 등 상세한 세부계획을 수립한다(이민홍·정병오, 2012).

구체적으로는 평가 대상과 범위 설정을 위해 하나의 프로그램을 평가할지 아니면 여러 개의 프로그램을 평가할 것인지 정해야 할 것이다. 또한 프로그램 목적에 보다 잘 부합하는 평가 방법을 선택한다. 예를 들어, 진행하려는 프로그램 평가의 목적이 무엇인지를 고려한 후 양적 평가와 질적 평가 중 어느 접근이 더 적합한지에 대해 평가자는 선택을 해야 할 것이다. 한편 최근에는 두 접근의 부족한 점을 보완하기 위해 양적 평가와 질적 평가를 혼합하여 사용하기도 한다. 다양한 평가 방법에 대해서는 앞서 본 장의

1절에서 다루었으므로 참고하도록 한다.

2) 평가 정보의 수집 및 분석

구체적인 평가 진행 계획이 결정되면, 자료를 수집하고 분석한다. 자료 수집 및 분석 단계의 주요 과업은 자료의 출처 및 지표 선정, 체계적인 자료 수집, 적절한 분석과 기법을 활용한 평가결과의 종합정리 등이다. 자료 수집을 위해서는 평가 목적에 부합하는 자료와 성과에 대한 지표를 체계적으로 수집한 후, 평가 목적에 따라 양적 및 질적인 방법을 활용하여 자료를 수집하고 분석을 진행한다.

(1) 자료 수집

평가를 위한 경험적 근거로서 평가의 목적과 기준에 부합하는 자료 수집은 매우 중요하다. 평가 조사에 사용되는 자료는 정확성, 완전성, 비교성 등 세 가지 특성을 갖추어야 한다(김영종, 2007).

① 정확성

자료의 정확성을 위해 평가자는 자료의 출처, 통계의 타당성 등에 대해 사전에 검토한 후 자료를 수집한다.

② 완전성

평가에 사용되는 자료의 완전성은 미리 고려하여 계획에 맞춰 수집한다. 예를 들어, 진로탐색 프로그램의 효과를 프로그램 전-후 변화 비교를 하려면 프로그램 시작 전에 필요 자료를 수집하기 시작해야 한다. 즉, 평가 목적에 맞는 자료 수집의 완결성을 위해 평가 기획단계에서 수집 계획을 수립하고 진행하도록 한다.

③ 비교성

자료는 비교가 가능한 형태로 작성한다. 프로그램 전-후 측정, 통제집단-실험집단의 비교 등은 모두 비교를 전제로 한다. 물론 자료의 비교성은 자료의 정확성과 완전성이 전제된 후에 고려할 수 있을 것이다.

진로진학지도 프로그램 관련 자료 수집을 위해서는 기관의 문서기록, 심리검사 등 전문적인 측정자료 및 참여자가 가장 기본적이고 중요한 정보원이 된다. 기관의 문서기록은 시간과 노력을 최소한으로 들여 가장 효율적으로 사용할 수 있는 자료원이다. 일상적인 기관의 문서기록은 그 자체로 기관이 프로그램 운영을 위해 얼마나 노력하고 효율적이고 효과적으로 움직였는지를 알려준다. 전문적인 측정 자료는 프로그램 참여자의 심리나 행동에 대해 다양한 시각에서 측정한 사정 자료이다. 이는 전문적인 측정 자료인 만큼, 훈련된 전문가가 신뢰롭고 타당한 도구를 이용해서 수집한 자료로 활용 가치가 높다. 진로진학지도와 같은 휴먼서비스에서 서비스 참여자는 그 자체가 중요한 자원이다. 대부분 프로그램 성과는 참여자의 변화를 의미하는 만큼, 프로그램 서비스에 따른 만족도나 행동변화 등의 성과 측정은 모두 참여자를 원천으로 삼는다. 이 때 참여자는 개인 차원뿐만 아니라 관련한 가족이나 집단 차원으로도 고려할 수 있다. 한편 참여자 관련 자료 수집은 개인의 사생활 보호와 비밀보장 등 윤리적 쟁점 사항이 있으므로, 신중하게 다루도록 한다.

3) 평가 결과의 활용 및 보고

분석된 결과의 활용을 판단하고 보고하는 것은 프로그램 평가 절차의 마지막 단계이다. 이 단계에서는 분석 결과의 의미를 추론하고 가치를 판단한다. 자료수집과 분석을 통해 도출한 내용이 평가 결과인데, 여기서 평가 결과의 적용과 활용 방안에 대해 고민하고 최종적으로 평가보고서를 작성·제출하게 된다.

평가에서는 새로운 사실의 발견 이상으로 종합적 판단을 내리는 것이 주요한 과업이다. 프로그램의 내용, 기대수준, 프로그램 실행과정과 결과 등을 고려하여 평가적인 판단을 내리는 것이 바로 평가의 목적이기 때문이다(배호순, 2011). 체계적 평가를 통해 도출된 정보는 개인의 주관적 '감'에 의한 편향이나 왜곡을 줄이고, 객관적이고 책임성 제시에 필요한 근거를 마련해 준다. 프로그램 운영자는 이렇게 얻은 평가 결과를 적절히 활용할 수 있는 환경을 구축해야 할 것이다. 이를 위해서는 프로그램 운영자 스스로 평가 정보가 가지는 가치를 명확히 인식하는 것이 중요하다. 일반적으로 관리자가 자기 성찰과 비판에 개방적일수록 평가 정보를 보다 적극적으로 현장에 적용하는 것으로 알려져 있다(Klein, Alexander, & Parsons, 1977).

　마지막으로 이러한 평가적 판단을 정리하고 종합적으로 판단하여 평가보고서를 작성하고 제출하게 된다. 평가보고서는 향후 평가결과를 활용하는 데 중요한 자료로 활용되는 만큼, 평가 결과를 바탕으로 한 정책제언이 포함되는 것 또한 필요하다(김영숙 외, 2002). 전술한 내용을 종합하면 표 9-5와 같다.

표 9-5 프로그램 평가의 절차와 주요과업

단계	주요과업
평가 기획 및 설계 단계	• 평가 목적 확인 • 평가 대상과 범위 설정 • 평가 방법과 도구 설정 • 평가 절차와 일정 확정
자료수집 및 분석 단계	• 자료의 출처확인과 선정 • 지표의 정리 및 선정 • 자료수집 방법에 따른 체계적 수집 • 적절한 분석방법과 기법의 활용 • 평가결과의 종합정리
결과 판단 및 활용 단계	• 평가 결과의 추론과 가치판단 • 평가보고서의 작성과 제출 • 평가결과의 활용

출처: 황성철 외(2003)

　이상의 절차에 따라 프로그램 평가를 진행할 때, 평가자는 프로그램 평가와 관련하여 발생할 수 있는 윤리적 문제에 대해 사전에 충분히 고려하고 대비해야 한다. Royse 와 동료들(2005)은 프로그램 평가와 관련한 윤리적 고려사항을 자발성, 사전 고지, 평가 결과 영향 및 개인정보 보호의 네 가지 측면에서 제시하였다. 구체적으로는 다음과 같다.

첫째, 진로진학지도 프로그램 평가는 자발적으로 이루어져야 한다. 평가 참여는 어떠한 강요도 없이 자발적으로 이루어져야 하며, 참여자는 이러한 자신의 결정에 대해 충분히 이해할 능력이 전제되어야 한다. 그렇지 못한 경우, 보호자의 동의가 필요하다. 특히 진로진학지도는 미성년자를 대상으로 이루어지는 경우가 대부분인 만큼, 이에 대해 미리 잘 살펴보도록 한다. 둘째, 프로그램 평가 참여로 인해 발생하는 불편이나 위험, 혜택 등에 대해 사전에 충분히 고지해야 한다. 프로그램 평가자는 참여자에게 발생 가능한 불편이나 위험을 포함한 평가 조사의 목적, 기간, 절차 등에 대해 구체적으로 안내하고 동의서를 받는다. 셋째, 프로그램 평가 결과가 참여자에게 어떤 위험도 없어야 한다. 비록 진로진학지도 프로그램이 신체적 위협 가능성이 낮아서 가시적인 위험은 적어보일지라도, 프로그램 평가 과정에서 감정적·심리적으로 상처를 줄 수 있으니 이러한 위험에 대해 미연에 대비하도록 한다. 마지막으로 평가에 참여하는 사람의 개인정보는 반드시 보호받아야 하며, 참여자 관련 기록 및 정보는 관계자 외에 불필요하게 접근하는 일이 없도록 엄격히 관리해야 할 것이다.

연구과제

1. 진로진학지도 프로그램 평가의 절차를 설명해 보자.
2. 평소 관심 있던 주제로 진로진학지도 프로그램 평가 계획을 설계해 보자.
3. 진로진학지도 프로그램 평가의 효과적인 결과 보고 방안에 대해 예를 들어 설명해 보자.

참고문헌

김경미(2008). 상담이론으로 지도하는 진로교육. 한국학술정보.

김미자, 전남련, 윤기종, 정현숙, 오주, 박정란(2014). 사회복지 프로그램 개발과 평가. 양서원.

김영숙, 김욱, 엄기욱, 오만록, 정태신(2002). 사회복지 프로그램 개발과 평가. 교육과학사.

김영종(2007). 사회복지행정. 학지사.

김재환, 오상우, 홍창희, 김지혜, 황순택, 문혜신, 정승아, 정은경(2014). 임상심리검사의 이해. 학지사.

김창대, 김형수, 신을진, 이상희, 최한나(2011). 상담 및 심리교육 프로그램 개발과 평가. 학지사.

배호순(2011). 교육프로그램 평가론. 원미사.

신덕상, 서문진희, 권정언(2014). 사회복지 프로그램의 개발과 프로포절 작성의 실제. 동문사.

이민홍, 정병오(2012). 사회복지 프로그램 개발과 평가. 나눔의 집.

정무성 역(2000). 프로그램 성과평가. 나눔의 집.

조성우, 노재현(2009). 알기 쉽고 바로 활용하는 사회복지 성과측정 자료집. 사회복지공동모금회.

황성동(2014). 알기 쉬운 메타분석의 이해. 학지사.

황성철(2014). 사회복지 프로그램 개발과 평가. 공동체.

황성철, 정무성, 강철희, 최재성(2003). 사회복지행정론. 현학사.

Klein, N. C., Alexander, J. F., & Parsons, B. V. (1977). Impact of family systems intervention on recidivism and sibling delinquency: A model of primary prevention and program evaluation. *Journal of Consulting and Clinical Psychology, 45*(3), 469-474.

Pascoe, G. C. & Attkisson, C. C. (1983). The Evaluation Ranking Scale: A New Methodology for Assessing Satisfaction. *Evaluation and Planning, 6*, 335-347.

Poister, T. H. (2004). Performance monitoring, in Wholey, J. S., Hatry, H. P., & Newcomer, K. E. (eds.), *Handbook of practical program evaluation*. Jossey-bass, 99-125.

Royse, D., Thyer, B. A., Padgett, D. K., & Logan, T. K. (2005). *Program evaluation: An introduction* (4th ed.). Belmont, CA: Thomson Brooks/Cole.

Rubin, A. & Babbie, E. (2008). *Research Methods for Social Work* (6th ed.). Belmont, CA: Thomson Brooks/Cole.

4부

진로진학지도
프로그램의
실제

10장

학교 진로진학지도 프로그램의 활용

이명희

목표

1) 진로지도 프로그램(Career Development Program)에 대해 설명할 수 있다.

2) 창의적 진로개발 프로그램(School Creative Career Education Program)에 대해 설명할 수 있다.

3) 전환기 진로지도 프로그램(School Transition Program)에 대해 설명할 수 있다.

이 장에서는 제2장에서 간략하게 소개된 진로진학지도 프로그램에 대해 좀 더 구체적으로 살펴보고자 한다. 진로지도 프로그램(Career Development Program, CDP), 창의적 진로개발 프로그램(School Creative Career Education Program, SC+EP)[1], 전환기 진로지도 프로그램(School Transition Program, STP)의 특징을 알아보고 활용방법과 활용 사례에 대해 소개하려고 한다.

1 진로지도 프로그램(CDP)의 활용

CDP 개정 프로그램인 CDP-M(2009), CDP-H(2010), 특성화고 CDP(2012)를 중심으로 프로그램의 목표, 구성 및 활용 방법에 대해 알아보고 활용 사례를 살펴보자.

1) 학교급별 진로지도 프로그램(CDP)

(1) 중학교용 진로지도 프로그램(CDP-M)[2]

중학생을 위한 진로지도 프로그램(Career Development Program-Middle School, CDP-M)은 중학생들이 자기 자신을 객관적·구체적으로 이해하고 다양한 직업세계에 대한 정보를 탐색함으로써 자신의 진로를 설계할 수 있도록 돕는 데 목적이 있다. CDP-M의 부제는 '진로탐색여행'으로, 자신에 대한 이해와 자아 확립에 중점을 두고

---

1   프로그램명이 2012년 개발 당시에는 학교 진로교육 프로그램(School Career Education Program, SCEP)이었으나 창의적 진로개발 프로그램(School Creative Career Education Program, SC+EP)으로 변경됨. 그래서 SCEP과 SC+EP이 혼용되고 있으나 본고에서는 SC+EP으로 통일함.

2   중학생을 위한 진로지도 프로그램 교사용 매뉴얼(한국고용정보원, 2009)에서 발췌함.

일과 직업세계를 탐색할 수 있도록 도와주어 전체적 진로계획을 세우도록 하는 활동에 초점을 두고 있다. CDP-M의 구체적인 목표는 다음과 같다.

① 자신의 특성, 능력, 조건을 객관적·구체적으로 이해한다.
② 다양한 직업세계에 대한 정보를 탐색한다.
③ 효율적인 학습기술을 익히며, 평생학습의 관점에서 정보능력과 자기주도적 학습능력을 기른다.
④ 자신에 대한 객관적이고 구체적인 이해와 직업과 교육세계에 대한 탐색을 기초로 하여 합리적인 의사결정방법을 익힌다.
⑤ 잠정적으로 진로계획을 수립하고, 이를 실현하기 위하여 준비한다.

중학교용 진로지도 프로그램(CDP-M)의 구성 및 활용 방법에 대해 살펴보면 다음과 같다. CDP-M은 5개 대영역 총 32차시로 구성되었다. 첫 번째 영역 '나의 이해'가 8차시, 두 번째 영역 '직업세계의 이해'가 9차시, 세 번째 영역 '교육세계의 이해'가 5차시, 네 번째 영역 '진로의사결정'이 6차시, 다섯 번째 영역 '진로계획 및 준비'가 4차시로 구성되었다. CDP-M의 구조에 따른 구체적 내용은 부록 10-1과 같다.

학교 현장을 위해 개발된 이 프로그램은 교과과정 중 진로교육과 관련된 단원 수업 시에 활용할 수 있다. 창의적 체험활동의 자율활동, 진로활동 중 진로교육을 위해 활용할 수 있다. 한 학급을 3~4개 모둠으로 구성하여 지도하면 더욱 효과적이다. 또한 대부분의 활동은 학교 밖에서도 활용 가능하다. 청소년 단체, 수련 시설, 기타 사회단체가 주관하는 진로지도 활동에서도 활용할 수 있다. CDP-M은 활용 방법에 따라 세 가지 유형이 있는데, 표 10-1과 같다. 유형1은 한 학기 동안 활용할 경우, 유형2는 2박 3일 캠프에서 활용할 경우, 유형3은 최소한으로 활용할 경우에 적절하도록 구성되었다.

표 10-1 CDP-M의 유형별 시수

대영역	하위영역	시수	유형1	유형2	유형3
I. 나의 이해	❶ 나의 이해와 진로설계	2	○	○	○
	❷ 심리검사를 통한 나의 이해 1 (흥미 및 성격 이해)	2	○		
	❸ 심리검사를 통한 나의 이해 2 (적성 및 가치관 이해)	2	○		
	❹ 나의 이해 종합(나의 발견)	2	○	○	○
II. 직업세계의 이해	❶ 직업의 의미	1	○		
	❷ 직업의 종류와 특성	2	○	○	○
	❸ 직업현장 체험	1	○		
	❹ 산업 발달에 따른 직업변화	2	○		
	❺ 직업세계에서의 성역할 변화	1	○		
	❻ 바람직한 직업윤리	1	○	○	
	❼ 바람직한 직업관	1	○	○	
III. 교육세계의 이해	❶ 상급학교 이해	2	○	○	○
	❷ 학습기술	3	○		
IV. 진로의사결정	❶ 의사결정 유형 이해하기	2	○		
	❷ 합리적 의사결정 절차	2	○	○	
	❸ 나에게 적합한 직업탐색	2	○		○
V. 진로계획 및 준비	❶ 나의 진로계획 세우기	2	○	○	
	❷ 나의 진로준비	2	○	○	○
	합계	32	32차시	16차시	12차시

(2) 고등학생용 진로지도 프로그램(CDP-H)[3]

고등학생을 위한 진로지도 프로그램(Career Development Program-High School, CDP-H)은 고등학생이 자신의 특성을 파악하고, 교육과 직업에 관한 정보를 효과적으

---

3   고등학생용 진로지도 프로그램 교사용 매뉴얼(한국고용정보원, 2010)에서 발췌함.

로 수집·분석하며, 이에 기초하여 합리적으로 진로를 설계하고 준비할 수 있도록 돕는 데 목적이 있다. CDP-H의 부제는 '진로모의주행'으로, 고등학생들이 이 프로그램을 통해서 자동차 주행 게임처럼 다른 사람의 다양한 진로를 간접 경험함으로써 자신의 잠 정적 진로를 설계하고 준비할 수 있도록 하고 있다. CDP-H의 목표는 다음과 같다.

① 행복한 삶을 살기 위한 조건은 무엇이며, '자신의 적성과 흥미에 맞는 직업 선 택'의 중요성을 이해할 수 있다.

② 자신의 적성, 흥미, 신체적 조건 등을 객관적으로 파악하고, 긍정적인 자아개념 을 형성할 수 있다.

③ 직업세계의 정보를 체계적으로 분석하여 자신의 특성에 맞고, 잘할 수 있는 '최 적의 직업 목록'을 선정할 수 있다.

④ 우리나라 교육체계를 이해하여, 자신의 적성과 흥미에 적합한 직업에 종사하기 위한 평생학습 계획서를 작성할 수 있다.

⑤ 진로설계도(career road map)를 작성하고, 진로모의주행을 실현하기 위한 기초 능력을 함양할 수 있다.

고등학생용 진로지도 프로그램(CDP-H)의 구성 및 활용 방법에 대해 살펴보면 다음과 같다. CDP-H는 진로모의주행 프로그램 참여의 필요성을 다룬 도입부를 포함하여 6개 대영역 총 31차시로 구성되었다. 도입부 '시동걸기' 영역이 1차시, 두 번째 영역 '자기이해'가 6차시, 세 번째 영역 '직업세계'가 7차시, 네 번째 영역 '교육세계'가 5차시, 다섯 번째 영역 '진로의사결정'이 4차시, 마지막 영역 '진로계획 및 준비'가 8차시인 총 31차시로 구성되었다. CDP-H의 구조에 따른 구체적 내용은 부록 10-2와 같다.

학교 현장을 위해 개발한 이 프로그램은 교과과정 중 진로수업이나 진로교육과 관련된 단원 수업 시에 활용할 수 있다. 창의적 체험활동의 자율활동, 진로활동 중 진로교육을 위해 활용할 수 있다. 학교 밖에서는 각종 봉사 활동이나 수련활동 시간에 활용할 수 있으며, 특히 청소년 단체나 수련시설에서 개설하는 프로그램, 종교단체에서의 수련 프로그램, 진로관련 기관에서의 프로그램 등에서 응용할 수 있다. CDP-H는 활용 방법에 따라 세 가지 유형이 있는데, 표 10-2와 같다. 유형1은 한 학기 동안 활용할 경우, 유형2는 2박 3일 캠프에서 활용할 경우, 유형3은 최소한으로 활용할 경우에 적절하게 구성되었다.

표 10-2 CDP-H의 유형별 시수

대영역	하위영역	시수	유형1	유형2	유형3
I. 시동걸기	❶ 행복한 삶의 조건	1	○		
	❶ 나의 흥미와 진로	1	○	○	○
	❷ 나의 성격과 진로	1	○		
II. 자기이해	❸ 나의 적성과 진로	1	○	○	○
	❹ 나의 가치관과 진로	1	○		
	❺ 나에 대한 종합적인 이해와 진로	2	○	○	
	❶ 직업카드를 활용한 직업 탐색	1	○		
	❷ KNOW와 함께하는 직업정보수집	1	○	○	○
	❸ 합리적인 직업관	1	○		
III. 직업세계	❹ 성공적인 직업인	1	○		
	❺ 직업윤리	1	○		
	❻ 변화하는 인재상과 직업능력	1	○	○	
	❼ 직업기초능력 진단	1	○	○	○
	❶ 학과 선택 및 정보탐색	1	○	○	○
	❷ 나의 학습 습관	1	○		
IV. 교육세계	❸ 효과적인 학습 전략	1	○		
	❹ 효과적인 시험 전략	1	○		
	❺ 나의 시간관리	1	○	○	
	❶ 나의 진로의사결정유형	1	○	○	
V. 진로의사결정	❷ 진로 의사결정 연습	1	○	○	○
	❸ 나의 희망 직업 선택	1	○		
	❹ 나의 희망전공 선택	1	○		

VI. 진로계획 및 준비	❶ 진로포부 선언하기	1	○		
	❷ 진로계획 수립하기	2	○	○	○
	❸ 나의 이미지 만들기	1	○		
	❹ 효과적으로 말하기	2	○	○	○
	❺ 이력서 작성하기	1	○	○	○
	❻ 자기소개서 작성하기	1	○		
	합계	31	31차시	16차시	11차시

(3) 특성화고 진로지도 프로그램(특성화고 CDP)[4]

특성화고 진로지도 프로그램(특성화고 Career Development Program, 특성화고 CDP)은 특성화 고교생의 취업 준비역량 강화와 관련된 콘텐츠 보강이 필요하다는 현장의 요구에 따라 개발되어 2012년부터 보급되었다. 앞서 언급하였듯이 CDP-H는 취업을 목전에 두지 않은 일반계 고교생을 중점 대상으로 개발되어, 특성화 고교생의 요구를 충족하기에는 미흡하였다. 한국고용정보원은 2011년 특성화 고교생을 위한 CDP를 개발하기 위해 요구조사를 실시하고 수요자 중심의 매뉴얼과 활동지를 집필하였다. 그런데 특성화고 CDP는 프로그램 전체의 목표가 제시되지 않았다. 기존 CDP와 같이 교사 매뉴얼에 프로그램 목표를 제시했다면 이 프로그램의 궁극적인 목적을 안내하는데 더 효율적이었을 것이다.

특성화고 진로지도 프로그램(특성화고 CDP)의 구성 및 활용 방법에 대해 살펴보면 다음과 같다. 특성화고 CDP는 총 34차시로 구성되며 크게 8개의 영역으로 구분된다. Ⅰ장 '출발해봐! 꿈을 향해'가 1차시, Ⅱ장 '이해해봐! 소중한 나'가 4차시, Ⅲ장 '탐험해봐! 나의 진로'가 6차시, Ⅳ장 '찾아봐! 소중한 가치'가 4차시, Ⅴ장 '바꿔봐! 학습전략'이 4차시, Ⅵ장 '설계해봐! 나의 꿈'이 5차시, Ⅶ장 '준비해봐! 성공취업'이 5차시, Ⅷ장 '꿈꿔봐! 멋진 사회인'이 5차시로 구성되었다. 특성화고 CDP의 구조에 따른 구체적 내용은 부록 10-3과 같다.

---

4   특성화고 진로지도 프로그램 CDP 교사용 매뉴얼(한국고용정보원, 2012)에서 발췌함.

특성화고 CDP는 네 가지 유형이 있다. 학교현장에서 대상과 목적에 따라 축약하여 집중된 프로그램을 운영할 수 있다. 유형1은 '기본 유형', 유형2는 '저학년 진로설계 강화형', 유형3은 '고학년 취업준비강화형', 유형4는 '구직기술강화 초점형'이다. 대상을 저학년, 고학년, 구직자 등으로 구분하여 그 목적에 적합하게 활용하도록 구성하였다. 특성화고 CDP의 유형별 시수는 표 10-3과 같다.

표 10-3 특성화고 CDP의 유형별 시수

대영역	하위영역	시수	유형1	유형2	유형3	유형4
I. 출발해봐! 꿈을 향해	❶ 행복한 삶을 위한 진로탐색	1	○	○	○	
II. 이해해봐! 소중한 나	❶ 직업심리검사를 통한 자기이해: 흥미검사	1	○	○	○	
	❷ 직업심리검사를 통한 자기이해: 흥미검사	1	○	○	○	
	❸ 직업심리검사를 통한 자기이해: 적성검사	1	○	○	○	
	❹ 직업심리검사를 통한 자기이해: 적성검사	1	○	○	○	
III. 탐험해봐! 나의 진로	❶ 특성화고 졸업생의 주요 진로	1	○	○		
	❷ 계열별 주요 진출 직업분야	1	○	○		
	❸ 직업정보탐색	1	○		○	
	❹ 자격	1	○		○	
	❺ 창업	1	○		○	
	❻ 기업유형	1	○		○	
IV. 찾아봐! 소중한 가치	❶ 직업가치관검사	1	○	○		
	❷ 직업가치관	1	○	○		
	❸ 직업윤리	1	○		○	
	❹ 기업 인재상	1	○		○	○
V. 바꿔봐! 학습전략	❶ 학습습관	1	○	○		
	❷ 학과선택 및 정보탐색	1	○		○	
	❸ 학습전략	1	○	○		
	❹ 시간관리	1	○	○		

영역	세부 내용	차시	34차시	16차시	22차시	8차시
VI. 설계해봐! 나의 꿈	❶ 진로의사결정과 경로	1	○	○		
	❷ 나의 진로의사결정 유형	1	○	○		
	❸ 진로의사결정 연습	1	○	○		
	❹ 진로계획 수립	1	○	○		
	❺ 진로포부 선언	1	○			
VII. 준비해봐! 성공취업	❶ 채용정보탐색	1	○		○	○
	❷ 성공취업을 위한 나의 성격 이해	1	○		○	○
	❸ 이력서 작성	1	○		○	○
	❹ 자기소개서 작성	1	○		○	○
	❺ 면접 준비와 연습(1)/(2)	1	○		○	○
VIII. 꿈꿔봐! 멋진 사회인	❶ 멋진 신입사원의 기본매너	1	○		○	○
	❷ 멋진 사회인의 대화법	1	○		○	○
	❸ 신입사원의 회로애락	1	○		○	
	❹ 평생교육과 경력관리	1	○		○	
	❺ 일과 삶의 균형	1	○		○	
합 계		34	34차시	16차시	22차시	8차시

2) 진로지도 프로그램(CDP)의 활용 사례

진로발달단계에 따라 체계화된 학교급별 CDP는 한국고용정보원 사이버진로교육[5]에서 자료를 제공받을 수 있다. 학생용 워크북, 교사용 매뉴얼, 수업진행용 PPT 등이 별도로 제공되어 학교 현장에서 편리하게 활용할 수 있다. 학생용 워크북은 활동지와 읽기 자료로 구성되었다. 교사용 매뉴얼은 학생용 워크북과 같은 내용의 활동지와 읽기 자료에 차시별 지도안과 교육자료가 첨가되어 있다. 특히 활동내용별로 교사 멘트를 구체적으로 제시하여 프로그램을 진행하는 데 도움을 주고 있다. 다음은 CDP-H

---

5   한국고용정보원 사이버진로교육 http://www.work.go.kr/cyberedu/main.do

1차시 '행복한 삶의 조건' 활동 전개(1)에 제시된 교사 멘트이다. 이 프로그램은 처음 접하는 교사도 매뉴얼대로 진행할 수 있도록 하였다. 또한 수업진행용 PPT도 함께 제공하여 편하게 활용할 수 있도록 돕고 있다. PPT는 CDP-M 18장, CDP-H 28장, 특성화고 CDP 34장으로 구성되어 있다.

CDP-H 1차시 전개(1) 교사 멘트

- 여러분! 이 프로그램명이 무엇이죠? (대답)
- 맞아요! 바로 '진로모의주행'이라고 하는데, 자동차 주행 게임처럼 다른 사람의 다양한 진로를 간접 경험함으로써 자신의 잠정적인 진로를 설계하고 준비할 수 있도록 도와주는 프로그램입니다.
- 여러분과 함께 이제 '진로모의주행'을 해 볼까요?

이와 같이 학교 현장의 활용도를 높이고자 하였으나 CDP를 활용한 사례는 많지 않다. CDP 활용 사례를 학위논문 연구를 중심으로 살펴보면, 그 연구 성과는 미미한 수준에 그치고 있다. 표 10-4와 같이 CDP를 학교 현장에 활용한 연구는 석사 논문 8편 정도이다. 8편의 연구가 모두 실험집단과 통제집단을 비교하는 양적연구이다. 가장 많은 효과 변인으로 진로성숙도가 활용되었고 그 다음이 진로결정 자기효능감이다. 프로그램은 현장에 적합하게 기존 CDP를 변형하거나 재구성하여 사용하였고, 차시는 8~21차시로 구성하였다. 정봉성(2011) 연구를 제외한 대부분의 연구가 개정 이전 CDP를 활용한 연구이다. 학교에서 프로그램을 활용하는 시기는 연구논문으로 완성되기 이전임을 감안하더라도 개정 프로그램 반영이 가능한 연구들이 있음을 알 수 있다. 개정 CDP-M, 개정 CDP-H 및 특성화고 CDP가 학교 현장에서 원활하게 활용되기 위해서는 프로그램에 관한 연수 및 홍보가 좀 더 활성화되어야 한다.

표 10-4 중고등학교 CDP 활용 연구

학교급	연구자	대상(실험집단)	CDP	차시	연구 결과
중학교	변해중 (2008)	3학년 한 학급 30명	CDP-M(2004) 유형2 변형	20	CDP-M이 중학생의 진로성숙도, 학업동기, 희망수준을 향상시킴
	남재희 (2009)	2학년 10명	CDP-M(2004) 유형3	10	CDP-M이 중학생의 진로성숙도, 진로결정 자기효능감을 향상시킴
	김경아 (2010)	1학년 학습부진학생 14명	CDP-M(2004) 수정·보완	12	CDP-M이 학습부진학생의 진로결정 자기효능감을 향상시킴
	정봉성 (2011)	2학년 여학생 한 학급 35명	CDP-M(2009) 유형2 변형	21	CDP-M이 여중생의 진로성숙도, 자기효능감을 향상시킴
일반고 특목고	오지혜 (2011)	1학년 여학생 20명	CDP-H(2004) 재구성	12	CDP-H가 여고생의 진로성숙도, 진로결정 자기효능감을 향상시킴
	김규효 (2011)	마이스터고 1, 2학년 동아리 학생 9명	CDP-H(2004) 재구성	10	CDP-H가 마이스터고 학생의 자아존중감, 진로성숙도를 향상시킴
	이정연 (2013)	1학년 한 학급 33명	CDP-H(2004) 수정·보완	8	CDP-H가 고등학생의 진로성숙도, 학습동기를 향상시킴
특성화고	김옥 (2009)	2학년 20명	CDP-H(2004) 재구성	12	CDP-H가 특성화고 학생의 진로성숙도, 진로결정 자기효능감을 향상시킴

2 창의적 진로개발 프로그램(SC⁺EP)의 활용

창의적 진로개발 프로그램(SC⁺EP)은 2015 창의적 진로개발 활동지(SC⁺EP-E · SC⁺EP-M · SC⁺EP-GH · SC⁺EP-SH), '진로와 직업' 스마트북, Wi-Fi 창업과 진로프로그램, 연극을 통한 꿈 찾기 프로그램, 자유학기제 지원 SC⁺EP F1~F10, 음악과 진로프로그램 등으로 이루어졌다. 이 프로그램의 구성 및 활용 방법에 대해 알아보고 활용 사례를 살펴보자.

1) 창의적 진로개발 프로그램(SC⁺EP)[6]의 구성 및 활용

(1) 창의적 진로개발 활동 프로그램[7]

창의적 진로개발 활동 프로그램은 진로교육목표와 성취기준에 따라 만들어진 활동중심의 프로그램이다. 이 프로그램은 진로교육의 특성인 통합적 교육과정, 참여적·체험 중심적 교육과정, 창의적 진로개발을 강조하였고(진미석, 2013), 2012년 개발 당시 활동지 활용 원칙으로 다음 여섯 가지를 제시하였다(한국직업능력개발원, 2012).

① 현장의 특성에 따른 유연하고 창의적인 활용
② 하위영역간의 상호작용적 활용을 통한 효과적 진로교육 실시
③ 학생들의 자기주도적인 진로개발역량을 위한 열린 진로교육
④ 협동과 협력을 강조하는 진로교육활동
⑤ 긍정적인 자아개념을 강화하는 진로교육활동
⑥ 진로교육 스마트북의 병행 활용

초등학교, 중학교, 일반고, 특성화고 등의 학교급별 활동 프로그램은 다양한 학습활동 방법으로 구성되어 있다. 그 내용을 보면 1부 '자아이해와 사회적 역량개발'에는 '자아이해 및 긍정적 자아개념 형성', '대인관계 및 의사소통역량 개발'을 주제로 한 활동이 구성되어 있다. 2부 '일과 직업세계 이해'에는 '변화하는 직업세계 이해', '건강한 직업의식 형성'의 주제로 활동이 구성되어 있다. 3부 '진로탐색'에는 '교육 기회의 탐색', '직업정보의 탐색'을 주제로 활동이 구성되어 있다. 4부 '진로 디자인과 준비'에서는 '진로의사결정능력 개발', '진로설계와 준비'를 주제로 활동이 구성되어 있다.

처음 창의적 진로개발 활동지는 교사용과 학생용으로 제공되었으나, 2015 창의적

---

6   커리어넷 학교 진로교육 프로그램 SCEP(http://scep.career.go.kr/scep.do)에 탑재되어 있음.
7   창의적 진로개발(중학교 개정판)(한국직업능력개발원, 2015a). 창의적 진로개발(일반고 개정판)(한국직업능력개발원, 2015b). 창의적 진로개발(특성화고 개정판)(한국직업능력개발원, 2015c)을 이름.

진로개발 활동지는 한 가지로 제공되고 있다. 2015 창의적 진로개발 활동지는 학교급별 진로교육 목표 체계와 각 차시별 활동지로 구성되어 있다. 활동지 활용 방법에 대해 구체적으로 알고 싶으면 2012 창의적 진로개발 활동지(교사용)를 참조할 수 있다.

진로진학상담교사는 창의적 진로개발 활동지를 '진로와 직업' 교과 시간이나 창의적 체험활동 중 진로활동 시간에 학습자료로 활용할 수 있다. 일반교사는 각 교과 수업 중 진로교육, 창의적 체험활동 중 진로활동, 진로와 연계한 자유학기 수업 등에 활용할 수 있다.

(2) '진로와 직업' 스마트북[8]

스마트북은 학교에서의 '진로와 직업' 교과 수업을 지원하는 교육콘텐츠 애플리케이션 및 웹페이지이다. 국내 최초의 스마트북으로 내용이나 형식 측면에서 수업혁신의 시범적 사례가 될 수 있다(2013, 진미석). 스마트북은 만화, 동영상 등 다양한 매체를 수업 시간에 손쉽게 활용할 수 있다. 교사의 강의와 더불어 학생들이 직접 실행하고 결과를 공유할 수 있도록 개발되었다. 이 서비스는 진로교육을 통한 역량 강화를 위해 디지털 스마트북 학습 및 학생과 진로 담당 교사간의 커뮤니케이션 채널을 제공한다. 스마트북은 그림 10-1과 같은 화면으로 구성되어 있다.

스마트북은 학교급별 진로교육 목표와 성취기준에 따라 구성되었다. 초등학교, 중학교, 일반고, 특성화고 등 4개 학교급별 8단원씩 총 32단원으로 되어 있다. 그 내용은 스마트북 체험을 통해 이용할 수 있다. 진로진학상담교사는 '진로와 직업' 교과 시간이나 창의적 체험활동 중 진로활동 시간에 학습자료로 활용할 수 있다. 일반교사는 각 교과 수업 중 관련 내용이 있는 경우, 창의적 체험활동 중 진로활동을 담당할 경우에 활용할 수 있다.

교사는 스마트북 〈나의 교실〉에서 '진로와 직업' 온라인 수업 반을 만들어 관리할 수 있다. 교사는 학생과 일대일로 상담할 수 있고, 학생들은 급우의 활동지에 피드백을

---

8   커리어넷 진로와 직업 스마트북(http://smartbook.career.go.kr)에 접속하여 활용함.

진로와 직업 스마트북 첫 화면　　　　　　진로와 직업 스마트북 로그인한 후 화면

그림 10-1 진로와 직업 스마트북 화면

할 수 있다. 학생이 상급학교 진학 시 진로 관련 서류를 준비할 경우, 활동지를 출력하여 포트폴리오로 활용할 수 있다. 학생들이 스마트북을 활용하는 방법은 다음 세 가지로 제시되어 있다.

① 학교에서 스마트북으로 '진로와 직업' 수업을 하는 학생이 '나의 교실' 전체 서비스를 이용할 경우, 스마트북 로그인 〉 나의 교실 〉 나의 반 들어가기 신청을 한다. 스마트북 로그인 〉 나의교실 〉 나의 수업 보기에서 스마트북 학습 및 이력을 조회할 수 있다.

② 학교에서 '진로와 직업' 수업을 하지 않는 학생 및 일반 회원이 활동지 이력 조회 서비스만 이용할 경우, 스마트북 〉 스마트북 체험에서 학교급별 스마트북을 선택하여 학습 신청을 한다. 스마트북 로그인 〉 나의 교실 〉 나의 수업 보기에서 스마트북 학습 및 이력을 조회할 수 있다.

③ 학교에서 '진로와 직업' 수업을 하지 않는 학생 및 일반 회원이 스마트북 체험만 이용할 경우, 스마트북 〉 스마트북 체험에서 학교급별 스마트북을 선택하여 학습할 수 있다. 이때에는 로그인 없이도 학습이 가능하다.

(3) Wi-Fi[9] 창업과 진로프로그램[10]

창의적 진로개발을 위한 Wi-Fi 창업과 진로프로그램(이하 Wi-Fi 프로그램)은 중학교, 일반고, 특성화고 등 3개 학교급별로 개발되었다. 학교급별 프로그램은 각 8개 모듈이며 그 내용은 모의창업 활동을 통해 창업가 정신을 함양할 수 있도록 구성하였다. 중학교 Wi-Fi 프로그램 교수지도안에 제시된 구성안을 예로 들면 표 10-5와 같다. Wi-Fi 프로그램의 학생용은 활동지로, 교사용은 활동을 위한 세부 교수지도안으로 개발되었다. 세부 교수지도안에는 모듈명, 교육 목표, 교육 내용, 필요한 환경과 자원, 교수학습 활동방법 등이 제시되어 있다.

진로진학상담교사는 중학교의 경우 자유학기제 프로그램으로, 일반교사는 창업과 관련된 동아리활동 프로그램으로 운영할 수 있다.

표 10-5 Wi-Fi 창업과 진로프로그램 구성안(중학교)

모듈	교육 내용		소요 시간
1. 창업가 정신이란?	1) 창업의 이해	2) 창업가 정신	45분
2. 국가를 이루는 구조는 무엇일까?	1) 가상 국가 건국	2) 모의시장	90분
3. 우리만의 특별한 사업 아이템 찾기	1) 창업 아이템 선정 방법 강의	2) 자신의 아이템 선정 활동	90분
4. 회사를 설립해 보자.	1) 개인과 법인사업자의 설립 절차	2) 회사의 가치관 설립	45분
5. 사업의 타당성을 검토해 보자.	1) 사업의 타당성 검토	2) 목표와 방향 전략 수립	45분
6. 조직을 구성해 보자.	1) 기업의 조직도 강의	2) 스카우트	45분
7. 마케팅에 대해 알아보자.	1) 마케팅의 이해	2) 마케팅 개발 및 발표	45분
8. 우리 회사를 소개해 보자.	1) 내가 꿈꾸는 회사 그리기	2) 내가 꿈꾸는 회사 발표하기	45분

---

9   Wi-Fi는 World icon Find idea의 약자로, 앙터프레너십(창업가 정신)에 기초하여 창업에 필요한 자질을 배움으로 자신의 내면, 혹은 우리 마을 더 나아가 전지구적인 변화와 혁신을 일으킬 역량을 키울 수 있다는 의미를 담고 있다(한국직업능력개발원, 2012).

10   커리어넷 학교 진로교육 프로그램 SCEP(http://scep.career.go.kr/scep.do)에 탑재되어 있음.

(4) 연극을 통한 꿈 찾기 프로그램[11]

'연극을 통한 꿈 찾기' 프로그램은 초등학교, 중학교, 고등학교 등 3개 학교급별로 개발되었다. 초등학교의 '연극을 통한 꿈 찾기', 중학교의 '연극을 통한 꿈 찾기', 고등학교의 '연극을 통한 진로교육' 등의 프로그램이 교사용으로 제공된다. 이 프로그램은 연극 활동을 통해 자신과 타인에 대한 이해를 높이고 표현력과 창의성을 높일 수 있는 활동으로 구성되었다. 표 10-6과 같이 학교급별 3개 활동으로 구성되어 있다. 자유학기제 프로그램, 활동 체험 위주의 교수학습자료, 연극부나 뮤지컬부와 같은 관련 동아리활동에 활용할 수 있다.

표 10-6 '연극을 통한 꿈 찾기' 프로그램 활동

학교급 활동	초등학교(소요 시간)	중학교(소요 시간)	고등학교(소요 시간)
활동1	우리는 하나(3시간)	자연에게 말 걸기(5시간)	나, 이런 사람이야(4시간)
활동2	우리 동네 상상 놀이터(4시간)	나의 일대기(4시간)	통! 통! 통하자!(4시간)
활동3	신문으로 놀자(6시간)	어느 별에서 왔니?(4시간)	몸으로 표현하기(4시간)

(5) 자유학기제 지원 프로그램 SC⁺EP F1~F10[12]

SC⁺EP F-Series(SC⁺EP for Free Semester)는 자유학기제 운영 목적에 맞게 기존 SC⁺EP의 다양한 활동을 재구성하고 신규 활동을 개발하여 만들어졌다. 각 활동별 학습지도안과 활동지가 함께 제공되어 손쉽게 활용할 수 있는 프로그램이다. SC⁺EP F-Series 10개 프로그램은 표 10-7과 같이 프로그램마다 활동 2~7개로 구성되었다. 학습지도안에는 프로그램 코드별 활동 내용이 표 10-8과 같이 제시되어 있다. 각 활동은 학생 특성 및 학교 환경과 활용 가능 시간에 따라 선택적으로 조합하여 활용할 수 있다. SC⁺EP F-Series는 중학교에서 자유학기제 프로그램으로 활용하거나 진로캠프 프로그

---

11   커리어넷 학교 진로교육 프로그램 SCEP(http://scep.career.go.kr/scep.do)에 탑재되어 있음.
12   커리어넷 학교 진로교육 프로그램 SCEP(http://scep.career.go.kr/scep.do)에 탑재되어 있음.

램을 기획할 때에도 활용할 수 있다. 진로교육을 목적으로 하는 프로그램이지만 일반 교사도 운영할 수 있도록 구성되었다.

표 10-7 SC⁺EP F-Series 구성

프로그램 코드	프로그램명	활동 코드	활용시간
SC⁺EP-F1	나 탐색여행	A1 ~ A6	3~9시간
SC⁺EP-F2	나, 우리 프로그램	A1 ~ A6	3~10시간
SC⁺EP-F3	미래직업 탐구형	A1 ~ A3	1~7시간
SC⁺EP-F4	직업체험형	A1 ~ A4	1~9시간
SC⁺EP-F5	진로 디자인형	A1 ~ A2	1~3시간
SC⁺EP-F6	창조적 직업설계	A1 ~ A5	1~10시간
SC⁺EP-F7	스마트북 활용형	A1 ~ A7	1~19시간
SC⁺EP-F8	연극과 함께하는 진로탐험	A1 ~ A3	2~10시간
SC⁺EP-F9	동아리 활동을 통한 진로탐색	A1 ~ A2	2~7시간
SC⁺EP-F10	방학 맞이	A1 ~ A4	5~7시간

표 10-8 SC⁺EP F1의 내용

활동 코드	활동명	소요 시간	내용	진로교육 성취지표	출처
A1	내가 보는 '나'와 다른 사람이 보는 '나'	1	자아탐색, 활동지 활용 개별/모둠활동	MI 1.1	창의적 진로개발 MI 1.1.2 A1
A2	6가지 그림 이야기	2	자아탐색, 연극 만들기 개별/모둠활동	MI 1.1	연극을 통한 꿈 찾기
A3	나 광고하기	2	자아탐색, 개별/모둠활동 다양한 형태로 확장 가능	MI 2.2	창의적 진로개발 MI 1.1.1 A3
A4	배우는 즐거움	1	자아탐색 및 자기관리역량증진 개별활동 문답식, 토론식 등으로 활용가능	MI 2.2	창의적 진로개발 MIII 1.1.1 A1
A5	공부의 방해꾼 점검하기	1	자기관리역량증진 개별/모둠활동	MI 2.2	창의적 진로개발 MIII 1.1.2 A3
A6	공부의 방해꾼 잡기	2	자기관리역량증진 개별/모둠활동	MI 2.2	창의적 진로개발 MIII 1.1.2 A4

(6) 음악과 진로프로그램[13]

음악과 진로프로그램은 초등학생용, 중고등학생용 각각의 활동지와 교수학습지도 안으로 개발되었다. 이 프로그램은 '가상 연예기획사 설립을 통한 진로체험' 활동으로 되어 있다. 음악 관련 직업군에 대해 알 수 있고, 직업의 다양성을 이해하여 직업에 대한 시선을 확장하는 데 목적을 두고 있다. 이 프로그램은 다음과 같은 네 가지 특징을 지닌다.

① 학생 중심의 자율적인 문화예술 교육프로그램임
② 예술을 통한 진로프로그램으로 학생들 스스로 적성을 찾고 진로를 탐색함
③ 학생들이 콘텐츠 창작의 즐거움을 느끼고 더 나아가 창작자로서의 잠재력이 있음을 일깨움
④ 음악 콘텐츠 창작 과정을 통해 창의적 사고력을 향상시키고, 공동작업을 통해 협업의 중요성을 일깨움

이 프로그램은 표 10-9와 같이 총 3차시이며, 1차시에는 뮤지션에 대한 이해와 관련 직업 탐색활동, 2차시에는 가상의 연예기획사 설립, 3차시에는 기획사 홍보 영상 제작 활동이 있다. 프로그램 내 활동은 1차시에서 3차시까지 활용할 수 있고 학교 여건에 따라 선택적으로 활용할 수 있다. 태블릿PC를 활용할 수 없는 경우에는 스마트폰을 활용하거나 3차시 '홍보영상 만들기'를 제외하고 운영할 수 있다.

표 10-9 음악과 진로프로그램 차시별 내용

차시(3/3)	활동명	소요시간	내용
1차시	뮤지션은 무엇인가요?	1	뮤지션 및 연예기획사에 대해 이해하고 관련된 직업에 대해 알아본다.
2차시	가상의 연예기획사 만들어보기	1	가상의 연예기획사를 만들어본다.
3차시	연예기획사 홍보해 보기	1	태블릿PC를 활용하여 홍보영상을 만들어보고 친구들에게 발표한다.

13　커리어넷 학교 진로교육 프로그램 SCEP(http://scep.career.go.kr/scep.do)에 탑재되어 있음.

2) 창의적 진로개발 프로그램(SC⁺EP) 활용 사례

창의적 진로개발 프로그램(SC⁺EP) 활용 사례는 2014년부터 연구학교 중심의 운영 사례를 통해 살펴볼 수 있다. 2015년 SC⁺EP 연구학교 운영 성과 분석(손유미, 2015)에 의하면, 초·중·고 SC⁺EP 연구학교 55개 교와 협력학교 1,078개 교가 SC⁺EP을 운영하였다. 교육부와 한국직업능력개발원에서는 SC⁺EP이 현장에서 활용될 수 있도록 교원연수를 적극적으로 실시하였으며, 연구학교를 대상으로 현장밀착형 컨설팅을 실시하였다. 그 운영 성과를 손유미(2015)는 다음과 같이 제시하였다.

① 학생은 진로탐색 기회의 확보로 진로탐색역량이 향상되었고, 특히 연구학교 학생들의 진로목표성취도가 향상되었다.
② 교사는 진로지도 역량이 강화되었으며 일반교사들도 진로교육에 대한 인식과 역량이 향상되었다.
③ 학부모에게는 진로교육에 대한 관심과 올바른 이해가 증진되었다.
④ 학교 관리자는 진로교육환경을 구축하였고, 학교경영에서의 진로교육 마인드가 향상되었다.

학교별 연구 보고서가 커리어넷 SC⁺EP 연구학교에 PDF 파일로 탑재되어 있으므로 참조할 수 있다. 2014년~2015년 2년 동안 SC⁺EP 연구학교를 운영한 사례 중 학교급별로 운영 과제와 세부 실천 내용을 한 사례씩 살펴보면 표 10-10과 같다.

커리어넷에 탑재된 연구학교 보고서를 통해 SC⁺EP이 각 학교의 상황에 맞게 어떻게 활용되었는지를 알 수 있다. 2015 SC⁺EP 연구학교 결과보고서가 고등학교 23편, 중학교 26편이 탑재되어 있다. 학교에서 SC⁺EP을 활용하고자 할 때 참조할 수 있는 자료가 된다. SC⁺EP 활용 내용은 제12장에서 좀 더 구체적으로 다루려고 한다.

표 10-10 학교급별 SC⁺EP 운영 사례

학교급 프로그램	연구 학교	운영 과제	세부 실천 내용
중학교 SC⁺EP-M	주례중 (2015)	1. SCEP 인프라 구축	• 교사 · 학부모 심화 연수 • 진로활동실 구축 및 활용 • MOU 체결 확대 • SCEP 연구회 조직 및 운영 • 창의적 진로교육과정 편성
		2. 개인별 맞춤형 진로교육 및 SET-Free 프로그램 적용	• '진로와 수업' 혁신 • SET-Free 적용 • 꿈끼탐색주간 연계 맞춤형 진로체험 • 일반교과와 SCEP 융합의 진로교육 역량 강화
		3. SCEP 심화프로그램을 통한 자기주도적 진로설계능력 신장	• 연극을 통한 꿈 찾기 • Wi-Fi 창업 경진 대회 • 진로 연계 동아리 활동 • '나만의 드림북' 만들기
일반계 고등학교 SC⁺EP-H	잠신고 (2015)	1. 학습자 중심 진로수업 교수 학습방법 개발	• 스마트북, 창의적 진로개발 활동지 활용 문제기반 진로 수업 운영 • '연극을 통한 꿈 찾기'를 적용한 뮤지컬 프로젝트수업 운영 • 진로탐색기회를 확대하기 위한 교과통합 진로교육 운영
		2. 학생 주도의 진로활동 조직 구성 및 운영	• 진로기획단 운영을 통한 학생주도의 진로동아리 활성화 • 창업 관련 활동의 교내 정착화 방안 모색 • 진로진학동아리 지원 교사연구회 조직 및 운영
		3. 학교공동체의 진로역량 강화	• 학부모 진로 조직 구성 및 진로역량 강화 • SCEP 연구회 활동을 통한 진로수업 개선방안 모색
특성화 고등학교 SC⁺EP-J	강릉 정보 공고 (2015)	1. 학과별 맞춤형 SCEP적용을 위한 기반 조성	• 직업기초능력 향상을 위한 교육과정 편성 운영 • 학생들의 진로의식 함양을 위한 역량강화 연수 • 교원 진로교육 전문성 향상을 위한 역량강화 연수 • 고졸 취업 희망사다리 SCEP 연구회 운영
		2. 학과별 맞춤형 SCEP적용으로 취업을 위한 진로수업	• 학생 개인별 맞춤형 진로교육 포트폴리오 활용 • 학과별 맞춤형 직무능력 신장을 위한 기능반 동아리 운영 • 학과별 맞춤형 직무능력 신장을 위한 방과후 학교 운영 • 진로탐색을 위한 현장실습, 취업캠프, 현장체험학습 프로그램 운영
		3. 학과별 맞춤형 SCEP적용으로 취업률 제고	• 1학과 3사 산학 간 MOU 체결, 산업체, 유관기관 등과의 협조체제 마련 • 취업업체 남남사, 인사남남사 초청 워크숍 개최 • 취업정보지원센터 운영으로 원활한 정보교환 체제 마련 • 재학생 취업지원 및 진로 관리 시스템 운영

전환기 진로지도 프로그램(STP)의 활용

STP-M, STP-H, STP-J를 중심으로 프로그램의 목적, 구성 및 활용 방법에 대해 알아보고 활용 사례를 살펴보자.

1) 학교급별 전환기 진로지도 프로그램(STP)

(1) 중학교 전환기 진로지도 프로그램(STP-M)[14]

중학교 전환기 진로지도 프로그램(School Transition Program for Middle School, STP-M)은 중학교 3학년 대상의 학교급 전환기 프로그램이다. 고등학교 진학을 앞둔 중3 학생들에게 명확한 진로계획(의식) 수립 속에서 전환의 내용과 의미를 전달하여 고등학교 생활에 원활하게 적응할 수 있도록 도와주는 목적으로 개발된 진로지도 프로그램이다. STP-M의 주요 콘텐츠는 '고등학생으로의 전환·적응·진로계획'과 관련된 내용이다. STP-M의 목적은 다음과 같다.

① 중학교 졸업 후 고등학생으로 전환하는 의미를 이해한다.
② 중학교 생활과 달라지는 학교생활방식, 학습방법, 교우관계 등을 이해하고, 성공적으로 고등학교 생활에 적응하기 위하여 필요한 요소들을 인식하고 구체적인 전환 내용을 탐색한다.
③ 고등학생으로의 변화를 성공적으로 관리하는 데 필요한 역량, 즉 학업, 교우관계, 진로설계에의 창의성 등을 학습한다.

---

14   전환기 진로지도 프로그램(STP-M) 운영 매뉴얼(한국직업능력개발원, 2013a)에서 발췌함.

④ 중학생에서 고등학생으로 전환하는 단계에서 습득해야 할 진로개발역량을 함양한다.

STP-M의 단계별 활동 구성에 대해 살펴보면, STP-M 4단계는 모듈별 상위 목표를 중심으로 활동을 구성하였다. 1단계 '마음 UP!'은 중학교 3학년이 가질 수 있는 고등학교 입학에 대한 막연한 두려움을 경감시키는 데 목표를 두고 있다. 2단계 '이해 UP!'은 고등학교 생활의 내용을 이해하고 구체적인 전환을 준비하는 과정이다. 입학 예정인 고등학교에 대한 정보를 찾아 고등학교 입학 준비를 체계적으로 할 수 있는 기반을 마련한다. 3단계 '응용 UP!'은 2단계에서 배운 정보를 활용하여, 고등학교 생활에 대한 적응력을 키우기 위한 응용 활동으로 구성되어 있다. 2단계와 3단계는 각 차시별로 짝을 이루어 병렬적·유기적 구조로 구성되어 있다. 4단계 '다짐 UP!'은 학생들이 진로에 대한 합리적 의사결정 방법을 익히고, 미래에 꿈을 실현하기 위한 효과적 전략을 세우는 과정이다. STP-M의 단계별 세부활동은 표 10-11과 같이 구성되었다.

표 10-11 STP-M의 단계별 세부활동 구성

차시	모듈명	모듈별 상위 목표	세부활동명	세부활동 목표	학생 활동
1	마음 up!	새로운 고등학교 생활에 대한 두려움을 없앤다.	내 머릿속 '고등학교'	고등학생이 된 모습 상상하기	• '다섯 글자로 말해요' 활동 • '나의 뇌구조' 그려보기
2			떴다 떴다 '격려비행기'	고등학교 진학 두려움 없애기	• '격려비행기' 만들기 • 최고의 멘토 선정하기
3	이해 up!	고등학교 생활에 대해 이해하고 중학교 생활과의 차이점을 배운다.	새롭게 진학할 학교에서 잘 살아남아 볼까?	진학 고등학교 정보 탐색하기	• 진학 예정 학교 정보 검색 • 학교 방문계획 세우기
4			고등학교 공부, 달라도 너무 달라!	중·고등학교의 공부차이 알아보기	• 고등학교 공부 관련 자료 읽기 • 공부방법에 대한 토론·발표
5			공부만큼 친구도 중요해!	나와 다른 친구 이해하기	• DISC 검사 실시 • DISC 유형별 모둠 활동
6			내가 진짜로 원하는 게 뭔데?!	고등학교 이후 인생 그려보기	• 고교 이후의 인생 생각해 보기 • 인생 시나리오 작성해 보기

7			멋진 나! 멋진 고등학생!	행복한 고등학생 되기	• 존경하는 인물의 고교시절 알아보기 • 멋진 고등학생이 되기 위한 계획
8	응용 up!	전 단계에서 배운 정보를 활용하여, 고 등학교 생활 에 대한 적응 력을 키운다.	재치만점 전략으로 스스로 학습 도전!!	효과적 학습방법 익히기	• 'SMART' 공부 전략 알아보기 • 체계적 공부계획 세워보기
9			같이 여행 가 볼까?	친구와의 협력방법 알아보기	• DISC 유형이 다른 친구들과 여행 계획
10			오~이런 일도 할 수 있구나!	창의적 진로를 설계 해 보기	• 창의성 시험해 보기 • 창의적으로 진로를 개척한 사례 읽기
11			나의 진로성숙 점수는?	진로성숙도검사해 보기	• 커리어넷 진로성숙도 진단해 보기
12	다짐 up!	진로에 대한 합리적 의사 결정 방법을 익히고, 미래 를 위한 효과 적인 전략을 세운다.	그래! 결정했어!	진로의사결정 하기	• 고등학생 진로의사결정 사례 알아 보기 • '두 마음 토론' 게임 해 보기
13			꿈 전략맵 클릭 클릭!	꿈을 이루기 위한 세부계획 수립해 보기	• 어른이 된 후의 꿈 생각해 보기 • '꿈 전략맵' 작성하기
14			미래 직업 준비 해 볼까?	미래 디자인하기	• '나의 미래 카툰' 공유하기 • 이력서 및 자기소개서 작성해 보기

(2) 일반고 전환기 진로지도 프로그램(STP-H)[15]

일반고 전환기 진로지도 프로그램(School Transition Program for High School, STP-H)는 고등학교 3학년 대상의 학교급 전환 프로그램이다. 수능 후 대학교 진학을 앞둔 고3 학생들에게 명확한 진로계획(의식) 수립 속에서 전환의 내용과 의미를 전달하여 대학생활에 원활하게 적응할 수 있도록 도와주는 목적으로 개발된 진로지도 프로그램이다. STP-H의 주요 콘텐츠는 '대학으로의 전환·적응·진로계획'과 관련된 내용이다. STP-H의 목적은 다음과 같다.

① 고등학교 졸업 후 대학생(성인)으로 전환하는 의미를 이해한다.

② 고등학교 생활과 달라지는 학교생활방식, 학습방법, 교우관계 등을 이해하고,

---

15   전환기 진로지도 프로그램(STP-H) 운영 매뉴얼(한국직업능력개발원, 2013b)에서 발췌함.

성공적으로 대학생활에 적응하기 위하여 필요한 요소들을 인식하고 구체적인 전환 내용을 탐색한다.

③ 대학생활로의 변화를 성공적으로 관리하는 데 필요한 역량, 즉 학업, 시간관리, 교우관계, 경제 등을 학습한다.

④ 고등학생에서 성인으로 전환하는 단계에서 습득해야 할 진로개발역량을 함양한다.

STP-H의 단계별 활동 구성에 대해 살펴보면, STP-H 4단계는 모듈별 상위 목표를 중심으로 활동을 구성하였다. 1단계 '다지기'는 고등학교 졸업 후 성인의 삶을 이해하고 전환기의 중요성을 인식하는 단계이다. 2단계 '도움닫기'는 고등학교 생활과 달라지는 대학생활 내용을 이해하고 구체적인 전환을 준비하는 과정이다. 성공적인 대학생활을 수행하기 위하여 준비해야 하는 필요 요소에 대해 알아보게 된다. 3단계 '도약하기'는 대학생활의 총체적 변화 관리에 초점을 두는 과정이다. 대학에서의 학업계획, 시간 관리, 대인관계, 경제관리 등의 역량을 습득하도록 구성되었다. 4단계 '비상하기'는 장·단기 삶의 목표를 설정하고 이를 실천하는 구체적 계획을 수립하는 과정이다. STP-H의 단계별 세부활동은 표 10-12와 같이 구성되었다.

표10-12 STP-H의 단계별 세부활동 구성

차시	모듈명	모듈별 상위 목표	세부활동명	세부활동 목표	학생 활동
1	다지기	성인의 의미를 이해하고 전환기의 중요성을 인식한다.	내 인생의 터닝포인트	이전 삶의 주요사건 돌아보기	• 내 인생의 5가지 터닝포인트 • 고3 전환기 준비의 필요성 이해
2			성인이 된다는 것은	성인이 된다는 것 이해하기	• 성인기의 신체적, 정서적, 사회적 변화 이해 • '성인이 된다는 것' 마인드맵 작성
3	도움닫기	고등학교 생활과 다른 대학생활 내용을 이해하고, 성공적인	고딩 vs 대딩	고교·대학 생활방식 차이 알아보기	• 대학생활 용어 O/X 퀴즈 • 고등학교, 대학교 생활의 차이 조사
4			super 대학생을 찾아서	성공적인 대학생의 자질과 요소 탐색하기	• 성공적인 대학생활의 자질, 요인 토론 • super 대학생 & F학점 대학생

5		대학생이 되기 위한 자질과 요소에 대해 알아본다.	Go~ Go~ 대학캠퍼스로	대학교 탐방해 보기	• 대학교 캠퍼스 투어 • 대학탐방 통해 느낀 점 작성
6			선배님, 궁금해요.	대학생과 인터뷰하기	• 관심학과 재학생 인터뷰
7	도약하기	성공적인 대학생활을 위한 핵심 요소를 알아보고 (학업, 시간관리, 대인관계, 경제관리) 관련 역량을 습득한다.	도약! 學테크	대학에서의 학습요령 익히기	• 나의 학습 유형 검사 및 분석 • 내게 맞는 학습계획 수립
8			도약! 時테크	효율적 시간관리 해 보기	• 평소 시간관리 습관 생각해 보기 • 시간관리의 우선순위 계획
9			도약! 人테크	건강한 인간관계 형성하기	• 내 주변의 관계 분석 • 대인관계 형성을 위한 계획 수립
10			도약! 財테크	경제관리하는 법 알아보기	• 나의 소비패턴 분석 • 대학생활의 소비 규모와 용돈 충당 방식 예상
11	비상하기	고등학교 이후의 장·단기 목표를 설정하고 단계별 계획을 수립·실천한다.	내 안의 숨은 진로 영향 요인은?	내 삶의 경험을 통하여 진로 영향 요인 찾아보기	• 과거-현재-미래 삶의 진로 영향 요인 분석 • 분석 결과로 미래 진로 방향을 가늠해 보기
12			인생 계획 로드맵	인생의 최종 목표 및 단계별 과제 설정해 보기	• top-down 방식의 인생 목표 설정 • 목표달성 위한 단계별 실천계획 작성
13			전공, 그것이 알고 싶다.	관심 전공에 대해 더 알아보기	• 희망 전공의 교육과정, 향후 진로 • 희망 전공학과 진학 준비
14			꿈은 이루어진다!	내 꿈을 이루는 좋은 습관 갖기	• 꿈을 이루기 위한 실천사항 • 프로그램을 마치며(나의 다짐)

(3) 특성화고 전환기 진로지도 프로그램(STP-J)[16]

특성화고 전환기 진로지도 프로그램(School Transition Program to Job, STP-J)는 고등학교 졸업 후에 취업을 계획하고 있는 고등학교 3학년에게 이후 단계로의 원활한 진입을 지원하고자 개발된 전환기 진로지도 프로그램이다. 명확한 진로의식(계획) 수립 속에서 전환의 내용과 의미를 전달하여 이후에 직장생활에 원활하게 적응할 수 있도록 도와줄 목적으로 개발되었다. STP-J의 목적은 다음과 같다.

---

16   전환기 진로지도 프로그램(STP-J) 운영 매뉴얼(한국직업능력개발원, 2013c)에서 발췌함.

① 고등학교 졸업 후에 직장인(성인)의 삶으로 전환하는 의미를 전달한다.

② 고등학교 때와 달라지는 직장에서의 생활방식과 내용을 제공하고, 성공적으로 직장생활을 수행하기 위해 필요한 요소들을 탐색하여 구체적인 전환의 내용을 전달한다.

③ 직장생활로의 변화를 성공적으로 관리하는 데 필요한 영역, 즉 경력관리, 시간 관리, 대인관계, 경제관리 등의 내용을 이해하고 기초 수준의 역량을 습득할 수 있는 기회를 제공한다.

④ 고등학생에서 성인의 시기로 접어드는 단계에서 습득해야 할 진로개발역량을 지원한다.

STP-J의 단계별 활동 구성에 대해 살펴보면, STP-J 4단계는 STP-H 모듈명과 같지만 세부활동 내용은 상이한 내용들이 포함되어 있다. 1단계 '다지기'는 고등학교 졸업 후 성인의 삶을 이해하고 전환기의 중요성을 인식하는 단계이다. 2단계 '도움닫기'는 고등학교 생활과 다른 직장생활의 내용을 이해하고, 성공적 직장생활을 위한 자질과 요소를 탐색하는 과정이다. 3단계 '도약하기'는 성공적 직장생활의 핵심요소에 대해 알아보고, 직무수행, 대인관계, 시간관리, 경제관리 등의 역량을 습득하는 단계이다. 이 과정을 통해 학생들은 직장생활과 관련된 주요 역량들을 이해하고 익히게 된다. 4단계 '비상하기'는 장·단기 삶의 목표를 설정하고 이를 실천하는 구체적 계획을 수립하는 과정이다. 이 과정을 통해 전환기 시점에 필요한 진로 역량을 함양하고 자신에게 적합한 최종적 진로 경로와 목표를 설정하게 된다. STP-J의 단계별 세부활동은 표 10-13과 같이 구성되었다. 음영 부분은 STP-H와 상이한 활동임을 나타낸다.

표 10-13 STP-J의 단계별 세부활동 구성

차시	모듈명	모듈별 상위 목표	세부활동명	세부활동 목표	학생 활동
1	다지기	성인의 의미를 이해하고 전환기의 중요성을 인식한다.	내 인생의 터닝포인트	이전 삶의 주요사건 돌아보기	• 내 인생의 5가지 터닝 포인트 되돌아보기 • 취업으로의 전환기를 준비하는 필요성 이해하기
2			성인이 된다는 것은	성인이 되는 것 이해하기	• 성인기의 신체 · 인지 · 정서 · 사회적 변화 이해하기 • '성인이 된다는 것' 마인드맵 작성하기
3	도움닫기	고등학교 생활과 다른 직장생활의 내용을 이해하고, 성공적인 직장인의 자질과 요소에 대해 알아본다	고딩 vs 직딩	고등학생 · 직장인의 생활내용 차이	• 직장생활 용어 O/X 퀴즈 풀어보기 • 학교와 직장생활의 차이 조사하기
4			슈퍼맨을 찾아서!	성공적인 직장인의 자질과 요소 탐색하기	• 성공적인 직장인의 자질과 요인 탐색하기 • 성공 직장인과 非성공 직장인 차이 알아보기
5			창업, 도전해 볼까?	창업 요건 및 절차 이해하기	• 창업에 대한 전반적 이해하기 • 창업 요구 역량 및 성공사례 알아보기
6			Go~ Go~ 직업 현장으로!	직업현장 체험 및 직장인과 인터뷰하기	• 직업현장 탐방하기 • 직장인 인터뷰하기
7	도약하기	성공적인 직장생활의 핵심 요소를 알아보고(직무, 대인관계, 시간관리, 경제관리) 관련 역량을 습득한다.	도약! 職테크	직업에서의 경력개발 요령 익히기	• 관심직업의 직무역량 분석하기 • 직무역량 함양을 위한
8			도약! 人테크	건강한 인간관계 형성하기	• 내 주변의 관계 분석하기 • 보다 나은 대인관계 형성 계획 수립하기
9			도약! 時테크	효율적 시간관리 하기	• 평소 시간관리 습관 생각해 보기 • 시간관리의 우선순위 계획하기
10			도약! 財테크	월급 관리하는 법 알아보기	• 직장인들의 경제관리 상황 알아보기 • 급여 관리 기준 및 계획 토론하기
11	비상하기	고등학교 졸업 이후의 장 · 단기적 삶의 목표를 설정하고	내 안의 숨은 진로영향 요인은?	나와 내 주변의 진로영향 요인 알아보기	• 내 주변의 진로영향 요인 분석하기 • 내게 맞는 진로방향 설정해 보기
12			직업, 그것이 알고 싶다!	관심 직업에 대해 더 알아보기	• top-down 방식의 커리어패스 설정하기 • 희망 직업을 이해하고 요구 역량 분석하기

차시	모듈명	모듈별 상위 목표	세부활동명	세부활동 목표	학생 활동
13		단계별 실천 계획을 수립한다.	취업을 향한 첫 걸음!	성공적인 구직활동 방법 알아보기	• 전반적인 구직과정 이해하기 • 입사 지원을 위한 이력서, 자기소개서 작성하기
14			꿈은 이루어진다!	내 꿈을 이루는 좋은 습관 갖기	• 꿈을 이루기 위한 실천 사항 확인해 보기 • 프로그램을 마치며(나의 다짐)

2) 학교급별 전환기 진로지도 프로그램(STP)의 운영 요건

STP 운영 매뉴얼[17]에는 STP의 성공적 운영을 위해 운영 교사에게 필요한 요건을 다음 아홉 가지로 제시하였다.

첫째, STP의 목적과 내용을 정확히 이해해야 한다. 프로그램의 취지와 각 차시의 활동목표를 이해하여야, 참여 학생들에게 프로그램에 대한 기대와 동기를 높이고 흥미를 유발할 수 있다.

둘째, 참여 학생에 대해 정확히 이해해야 한다. 전환기 학생들의 진로 방향 및 개인적 습관, 학습 목표 등을 이해하여야, 프로그램 운영 시 어떤 세부활동에 중점을 둘 것인지 방향성을 정하고 집중하게 할 수 있다.

셋째, 다음 진입 단계의 환경에 대해 이해해야 한다. 다음 진입 단계에 대한 전반적인 이해는 STP를 이끄는 중요한 요인이 되며, 학생들의 흥미와 동기를 유발시킬 수 있다.

넷째, 상호 지지적이고 역동적인 소그룹 활동으로 진행해야 한다. 참여 학생 간의 상호협력 관계를 구축할 수 있도록 지지하고 격려해야 한다. 또한 그룹원 모두가 참여하는 상호 역동적인 집단이 되도록 조정하고 배려해야 한다.

다섯째, 진로의식을 고취하고 진로개발 역량을 함양해야 한다. 전환기 학생들의 진

---

17   STP-M, STP-H, STP-J 운영 매뉴얼 모두에 공통적으로 제시됨.

로개발에 필요한 역량을 함양하고 인생의 주요시기에 무엇을 어떻게 준비해야 하는지 학습하도록 강조해야 한다.

여섯째, 효과적인 학습도구를 준비해야 한다. 각 세부활동별 준비물, 시청각 자료, 구체적인 사례 및 학생들의 예상 질문 등에 대한 치밀한 준비가 프로그램의 만족도를 높일 수 있다.

일곱째, 운영교사의 전문성은 프로그램 운영에 있어 중요한 요소이다. 매뉴얼을 참조하여 운영교사에게 부족한 영역에 대해서는 적극적으로 학습하는 태도가 필요하다.

여덟째, 학교는 STP 운영에 필요한 자원(물적·인적·정보 자원 등)을 적절하게 제공해야 한다. 교육과정 내 STP 운영 시간 확보, 상급 학교 정보 제공, 학교 방문 지원, 프로그램 운영을 위한 예산 확보, 운영교사 역량 지원 등 성공적인 STP를 실행하기 위한 지원이 필요하다.

아홉째, 전환 프로그램의 효과성을 확인해야 한다. 운영 과정과 결과를 확인하여 다음 해 운영에 피드백하는 노력이 필요하다. 만족도 조사 혹은 참여 학생들의 질적 인터뷰를 통하여 프로그램의 실질적 성과를 확인하고 매년 좀 더 업그레이드된 프로그램을 운영해야 한다.

이상 아홉 가지 요건은 STP뿐만 아니라 다양한 학교 진로프로그램을 성공적으로 운영하는 데 필요한 요건이라고 할 수 있다.

3) 학교급별 전환기 진로지도 프로그램(STP)의 활용 사례

STP 활용 사례는 주로 교육부에서 개최하는 우수사례 공모전을 통해 살펴볼 수 있다. 2014년에 '제1회 꿈끼 탐색주간 전환기 진로지도(STP) 우수사례 공모전'이, 2015년에 '제 2회 꿈끼 탐색주간 전환기 진로지도(STP) 우수사례 공모전'이 개최되었다. 커리어넷에 2014년 공모전 우수사례와 2015년 공모전 입상자 명단이 탑재되어 있다. 2015년 입상작 제목을 살펴보면 초등학교 사례가 주를 이루고 있다.

커리어넷에 탑재된 2014년 우수사례를 중심으로 STP가 어떻게 활용되었는지 살펴보면 표 10-14와 같다. 학교급별 14차시로 구성된 프로그램을 3~4차시로 재구성하여 활용하였다. 또한 프로그램 실행 시기와 참여 대상자에 적합하도록 활동 내용을 조직하였다.

표 10-14 2014년 STP 우수사례

학교급 프로그램	연구자	대상	시기	공모 분야	차시	활동 내용
중학교 STP-M	명영자	3학년	7월 10일 ~ 7월 18일	꿈끼 탐색 주간	4	• 학교 앞 가게가 궁금해? • 성남은 어떻게 변화할까? • 진로탐색을 어떻게 할까? • 10년 후에 나는 무엇을 할까?
	이동춘	2학년	1학기 기말고사 이후	미니 자유 학기	4	• 상품기획자, 이런 일을 하는구나 • 이런 상품 어때요? • 여행 상품 홍보물을 만들어 보아요 • 여행 상품 홍보하기
일반계 고등학교 STP-H	황은주	1학년	여름방학 직전과 방학 중 방과후수업	꿈끼 탐색 주간	4	• 내 인생의 나무 • 성공과 실패에 대한 돌직구 • 구인 광고 만들기 • Go to the future
	정미애	3학년	5월 14일 5월 21일	꿈끼 탐색 주간	4	• 변화의 중요성 인식하기, 목표의식 갖기 • 대학생활요소 신문 제작하며 알기 • 시간관리 방법 알기, 실천 사항 정리하기 • 목표를 설정하여 계획 수립하기
특성화 고등학교 STP-J	홍기출	3학년	-	취업 지원용	4	• 나를 소개하자　　• 취업이나 진학이나 • 누가 인재인가　　• 효율적 시간관리
	신미진	1학년	-	꿈끼 탐색 주간	3	• 대인관계 스타일 이해하기 • 나의 대화방식 알아보기 • 'want'로 말하는 연습하기

　　공모분야의 주를 이루는 '꿈끼탐색주간'은 학사운영이 어려운 시기인 7월말, 12월말, 2월초 등에 진로탐색 및 진로상담, 진로(직업)체험 등의 진로개발 역량 향상 과정을 운영하는 시기를 의미한다. '미니자유학기'는 중학교 3학년 기말고사 이후, 일반고 3학년 수능 이후, 특성화고 3학년 말 등 진로전환기에 진학 및 취업으로의 원활한 이행을

준비하기 위한 진로교육 중심 교육과정을 운영하는 시기를 의미한다. 이 시기는 학생들이 시험에 대한 심리적 부담이 줄어드는 대신에 진로와 진학에 대한 고민이 높아지는 시기이다. STP 운영이 매우 필요함에도 불구하고 학교 현장에서 중고등학생들에게 STP를 운영하기에는 현실적 어려움이 많다.

그래서 표 10-14의 황은주(2014), 정미애(2014) 사례에서처럼 교과 수업에 프로그램을 활용하는 방법이 대안이 될 수 있다. 2015년 공모전에서는 공모분야에 교과통합을 활용한 전환기 진로지도를 포함하였는데, 이와 같은 필요성을 인식하였다고 볼 수 있다. 교과통합 전환기 진로지도는 교과 내용에 포함되어 있는 진로교육적 요소를 보다 선명하게 부각하여 교과 목표와 전환기 진로교육 목표가 함께 달성될 수 있도록 연계하는 진로지도이다.

연구과제

1. 진로지도 프로그램(CDP), 창의적 진로개발 프로그램(SC⁺EP), 전환기 진로지도 프로그램(STP)의 차이점에 대해 말해 보자.
2. 진로지도 프로그램(CDP), 창의적 진로개발 프로그램(SC⁺EP), 전환기 진로지도 프로그램(STP)의 활용 방안에 대해 말해 보자.

부록10-1. CDP-M의 구조

대영역	하위영역	세부영역	시수
I. 나의 이해	❶ 나의 이해와 진로설계	• 모둠나누기 및 활동목표 이해 • 자아이해와 진로설계 • 현재의 나 • 자기이해 방법 • 정리 및 차시예고	2
	❷ 심리검사를 통한 나의 이해 1 (흥미 및 성격 이해)	• 과제수행여부 확인 및 활동목표 이해 • 자신의 흥미 이해하기 • 자신의 성격 이해하기 • 정리 및 차시예고	2
	❸ 심리검사를 통한 나의 이해 2 (적성 및 가치관 이해)	• 과제수행여부 확인 및 활동목표 이해 • 자신의 가치관 이해하기 • 자신의 적성 이해하기 • 정리 및 차시예고	8 2
	❹ 나의 이해 종합 (나의 발견)	• 과제수행여부 확인 및 활동목표 이해 • 심리검사 결과 종합 • 주변환경과 여건 이해 • 자기 발견 • 긍정적인 자아상 확립 • 정리 및 차시예고	2
II. 직업세계의 이해	❶ 직업의 의미	• 직업의 개념과 의의 설명 • 직업이 우리 생활에 미치는 영향 발표 • 일과 삶 활동지 작성 및 직업의 의의 및 가치 탐색 활동 • 발표하기 및 차시예고	1
	❷ 직업의 종류와 특성	• 모둠구성 및 활동 소개 • 직업의 세계 • 직업군별 직업명 쓰기 • 발표하기 및 차시예고	2
	❸ 직업현장 체험	• 모둠구성 및 활동 소개 • 주변사람들의 직업 조사하기 1 • 주변사람들의 직업 조사하기 2 • 발표하기 및 차시예고	9 1
	❹ 산업 발달에 따른 직업변화	• 활동 소개하기 • 사회의 변화와 직업세계의 변화 예측해 보기 • 유망 직종 알아보기 • 발표하기 및 차시예고	2

	❺ 직업세계에서의 성 역할 변화	• 활동 소개하기 • 일과 직업활동에 대한 성역할 인식 퀴즈하기 • 정리 및 차시예고	1
	❻ 바람직한 직업윤리	• 직업 윤리 의식의 개념 설명 및 이해 • 직업인의 윤리의식 발표하기 • 발표하기 및 차시예고	1
	❼ 바람직한 직업관	• 직업관의 의미 설명 및 이해 • 직업에 대한 가치 활동지 작성 • 발표하기 및 차시예고	1
III. 교육세계의 이해	❶ 상급학교 이해	• 상급학교 체계 소개 • 고등학교에 대해 알아보기 • 내가 가고 싶은 고등학교 조사 • 발표하기 및 차시예고	2
	❷ 학습기술	• 공부를 해야 하는 이유 소개 • 배움의 목적과 의의 • 나의 공부하는 습관 • 공부하고자 하는 의지 • 공부에 대한 자신감 • 나의 시간관리 습관은 • 정리 및 차시예고	5 3
IV. 진로의사결정	❶ 의사결정 유형 이해하기	• 의사결정의 개념 설명 및 이해 • 의사결정 유형 조사활동 • 모둠 토의 • 의사결정 유형 검사 • 의사결정 유형 분석 • 의사결정 유형별 장단점 토론하기 • 발표하기	2
	❷ 합리적 의사결정 절차	• 프로그램 소개하기 • 합리적 의사결정의 중요성 깨닫기 • 수렴적 사고 기법 소개하기 • 수렴적 사고 기법을 이용하여 합리적 의사결정 연습하기 • 결과 발표하기 • 정리하기	2 6
	❸ 나에게 적합한 직업탐색	• 프로그램 소개하기 • 자신이 신호하고 주변 사람들이 추천하는 직업목록 작성 하기 • 직업목록 정리하기 • 새로운 직업에 대한 구체적인 정보탐색하기 • 정리하기	2

V. 진로계획 및 준비	❶ 나의 진로계획 세우기	• 프로그램 소개하기 • 나의 특성에 적합한 직업 탐색하기 • 수렴적 사고 기법을 이용하여 적합한 직업 선택하기 • 선택한 직업에 대한 상세한 정보 찾기 • 정리하기	2
	❷ 나의 진로준비	• 프로그램 소개하기 • 직업인으로서 미래모습 그려보기 • 진로목표 및 행동지침 마련하기 • 나의 사명서 작성하기 • 사명서 발표하기 • 정리하기	4 2
		합계	32

부록10-2. CDP-H의 구조

대영역	하위영역	세부영역	시수	
I. 시동걸기	❶ 행복한 삶의 조건	• 프로그램 안내 • 행복한 삶의 조건 이해 • 정리 및 차시예고	1	1
II. 자기이해	❶ 나의 흥미와 진로	• 직업흥미의 의미와 개념 익히기 • 직업흥미검사를 통한 나의 흥미 이해 • 발표 및 차시예고	1	6
	❷ 나의 성격과 진로	• 성격과 진로와의 관계 이해 • 성격검사를 통한 나의 성격특성 이해 • 성격 유형에 적합한 직업탐색 • 발표 및 차시예고	1	
	❸ 나의 적성과 진로	• 사례를 통한 직업적성 이해 • 적성검사를 통한 나의 적성 이해 • 발표 및 차시예고	1	
	❹ 나의 가치관과 진로	• 직업가치관과 진로와의 관계 이해 • 직업가치관검사를 통한 나의 직업가치관 이해 • 가치관 경매를 통한 가치관 이해 • 정리 및 차시예고	1	
	❺ 나에 대한 종합적인 이해와 진로	• 현실 여건과 진로와의 관계 이해 • 종합적 자기이해 • 정리 및 차시예고	2	
III. 직업세계	❶ 직업카드를 활용한 직업탐색	• 직업세계 이해 중요성 인식하기 • 친구를 통해 본 나의 직업 파악 • 발표 및 차시예고	1	7
	❷ KNOW와 함께하는 직업정보 수집	• 나의 미래 직업 • KNOW 활용 직업정보 수집 • 발표 및 차시예고	1	
	❸ 합리적인 직업관	• 합리적인 직업관의 중요성 이해 • 직업에 대한 긍정적, 부정적 생각 표현 • 직업 편견 바로잡기 • 발표 및 차시예고	1	
	❹ 성공적인 직업인	• 성공적인 직업인 탐구 • 성공적인 직업인 요소 찾기 • 발표 및 차시예고	1	

	❺ 직업윤리	• 직업윤리 개념 및 변천과정 인식 • 직업별 갖추어야 할 직업윤리 이해 • 정리 및 차시예고	1	
	❻ 변화하는 인재상과 직업 능력	• 새로운 인재상 이해 • 요청되는 직업능력 소개 • 정리 및 차시예고	1	
	❼ 직업기초능력 진단	• 직업기초능력 개념 이해 • 요청되는 직업기초능력과 자질 • 직업기초능력 진단 • 발표 및 차시예고	1	
IV. 교육세계	❶ 학과선택 및 정보탐색	• 희망 직업 관련 학과 및 대학 선택 과정 • 희망 직업 관련 학과 및 대학 선택 모의 연습 • 정리 및 차시예고	1	
	❷ 나의 학습습관	• 학습습관 진단 • 올바른 학습습관 습득 • 정리 및 차시예고	1	
	❸ 효과적인 학습전략	• 효과적인 학습전략 이해 • 과목별 학습방법 • 발표 및 차시예고	1	5
	❹ 효과적인 시험전략	• 시험태도의 진단 • 문제유형별 시험전략 습득 • 발표 및 차시예고	1	
	❺ 나의 시간관리	• 자신의 시간관리 장단점 파악 • 학습을 위한 시간전략 수립 • 정리 및 차시예고	1	
V. 진로의사결정	❶ 나의 진로의사결정 유형	• 진로의사결정에 대한 이해 • 나의 의사결정 방식의 이해 • 발표 및 차시예고	1	
	❷ 진로의사결정 연습	• 합리적 의사결정의 과정 • 진로의사결정을 위한 준거 설정 • 진로의사결정 연습 • 발표 및 차시예고	1	4
	❸ 나의 희망 직업 선택	• 희망 직업 목록표 작성 • 직업선택 기준 설정 • 희망 직업 및 계열 선택 • 발표 및 차시예고	1	

	❹ 나의 희망전공 선택	• 희망 직업과 희망학과의 관계 이해 • 희망학과 선택하기 • 희망학과와 관련된 교과목 탐색 • 정리 및 차시예고	1	
VI. 진로계획 및 준비	❶ 진로포부 선언하기	• 진로설계를 위한 종합 분석 • 내 꿈의 선언문 작성 • 발표 및 차시예고	1	
	❷ 진로계획 수립하기	• 장기적 생애진로 구상 • 장단기 진로계획 수립 • 실천 계획 수립 • 정리 및 차시예고	1	
	❸ 나의 이미지 만들기	• 자신의 첫인상과 이미지 파악하기 • 긍정적인 첫인상과 이미지 만들기 • 정리 및 차시예고	1	8
	❹ 효과적으로 말하기	• 의사소통 방식 진단하기 • 마음이해와 감정조절 • 적극적인 청취기법 익히기 • 정리 및 차시예고	1	
	❺ 이력서 작성하기	• 이력서 작성하기 • 정리 및 차시예고	1	
	❻ 자기소개서 작성하기	• 자기소개서 작성하기 • 학업계획서 작성하기 • 정리하기	1	
합계			31	

부록10-3. 특성화고 CDP의 구조

대영역	하위영역	세부영역	시수	
I. 출발해봐! 꿈을 향해	❶ 행복한 삶을 위한 진로탐색	• 활동 소개 • 특성화고 CDP 소개 • 행복한 삶을 위한 진로탐색 • 특성화고 졸업생의 사회진출 사례 • 정리 및 차시예고	1	1
II. 이해해봐! 소중한 나	❶ 직업심리검사를 통한 자기이해: 흥미검사 ①	• 자기 소개하기 • 흥미검사 결과 해석하기 • 정리 및 차시예고	1	
	❷ 직업심리검사를 통한 자기이해: 흥미검사 ②	• 흥미카드 나누기 • 나의 직업흥미 이해 • 흥미코드별 그룹활동 • 정리 및 차시예고	1	4
	❸ 직업심리검사를 통한 자기이해: 적성검사 ①	• 직업적성의 이해 • 직업적성검사를 통한 나의 적성 이해 • 정리 및 차시예고	1	
	❹ 직업심리검사를 통한 자기이해: 적성검사 ②	• 직업적성의 개념 이해 • 직업적성 발견 활동을 통한 나의 적성 이해 • 정리 및 차시예고	1	
III. 탐험해봐! 나의 진로	❶ 특성화고 졸업생의 주요 진로	• 직업세계 탐험의 중요성 • 특성화고의 주요 계열 이해 • 특성화고 졸업생의 주요 진로(1): 산업 • 특성화고 졸업생의 주요 진로(2): 직업 • 특성화고 졸업생의 주요 진로(3): 진학 • 정리 및 차시예고	1	6
	❷ 계열별 주요 진출 직업분야	• 퍼즐로 알아보는 직업세계 • 주요 계열별 관련직업 • 주요 직업정보 이해 • 정리 및 차시예고	1	
	❸ 직업정보탐색	• 직업정보탐색의 중요성 • 주요 직업정보 원천 • 직업정보탐색 대회 • 조별 발표하기 • 정리 및 차시예고	1	

	❹ 자격	• 자격 취득의 의미 • 자격의 종류 • 취업과 자격 • 자격정보탐색 • 정리 및 차시예고	1
	❺ 창업	• 창업의 의미 • 창업사례를 통한 디딤돌, 걸림돌 찾기 • 조별 발표하기 • 정리 및 차시예고	1
	❻ 기업유형	• 기업탐색의 중요성 • 기업유형 • 기업선택 시 고려할 사항 • 기업정보탐색 • 정리 및 차시예고	1
IV. 찾아봐! 소중한 가치	❶ 직업가치관검사	• 직업가치관의 의미 이해 • 검사를 통한 나의 직업가치관 이해 • 소감 나누기	1
	❷ 직업가치관	• 직업가치관과 직업흥미, 직업적성의 관계 이해 • 직업가치관 경매하기 • 소감 나누기	1
	❸ 직업윤리	• 직업윤리 개념 및 변천과정 • 바람직한 직업가치관 이해 • 바람직한 직업윤리 이해 • 직장생활과 직업윤리 • 정리 및 차시예고	1	4
	❹ 기업 인재상	• 인재상 개념 및 변화 • 기업이 희망하는 인재상 • 나는 어떤 인재인가 • 고졸 취업지원자 인재상 • 정리 및 차시예고	1
V. 바꿔봐! 학습전략	❶ 학습습관	• 공감하기 • 학습습관 진단하기 • 학습습관 개선을 위한 마인드맵 작성하기 • 발표 및 정리	1	4
	❷ 학과선택 및 정보탐색	• 활동 소개하기 • 진학경로에 대한 생각 공유 • 학과, 대학 선택과정 및 정보탐색 방법 • 소감 나누기	1

	❸ 학습전략	• 효과적인 학습전략의 필요성 • 효과적인 학습원리 • 효과적인 학습전략 공유하기 • 정리 및 차시예고	1	
	❹ 시간관리	• 활동 소개하기 • 자신의 시간관리 스타일 파악 • 시간계획표 수립하기 • 정리하기	1	
VI. 설계해봐! 나의 꿈	❶ 진로의사결정과 경로	• 다양한 진로탐색의 필요성 • 다양한 진로 경로 회상하기 • 진로 경로도 그리기 • 발표 및 소감 나누기	1	
	❷ 나의 진로의사결정 유형	• 진로의사결정에 대한 이해 • 나의 의사결정방식의 이해 • 우리는 이렇게 의사결정해요 • 의사결정을 위해 필요한 것 • 발표 및 소감 나누기	1	
	❸ 진로의사결정 연습	• 합리적 의사결정의 과정 • 진로의사결정을 위한 준거 설정 • 진로의사결정 연습 • 발표 및 소감 나누기	1	5
	❹ 진로계획 수립	• 활동 소개하기 • 장기적 생애진로 구상 • 실천 계획 수립 • 정리 및 차시예고	1	
	❺ 진로포부 선언	• 활동 소개하기 • 진로실현을 위한 자신의 종합 분석 • 내 꿈의 선언문 작성 • 발표 및 차시예고	1	
VII. 준비해봐! 성공취업	❶ 채용정보탐색	• 일자리 정보탐색의 필요성 • 일자리 정보탐색 방법 이해 • 일자리 정보탐색 유의사항 • 일자리 정보탐색 실습 • 소감 나누기	1	5
	❷ 성공취업을 위한 나의 성격 이해	• 성격과 진로와의 관계 이해 • 청소년 직업인성검사(성격검사) 해석 • 성격과 진로선택의 관련성 • 발표 및 정리	1	

	❸ 이력서 작성	• 이력서 작성의 필요성 • 이력서 작성을 위한 사전 준비 • 이력서 작성 요령 이해 및 작성 실습 • 이력서 작성 검토	1
	❹ 자기소개서 작성	• 자기소개서의 중요성 • 자기소개서 작성의 원칙 • 자기소개서의 성공/실패 요인 분석 • 발표 및 공유 〈별도 과정〉 • 자기소개서 작성 • 자기소개서 검토 및 수정	1
	❺ 면접 준비와 연습(1)	• 면접의 중요성 • 면접유형과 평가기준 • 면접 준비 요령 • 발표 및 차시예고	1
	❻ 면접 준비와 연습(2)	• 모의면접 진행방법 설명 • 면접 예상문제 출제 • 모의면접 롤플레이 • 모의면접 실시 • 소감 나누기	1
VIII. 꿈꿔봐! 멋진 사회인	❶ 멋진 신입사원의 기본 매너	• 기본 매너의 필요성 • 기본 매너 익히기 • 호감 가는 신입사원 태도 • 발표 및 소감 나누기	1
	❷ 멋진 사회인의 대화법	• 활동 소개하기 • 의사소통방식 진단하기 • 마음이해와 감정조절 • 나-전달법 사용하기 • 정리하기	1
	❸ 신입사원의 희로애락	• 사회인의 삶 떠올려보기 • 신입사원의 하루 • 행복한 직장생활의 노하우 이해 • 신입사원 철칙노트 작성 • 발표 및 소감 나누기	5 / 1
	❹ 평생교육과 경력관리	• 경력개발과 평생학습 • 경력개발 경로 및 사례 • 경력개발 전략으로서의 로드맵 - 경력개발을 위한 평생학습 - 발표 및 소감 나누기	1

❺ 일과 삶의 균형	• '마음 열기' 활동 • 나의 일, 나의 삶 • 프로그램 개관 • 프로그램 마무리	1
합계		34

참고문헌

강릉정보공업고등학교(2015). 학과별 맞춤형 학교 진로교육 프로그램(SC⁺EP) 적용을 통한 취업률 제고. 2015 연구학교 운영 보고서.

김경아(2010). 중학생용 진로지도프로그램(CDP-M)이 학습부진학생의 진로결정 자기효능감에 미치는 효과. 경북대학교 교육대학원 석사학위 논문.

김규효(2011). LCSI 진로집단 프로그램이 고등학생들의 자아존중감과 진로성숙도에 미치는 효과. 아주대학교 교육대학원 석사학위 논문.

김옥(2009). 진로지도프로그램(CDP-H)이 전문계 고등학생의 진로성숙도 및 진로결정 자기효능감에 미치는 효과. 강원대학교 교육대학원 석사학위 논문.

남재희(2009). 중학생용 진로지도프로그램(CDP-M)이 진로성숙도와 진로결정 자기효능감에 미치는 효과. 경북대학교 교육대학원 석사학위 논문.

명영자(2014). 제1회 꿈끼 탐색주간 전환기 진로지도(STP) 우수사례 보고서.

변해중(2008). 진로지도프로그램이 중학생의 진로성숙도, 학업동기 및 희망에 미치는 효과. 중앙대학교 교육대학원 석사학위 논문.

손유미(2015). 2015년도 SCEP 연구학교 운영 성과 분석. 2015년 SCEP 연구학교 최종성과보고회 자료집.

신미진(2014). 제1회 꿈끼 탐색주간 전환기 진로지도(STP) 우수사례 보고서.

오지혜(2011). 진로탐색 집단상담 프로그램이 여고생의 진로성숙도와 진로결정 자기효능감에 미치는 효과. 전남대학교 교육대학원 석사학위 논문.

이동춘(2014). 제1회 꿈끼 탐색주간 전환기 진로지도(STP) 우수사례 보고서.

이정연(2013). 학급단위 진로지도프로그램이 인문계 고등학생의 진로성숙도와 학습동기에 미치는 효과. 경희대학교 교육대학원 석사학위 논문.

잠신고등학교(2015). 학교진로교육프로그램(SC⁺EP)의 학습자 주도형 모델 개발 및 적용을 통한 진로개발역량 강화. 2015 연구학교 운영 보고서.

정미애(2014). 제1회 꿈끼 탐색주간 전환기 진로지도(STP) 우수사례 보고서.

정봉성(2011). 학급단위 중학생용 진로지도프로그램(CDP-M)이 여중생의 진로성숙도와 자기효능감에 미치는 효과. 계명대학교 교육대학원 석사학위 논문.

주례여자중학교(2015). 학교진로교육프로그램(SC⁺EP)을 활용한 '스토리가 있는 나만의 드림 프로젝트'. 2015 연구학교 운영 보고서.

진미석(2013). 창의적 진로개발과 SCEP(학교진로교육프로그램). *THE HRD REVIEW, 16*(5), 106-124.

한국고용정보원(2009). 중학생을 위한 진로지도 프로그램 CDP-M 진로탐색여행 교사용 매뉴얼. 서울: 한국고용정보원.

한국고용정보원(2010). 고등학생용 진로지도 프로그램 CDP-H(진로모의주행) 교사용 매뉴얼. 서울: 한국고용정보원.

한국고용정보원(2012). 특성화고 진로지도 프로그램 CDP 교사용 매뉴얼. 서울: 한국고용정보원.

한국직업능력개발원(2012). 중학교 교사용 창의적 진로개발. 서울: 교육과학기술부.

한국직업능력개발원(2013a). 전환기 진로지도 프로그램(STP-M) 운영 매뉴얼. 서울: 한국직업능력개발원

한국직업능력개발원(2013b). **전환기 진로지도 프로그램(STP-H) 운영 매뉴얼**. 서울: 한국직업능력개발원

한국직업능력개발원(2013c). **전환기 진로지도 프로그램(STP-J) 운영 매뉴얼**. 서울: 한국직업능력개발원

한국직업능력개발원(2015a). **창의적 진로개발(중학교 개정판)**. 서울: 한국직업능력개발원

한국직업능력개발원(2015b). **창의적 진로개발(일반고 개정판)**. 서울: 한국직업능력개발원

한국직업능력개발원(2015c). **창의적 진로개발(특성화고 개정판)**. 서울: 한국직업능력개발원

홍기출(2014). 제1회 꿈끼 탐색주간 전환기 진로지도(STP) 우수사례 보고서.

황은주(2014). 제1회 꿈끼 탐색주간 전환기 진로지도(STP) 우수사례 보고서.

커리어넷 진로와 직업 스마트북 http://smartbook.career.go.kr

커리어넷 학교 진로교육 프로그램 SCEP http://scep.career.go.kr/scep.do

한국고용정보원 사이버진로교육 http://www.work.go.kr/cyberedu/main.do

11장

학교 진로진학지도 프로그램 활동

이명희

목표

1) 학교 진로진학지도 프로그램의 영역별 활동에 대해 설명할 수 있다.

2) 학교 진로진학지도 프로그램의 활동방법에 대해 이해할 수 있다.

3) 학교 진로진학지도 프로그램의 활동을 개발할 수 있다.

이 장에서는 제10장에서 안내한 학교 진로진학지도 프로그램 중 진로지도 프로그램(Career Development Program, CDP)[1]과 창의적 진로개발 프로그램(School Creative Career Eeducation Program, SC⁺EP)[2]의 활동을 분석하고자 한다. STP는 전환기 진로발달에 중점을 두었지만, CDP와 SC⁺EP는 중고등학생들이 갖춰야 할 진로발달 전체를 다루고 있다. CDP와 SC⁺EP의 활동을 분석함으로써 학교 상황과 참여자에 적합한 진로진학지도 프로그램 개발에 도움을 주고자 한다. 2015 학교 진로교육 목표 대영역과 중영역(교육부, 2016)을 기준으로 CDP와 SC⁺EP의 구성 활동을 살펴보고 그 활동방법에 대해 알아보자.

1 학교 진로진학지도 프로그램 활동의 개요

교육부(2016)는 학교 진로교육 목표로 '학생 자신의 진로를 창의적으로 개발하고 지속적으로 발전시켜 성숙한 민주시민으로서 행복한 삶을 살아갈 수 있는 역량을 기른다'를 제시하고, 학교급별 목표 및 4개 대영역과 8개 중영역을 토대로 세부목표를 개발하였다. 이 영역 기준에 따라 CDP와 SC⁺EP의 활동을 분류하였다. CDP는 중학교 5영역, 일반고 6영역, 특성화고 8영역으로 구성되어 있어서, CDP 활동들을 4개 대영역과 8개 중영역으로 재분류하여 살펴보았다. SC⁺EP은 진로교육 목표와 성취기준에 맞춰 개발된 프로그램이러서 본 장에서 기준으로 삼는 영역 중심대로 활동이 구성되어 있다.

---

1   CDP의 교사 매뉴얼(한국고용정보원, 2009a, 2010a, 2012a)과 학생 워크북(한국고용정보원, 2009b, 2010b, 2012b)을 참조함.

2   SC⁺EP의 학생 워크북(한국직업능력개발원, 2015a, 2015b, 2015c)을 참조함.

중고등학교 CDP와 SC⁺EP의 영역별 활동을 활동지 중심으로 분석한 결과, 표 11-1과 같이 총 558개의 활동이 있다. 그 중 CDP 활동이 195개, SC⁺EP 활동이 363개이다. CDP에서는 CDP-H의 활동수가 81개로 가장 많고, 특성화고 CDP가 56개로 가장 적다. 특성화고 CDP는 활동지 대신에 읽기 자료를 제시하는 경우가 많아서 활동수가 적게 나타났다. SC⁺EP은 SC⁺EP-SH가 145개로 가장 많고, SC⁺EP-M이 96개로 가장 적다.

표 11-1 CDP와 SC⁺EP의 영역별 활동수

대영역	중영역	M^3	H^4	특성화고^5	M^6	GH^7	SH^8	합계
		CDP			SC⁺EP			
I. 자아이해와 사회적 역량 개발	1. 자아이해 및 긍정적 자아개념 형성	19	20	11	18	11	11	90
	2. 대인관계 및 의사소통역량 개발	0	6	7	9	12	17	51
II. 일과 직업 세계 이해	1. 변화하는 직업세계 이해	9	1	1	20	15	15	61
	2. 건강한 직업의식 형성	8	6	3	7	13	13	50
III. 진로탐색	1. 교육 기회의 탐색	9	16	8	8	12	12	65
	2. 직업정보의 탐색	3	7	5	13	21	27	76
IV. 진로 디자인 과 준비	1. 진로의사결정능력 개발	4	12	4	4	12	12	48
	2. 진로설계 및 준비	6	13	17	17	26	38	117
합계		58	81	56	96	122	145	558
		195			363			

---

3   CDP-M으로 중학생을 위한 진로지도 프로그램(Career Development Program-Middle School)임.

4   CDP-H로 고등학생을 위한 진로지도 프로그램(Career Development Program-High School)임.

5   특성화고CDP로 특성화고 학생을 위한 진로지도 프로그램(특성화고 Career Development Program)임.

6   SC⁺EP-M으로 중학교 창의적 진로개발 프로그램(School Creative Career Education Program)임.

7   SC⁺EP-GH로 일반고 창의적 진로개발 프로그램(School Creative Career Education Program)임.

8   SC⁺EP-SH로 특성화고 창의적 진로개발 프로그램(School Creative Career Education Program)임.

학교 현장에서는 CDP와 SC⁺EP의 영역별 활동을 참조하여 학교와 학생들의 상황에 적절하게 진로진학지도 프로그램을 재구성하여 활용할 수 있다. CDP-M은 '자아이해 및 긍정적 자아개념 형성' 활동이 19개로 다른 활동에 비해 월등히 많다. CDP-H도 '자아이해 및 긍정적 자아개념 형성' 활동이 20개로 가장 많으며, '교육 기회 탐색' 활동이 16개로 많은 편이다. 특성화고 CDP는 '진로설계 및 준비' 활동이 17개로 가장 많으며, '자아이해 및 긍정적 자아개념 형성' 활동이 11개로 그 다음이다. 이와 같이 CDP는 공통적으로 '자아이해 및 긍정적 자아개념 형성' 활동이 많이 구성된 편이다. 그런데 SC⁺EP은 SC⁺EP-GH와 SC⁺EP-SH에서 볼 수 있듯이 '자아이해 및 긍정적 자아개념 형성' 활동보다 '진로설계 및 준비' 활동을 강조하였다. SC⁺EP-M은 '자아이해 및 긍정적 자아개념 형성' 활동보다 '변화하는 직업세계 이해' 활동을 강조하였다. 이러한 활동 구성을 통해 SC⁺EP에서는 미래지향적 진로교육 목표를 구현하고자 하였음을 알 수 있다.

이 활동들의 수는 활동지 중심으로 분석한 결과이다. 대체로 1개 활동지에 1개 활동을 담고 있지만 여러 활동을 담고 있는 경우도 있어서 실제 활동의 가짓수는 더 많다고 볼 수 있다. CDP는 각 활동을 '활동지1.1'과 같이 표시하였으며, SC⁺EP은 각 활동을 그림 11-1의 예시와 같이 활동지별 코드로 표시하였다. SC⁺EP의 학교급별 활동은 부록 11-1~부록 11-3을 참조하면 된다.

<u>M I</u> <u>1.1.3</u> <u>A1</u> <u>나는 누구인가</u>
①② ③④⑤ ⑥ ⑦

① 중학교 ② 대영역 번호 ③ 중영역 번호 ④ 세부목표 번호 ⑤ 성취기준 번호 ⑥ 활동지 번호 ⑦ 활동지 제목

그림 11-1 중학교 활동지별 코드 사례

학교 진로진학지도 프로그램 활동 내용

CDP의 교사 매뉴얼과 학생 워크북, SC⁺EP의 학생 워크북을 통해 학교 진로진학지도 프로그램에 어떤 활동들이 있는지 살펴보기로 한다. 1개 활동지를 1개 활동으로 간주하고 1개 활동지에 2가지 정도의 활동이 함께 진행되는 경우에는 주된 활동을 중심으로 분류하였다. 다만, 세 가지 이상의 활동은 '통합 활동'으로 구분하였다. CDP에서 주로 활용한 '읽기 자료'는 활동지에 속하지 않아서 활동수에 넣지 않았지만 활동 분류표에는 포함하였다. '읽기 자료'는 학생들에게 간접 경험과 정보를 제공하는 역할을 하므로, 프로그램 재구성 시 '읽기 자료'를 적절하게 활용할 수 있다는 점을 고려하여 그 목록을 제시하였다. 영역별로 프로그램 활동수를 검토하고 활동방법을 기준으로 활동들을 살펴보기로 한다.

1) 자아이해와 사회적 역량 개발 활동

'자아이해와 사회적 역량 개발' 활동은 '자아이해 및 긍정적 자아개념 형성' 활동과 '대인관계 및 의사소통역량 개발' 활동으로 분류된다. 이 중 '자아이해 및 긍정적 자아개념 형성' 활동은 중고등학생을 대상으로 하는 진로진학지도에서 가장 먼저 다루어지는 활동이다. 개인이 지닌 성격, 흥미, 적성, 가치관 등의 심리적 특성에 대해 이해하도록 돕는 활동이다. 자신의 다양한 특성을 탐색함으로써 자아존중감과 자기효능감을 향상시켜 긍정적 자아개념을 형성하도록 한다. 자아이해가 이루어져야 다음 단계의 진로탐색 및 설계가 가능하기 때문에 자아이해는 청소년들이 키워야 할 가장 기본적인 진로발달능력이다. 그리고 '대인관계 및 의사소통역량 개발' 활동은 대인관계능력 향상에 필요한 의사소통 방법을 이해하고 활용하여, 의사소통능력을 높이는 데 도움을 준다.

이 영역에 해당하는 학교급별 CDP 활동을 분류하면, 표 11-2와 같다. CDP는 '대인관계 및 의사소통역량 개발'을 진로교육의 주요내용으로 다루지 않아 이를 위한 활동이 부족한 편이다. 부록11-1~부록11-3에 수록된 학교급별 SC⁺EP 활동을 살펴보면, SC⁺EP-GH와 SC⁺EP-SH의 '자아이해 및 긍정적 자아개념 형성' 활동은 같은 내용으로 구성되었다. '대인관계 및 의사소통역량 개발' 활동은 SC⁺EP-GH보다 SC⁺EP-SH에 5가지 활동이 추가되어 있다.

표 11-2 CDP의 '자아이해와 사회적 역량 개발' 활동

프로그램 활동영역	CDP-M	CDP-H	특성화고 CDP
자아이해 및 긍정적 자아개념 형성	**I 나의 이해** 1. 나의 이해와 진로설계 2. 심리검사를 통한 나의 이해 　(흥미 및 성격 이해) 3. 심리검사를 통한 나의 이해 　(적성 및 가치관 이해) 4. 나의 이해 종합(자기발견)	**I. 시동걸기** 1. 행복한 삶의 조건 **II. 자기이해** 1. 나의 흥미와 진로 2. 나의 성격과 진로 3. 나의 적성과 진로 4. 나의 가치관과 진로 5. 종합적 이해와 진로 **VI. 진로계획 및 준비** 3. 나의 이미지 만들기	**II. 이해해봐! 소중한 나** 1. 심리검사를 통한 자기이해 : 　직업흥미탐색 ① 2. 심리검사를 통한 자기이해 : 　직업흥미탐색 ② 3. 심리검사를 통한 자기이해 : 　직업적성탐색 ① 4. 심리검사를 통한 자기이해 : 　직업적성탐색 ② **IV. 찾아봐! 소중한 가치** 1. 가치관 검사　2. 직업가치관 **VII. 준비해봐! 성공취업** 2. 성공취업을 위한 나의 성격 　이해
대인관계 및 의사소통 역량 개발	활동없음	**VI. 진로계획 및 준비** 4. 효과적으로 말하기	**VIII. 꿈 꿔봐! 멋진 사회인** 1. 멋진 신입사원의 기본 매너 2. 멋진 사회인의 대화법 3. 신입사원의 희로애락

CDP와 SC⁺EP의 '자아이해와 사회적 역량 개발' 활동수를 활동지 중심으로 살펴보면, 표 11-3과 같다. '자아이해 및 긍정적 자아개념 형성' 활동은 중학교 프로그램에 가장 많고, '대인관계 및 의사소통역량 개발' 활동은 특성화고 프로그램에 가장 많다. 진로탐색 단계에 있는 중학생은 자신에 대한 탐색과 이해가 가장 중요한 반면에, 취업을 앞둔 특성화고 학생은 대인관계 및 의사소통역량을 개발하는 것이 현실적으로 더 중요하다고 볼 수 있다.

표 11-3 자아이해와 사회적 역량 개발 활동지

활동 프로그램	자아이해 및 긍정적 자아개념 형성			대인관계 및 의사소통역량 개발			합계
	중학교	일반고	특성화고	중학교	일반고	특성화고	
CDP	19	20	11	0	6	7	63
SC⁺EP	16[9]	11	11	9	12	17	76
합계	35	31	22	9	18	24	139

표 11-3의 139개 활동지를 활동방법에 따라 분류하면, '자아이해 및 긍정적 자아개념 형성' 활동은 표 11-4와 같고, '대인관계 및 의사소통역량 개발' 활동은 표 11-5와 같다. '자아이해 및 긍정적 자아개념 형성' 활동은 '심리검사 및 관련 활동', '질문지', '집단 활동', '글쓰기', '그리기, 만들기', '가치관 경매', '진로가계도' 등의 방법을 활용하였으며, 그중 '심리검사 및 관련 활동'을 가장 많이 활용하였다. '대인관계 및 의사소통역량 개발' 활동은 '질문지', '집단 활동', '그리기, 만들기', '글쓰기', '통합 활동' 등의 방법을 활용하였으며, 그중 '질문지'를 가장 많이 활용하였다.

표 11-4 자아이해 및 긍정적 자아개념 형성 활동

활동방법 활동영역	자아이해 및 긍정적 자아개념 형성
심리검사 및 관련 활동	**심리검사: CDP**[10] '직업흥미검사', '적성검사', '직업인성검사', '직업가치관검사', **SC⁺EP**[11] '직업적성검사', '직업흥미검사', '직업가치관검사' **관련 활동: CDP-M** '흥미를 느끼는 직업명 찾아 쓰기', '나의 성격 탐색하기', '가치를 느끼는 직업명 찾아 쓰기', '적성과 관련된 직업 찾기', '원하는 직업에 관한 정보 검색하기', '심리검사 결과 및 적성 파악 활동 결과 종합', **CDP-H** '나의 흥미와 진로 찾기', '나의 흥미를 찾아서', '나의 성격과 진로 찾기', '나의 적성과 진로 찾기', '나의 가치관과 진로 찾기', '종합적 자기이해와 진로 찾기', **특성화고 CDP** '나의 직업흥미 이해하기', '나의 우수 적성 3가지는?', '나의 직업가치관과 진로 찾기', '나의 성격과 진로 찾기', **SC⁺EP-M** '나의 직업적성 알아보기', '나의 직업흥미 알아보기', '직업적성검사와 직업흥미검사 관계 살펴보기', **SC⁺EP-H**[12] '진로심리검사를 통해 살펴본 나의 장단점'

---

9   원래는 활동지가 18개인데, 활동 성격을 고려하여 '시간관리 방해 요인 점검'과 '시간관리 우선순위' 활동 2개를 중영역 '자아이해 및 긍정적 자아개념 형성'에서 '교육 기회의 탐색'으로 옮김.

질문지	**CDP-M** '나를 이해해야 하는 이유 ○×퀴즈', '성찰을 통해 자기 모습 정리하기', '가족, 주변 친척의 직업환경 알아보기', '부모님 기대', '성찰을 통한 나, 프로그램 활동 후 나', **CDP-H** '가치에 따른 직업', '나의 현실 여건과 진로 찾기', '좋은 첫인상과 나쁜 첫인상의 경험 사례', '세 가지 관점에서 나의 이미지', '내가 본 나, 남이 본 나 척도', '긍정적인 첫인상의 조건', **특성화고 CDP** '가치에 따른 직업', **SC+EP** '내가 보는 나, 다른 사람이 보는 나', **SC+EP-M** '진로의 의미', '생활 속의 행복 찾기', '나는 누구인가', '내가 잘하는 것', '나의 역할 모델', **SC+EP-H** '자신에 대한 느낌을 형용사로 표현해 보기', '나를 채용해 보자', '나에 대한 비합리적 생각 바꾸어보기', '긍정적인 자기 대화',
집단 활동	**CDP** '흥미카드 놀이', **CDP-H** '흥미유형집단 흥미 목록', **특성화고 CDP** '자기 소개 카드', '나의 직업흥미유형은?', '직업흥미유형별 장단점', **SC+EP-M** '적성카드로 알아보는 직업적성', '직업가치관 탐색2(직업가치관카드)', '성격 특성 탐색(성격카드)', '적성과 흥미와의 관계에 대한 이해'
글쓰기	**CDP-M** '나의 자랑, 장점 적기', '새롭게 발견한 나에게 편지 쓰기', **CDP-H** '학생 자신의 삶을 돌아보기', '자신의 행복 10계명', **CDP-H와 특성화고 CDP** '내 인생의 10대 자랑거리 작성하기', **SC+EP-H** '나를 상징해 보기', '내가 가지고 싶은 강점'
그리기, 만들기	**CDP-H** '나의 이미지', **SC+EP** '나를 광고하기', **SC+EP-M** '나의 강점 발견하기', **SC+EP-H** '미니 아바타 만들기를 통한 자신의 미래다짐 나누기', '장단점 마인드맵 그리기'
가치관 경매	**CDP-H와 특성화고 CDP** '가치관 경매', **SC+EP-M** '직업가치관 탐색1'
진로가계도	**CDP-M** '진로가계도'
읽기 자료	**CDP-M** '딕 킹 스미스와 베이브', '평범 속에 묻힌 빛나는 보석', '식당 종업원의 인생역전', **CDP-H** '행복과 일의 관계', '우리는 어떠한 경우에 행복을 느끼는가?', '행복의 조건', '공상을 현실로 바꾼 아이', '모범적인 기업가 유일한', '비디오 아트의 선구자 백남준', '휠체어를 탄 세계적인 물리학자 스티븐 호킹', '다양한 만남이 있어 재미있는 직업, 잡지기자 외 7편', '이미지의 구성요소', **특성화고 CDP** '행복은 가까운 곳에', '은메달보다 동메달이 더 행복', '돈을 많이 버는 직업 vs 좋아하는 직업', '가장 좋아하는 일을 하면', '일하는 사람이 덜 불행하다', '행복은 월급순이 아니다', '특성화고 졸업생 사회진출 사례 1~10', '내가 진짜 좋아하는 일을 찾자', '희망의 빛', '내가 생각하는 나의 적성과 적성검사 결과가 다를 때', '직업군 소개', '직업가치관 요인'

---

10   CDP는 'CDP-M, CDP-H, 특성화고CDP' 모두를 지칭함. 이하 활동 분석표에서도 동일함.

11   SC+EP는 'SC+EP-M, SC+EP-GH, SC+EP-SH' 모두를 지칭함. 이하 활동 분석표에서도 동일함.

12   SC+EP-H는 'SC+EP-GH와 SC+EP-SH'를 지칭함. 동일한 내용이지만 활동명이 약간 다르거나 활동 순서가 다를 경우에는 SC+EP-GH를 기준으로 함. 이하 활동 분석표에서도 동일함.

표 11-5 대인관계 및 의사소통역량 개발 활동

활동영역 활동방법	대인관계 및 의사소통역량 개발
질문지	**CDP-H와 특성화고 CDP** '나의 의사소통방식 진단하기', '마음 이해하기', '나의 감정 조절하기', '나 전달법 연습하기', **CDP-H** '자신의 청취력 진단', **특성화고 CDP** '멋진 신입사원 되기-나만의 인사법', **SC⁺EP-M** '나의 친구', '나의 대인관계능력 알아보기', '바람직한 대인관계', '진로체험의 자세', '나의 의사소통 방법 살펴보기', '나 전달법', **SC⁺EP-H** '나의 대인관계 점검', '갈등관리법', '바람직한 인간관계를 갖기 위한 나의 노력', '긍정적인 언어 습관 테스트', '나의 의사소통수준 진단', '나의 의사소통 방법 살펴보기', **SC⁺EP-SH** '직업생활에서 필요한 문서이해 능력 키우기', '이 상황에서 나라면?', '타인과 의견을 조율하기'
집단 활동	**CDP-H** '듣기 훈련 게임', **특성화고 CDP** '호감 가는 신입사원의 태도', '우리가 예상하는 직장생활', **SC⁺EP-H** '문장완성 놀이를 통한 대인관계 중요성 인식', '우리는 나보다 더 똑똑하다', '사람들 앞에서 당당하게 발표를 잘하려면', '토론하기'
그리기, 만들기	**SC⁺EP-M** '다름에 대한 이해와 존중', '눈으로 말해요', **SC⁺EP-H** '나의 인맥지도 그리기', '신문의 사진, 글자, 광고 등을 이용하여 홍보자료 만들기'
글쓰기	**특성화고 CDP** '나의 신입사원 철칙 노트'
통합 활동	**SC⁺EP-M** '상상나무 그리기와 이야기 전달'
읽기 자료	**CDP-H와 특성화고 CDP** '대화를 잘하는 12가지 지혜', **특성화고 CDP** '신입사원은 괴로워', **SC⁺EP-SH** '직업생활에서 필요한 문서작성 능력 키우기'

2) 일과 직업세계 이해 활동

'일과 직업세계 이해' 활동은 '변화하는 직업세계 이해' 활동과 '건강한 직업의식 형성' 활동으로 분류된다. 이 중 '변화하는 직업세계 이해'는 종전의 '일과 직업의 이해'에서 수정된 명칭이다. 2015 학교 진로교육목표와 성취기준(교육부, 2016)에서는 창업, 창직과 같이 다양한 형태로 이루어지는 직업세계의 변화에 대한 이해가 학교 현장에서 좀 더 명료하게 적용될 수 있도록 고려하였다. 진로진학상담교사는 학생들이 빠르게 변화하는 직업세계를 이해함으로써 진로계획을 수립하는 데 도움을 받을 수 있도록 프로그램을 제공해야 한다.

'변화하는 직업세계 이해' 활동이 중학교는 직업에 대한 이해, 다양한 종류의 직업 및 직업세계의 변화 탐색, 창업과 창직의 의미 이해 및 관련 모의 활동 등으로 구성되었다. 고등학교는 미래 직업세계의 변화와 인재상 탐색, 자신의 진로에 미치는 영향 파악, 창업과 창직의 필요성 이해 및 관련계획 수립 등으로 구성되었다. '건강한 직업의식 형성' 활동이 중학교는 직업선택의 다양한 가치 탐색, 직업윤리 및 권리 이해. 직업에 대한 편견과 고정관념에 대한 개선 방법 탐색 등으로 구성되었다. 고등학교는 직업선택을 위한 바람직한 가치관 형성, 직업생활에 필요한 직업윤리 및 관련법규 등으로 구성되었다.

이 영역에 해당하는 학교급별 CDP 활동을 분류하면, 표 11-6과 같다. 부록 11-1~부록 11-3에 수록된 학교급별 SC⁺EP 활동을 살펴보면, SC⁺EP-GH와 SC⁺EP-SH의 '변화하는 직업세계 이해' 활동과 '건강한 직업의식 형성' 활동 모두가 같은 내용으로 구성되었다.

표 11-6 CDP의 일과 직업세계 이해 활동

프로그램 활동영역	CDP-M	CDP-H	특성화고 CDP
변화하는 직업세계 이해	**Ⅱ. 직업세계의 이해** 1. 직업의 의미 2. 직업의 종류와 특성 3. 직업현장체험 4. 산업발달에 따른 직업변화 5. 직업세계에서의 성역할 변화	**Ⅲ. 직업세계** 6. 변화하는 인재상과 직업 능력	**Ⅳ. 찾아봐! 소중한 가치** 4. 기업 인재상
건강한 직업의식 형성	**Ⅱ. 직업세계의 이해** 6. 바람직한 직업윤리 7. 바람직한 직업관	**Ⅲ. 직업세계** 3. 합리적인 직업관 4. 성공적인 직업인 5. 직업윤리	**Ⅳ. 찾아봐! 소중한 가치** 3. 직업윤리

CDP와 SC⁺EP의 '일과 직업세계 이해' 활동수를 활동지 중심으로 살펴보면, 표 11-7과 같다. CDP에서는 2개 중영역 모두 고등학교보다 중학교 활동수가 많이 구성되었으나, SC⁺EP과 비교하면 활동수가 적은 편이다. 특히 '변화하는 직업세계 이해' 활동은 CDP에 비해 SC⁺EP에서 월등하게 강조하고 있다. SC⁺EP에서 '변화하는 직업세계 이해' 활동은 중학교 활동수가 많은 반면에 '건강한 직업의식 형성' 활동은 고등학교

활동수가 많다. 이는 진로탐색 단계인 중학교와 진로준비 단계인 고등학교의 학교급별 진로발달 특성이 반영된 결과로 볼 수 있다.

표 11-7 일과 직업세계 이해 활동지

활동 프로그램	변화하는 직업세계 이해			건강한 직업의식 형성			합계
	중학교	일반고	특성화고	중학교	일반고	특성화고	
CDP	9	1	1	8	6	3	28
SC⁺EP	20	15	15	7	13	13	83
합계	29	16	16	15	19	16	111

표 11-7의 111개 활동지를 활동방법에 따라 분류하면, '변화하는 직업세계 이해' 활동은 표 11-8과 같고, '건강한 직업의식 형성' 활동은 표 11-9와 같다. '변화하는 직업세계 이해' 활동과 '건강한 직업의식 형성' 활동 모두 '질문지', '집단 활동' 등이 주된 활동방법이다. 그리고 공통적으로 '글쓰기', '사례 탐구', '동영상 시청', '그리기, 만들기' 등의 방법을 활용하였다. '변화하는 직업세계 이해' 활동은 '정보탐색'과 '현장 체험' 방법을, '건강한 직업의식 형성' 활동은 '통합 활동' 방법을 활용하였다.

표 11-8 변화하는 직업세계 이해 활동

활동방법 \ 활동영역	변화하는 직업세계 이해
질문지	**CDP-M** '일과 삶[13]', '직업의 가치 탐색', '직업표', '주변 사람들의 직업 조사하기', '직업세계의 변화 알아보기', '일과 직업에 대한 성역할 인식 퀴즈', **CDP-H** '내가 강조하고 싶은 미래의 인재상과 직업능력', **특성화고 CDP** '나는 어떤 인재인가', **SC⁺EP-M** '나의 직업 인식수준', '직업은 나에게 무엇인가?', '직업일까? 아닐까?', **SC⁺EP-H** '기술변화와 일자리 변화', '직업세계의 변화가 자신의 진로에 미치는 영향 탐구', '직업세계의 변화와 필요한 역량', '나의 창업가 정신(앙터프레너십) 알아보기', '창업 아이템 분석하기', '창업계획서 작성해 보기'

---

13   CDP-M 교사 매뉴얼에는 있지만 학생 워크북에는 누락되었음.

집단 활동	**CDP-M** '직업군별 직업명 쓰기', '한국고용직업분류에 의한 직업 분류', **SC⁺EP-M** '생활 속의 직업세계', '기술변화에 따른 직업 변화 탐구', '공동체 놀이를 통한 창업가 정신 알기', '끝말이 있는 이야기 만들기를 통한 창업가 정신 알기', '신상품 박람회', **SC⁺EP-H** '미래 사회의 모습 상상해 보기', '미래 사회의 변화 예측해 보기', '생활 속의 직업과 변화', '창업 아이템 탐색하기'
동영상 시청	**CDP-M** 〈내일을 잡아라 I, II〉, **SC⁺EP-M** '내가 생각하는 직업이란?', '미래의 교육', '새로운 직업 상상해 보기', **SC⁺EP-H** '새로운 직업 상상해 보기', '진로개척역량 토론하기', '사회적 기업 알아보기', '청년창업 알아보기'
정보탐색	**SC⁺EP-M** '새로 등장한 직업 찾기', '지금은 사라진 직업들', '신생 및 이색 직업 알아보기', '그들은 왜 창업을 선택했을까?', '상상을 현실로!'
글쓰기	**CDP-H** '내가 강조하고 싶은 미래의 인재상과 직업능력', **SC⁺EP-M** '희망 직업의 미래 그려보기'
사례 탐구	**SC⁺EP-M** '다양한 직업세계 알아보기', '인터넷의 발달로 새롭게 나타난 직업'
그리기, 만들기	**SC⁺EP-M** '창업 스토리 만화로 표현하기', **SC⁺EP-H** '내가 만약 회사를 만든다면?'
현장 체험	**CDP-M** '직업 현장 체험활동 및 보고서 쓰기'
읽기 자료	**CDP-M** '한국 최초의 직업', '타워 크레인 기사 박영미씨', '깨지는 유리천장', **특성화고 CDP** '대기업이 원하는 10가지 인재상', **SC⁺EP-M** '직업은 나에게 무엇인가?', '상상을 현실로!'

표 11-9 건강한 직업의식 형성 활동

활동방법 ＼ 활동영역	건강한 직업의식 형성
질문지	**CDP-M** '직업인의 윤리 의식', '올바른 직업관을 위한 질문지 1, 2', '직업에 대한 가치', '직업선택시 고려할 요인', '직업 선정의 태도', **CDP-H** '내가 생각하는 직업별 근로 가치에 관한 인식', **SC⁺EP-M** '직업윤리 생각해보기', '근로자의 기본권에 대한 나의 지식과 권리', **SC⁺EP-H** '자신이 생각하는 직업의 가치 점검하기', '직업생활이 주는 의미', '나의 직업윤리 수준 진단하기', '직업윤리 생각해보기', '퀴즈를 통해 근로자의 권리 알아보기'
집단 활동	**CDP-M** '직업 윤리', **CDP-H** '그릇된 직업관 조사', '합리적인 윤리적 의사결정단계' **특성화고 CDP** '바람직한 직업가치관', '요구되는 직업윤리', '직장생활과 직업윤리', **SC⁺EP-M** '직업을 가져야 할까?', **SC⁺EP-H** '직업에서 연상되는 느낌 알아보기', '직업윤리의 갈등상황에 있을 때 나는 어떻게 할까?', '직업인의 윤리의식에 대하여 토론하기', '근로자의 기본권에 대한 나의 지식과 권리'
글쓰기	**CDP-H** '직업과 연상되는 단어 작성', **SC⁺EP-M** '20년 후의 나에게 하는 인터뷰', '내가 희망하는 미래의 나에게 쓰는 편지', **SC⁺EP-H** '나의 직업 가치 부여하기'
사례 탐구	**CDP-H** '성공적인 직업인 사례 조사', **SC⁺EP-M** '직업에 대한 편견과 고정관념 극복하기', **SC⁺EP-H** '직업의 긍정적 가치 찾기'
동영상 시청	**CDP-M** '그들이 있습니다', **SC⁺EP-H** '삶과 직업에 관한 긍정적인 태도(빌리 엘리어트, EBS 극한직업)'

그리기, 만들기	**CDP-H** '직업마인드맵 그리기', **SC⁺EP-H** '직업생활을 통해 독립적 주체적 삶 만들기'
통합 활동	**SC⁺EP-M** '직업에 대한 고정관념 살펴보기'
읽기 자료	**CDP-M** '7만 번의 나눔', '기업가 정신의 의미 1, 2', '윤리적 딜레마 상황', **특성화고 CDP** '직업 윤리 갈등 & 위반상황'

3) 진로탐색 활동

'진로탐색' 활동은 '교육 기회의 탐색' 활동과 '직업정보의 탐색' 활동으로 분류된다. 이 중 '교육 기회의 탐색' 활동을 통해 중학교는 자기주도적 학습 태도를 가지며, 고등학교의 유형과 특성에 대한 다양한 정보를 탐색할 수 있다. 고등학교는 자기주도적 학습 태도를 향상시키며, 대학 및 전공에 대한 다양한 정보와 평생학습의 여러 기회를 탐색할 수 있다. 진로진학상담교사는 '교육 기회의 탐색' 활동으로 학생들의 전공 선택과 상급학교 진학을 도울 수 있다. 평생 동안 전문적 교육을 받을 수 있도록 평생교육에 대한 정보도 제공할 수 있다. 그리고 '직업정보의 탐색' 활동을 통해 중학교는 다양한 방법과 체험활동으로 구체적 직업정보를 탐색하고, 수집한 정보를 분석하여 직업 이해에 활용한다. 고등학교는 관심 직업에 대한 구체적 직업정보와 경로를 탐색하고, 수집한 직업정보를 선별하여 활용한다.

이 영역에 해당하는 학교급별 CDP 활동을 분류하면, 표 11-10과 같다. 부록 11-1~부록 11-3에 수록된 학교급별 SC⁺EP 활동을 살펴보면, SC⁺EP-GH와 SC⁺EP-SH의 '교육 기회의 탐색' 활동은 1가지 활동을 제외하고 활동내용이 같다. '직업정보의 탐색' 활동은 SC⁺EP-GH보다 SC⁺EP-SH에 6가지 활동이 추가되어 있다.

표 11-10 CDP의 진로탐색 활동

활동영역 / 프로그램	CDP-M	CDP-H	특성화고 CDP
교육 기회의 탐색	**Ⅲ. 교육세계의 이해** 1. 상급학교 이해 2. 학습 기술	**Ⅳ. 교육세계** 1. 학과선택 및 정보탐색 2. 나의 학습습관 3. 효과적인 학습전략 4. 효과적인 시험전략 5. 나의 시간관리	**Ⅴ. 바꿔봐! 학습전략** 1. 학습습관 2. 학과선택 및 정보탐색 3. 학습전략 4. 시간관리
직업정보의 탐색	**Ⅳ. 진로의사결정** 3. 나에게 적합한 직업탐색	**Ⅲ. 직업세계** 1. 직업카드를 활용한 직업탐색 2. Know와 함께하는 직업정보 수집 7. 직업기초능력진단	**Ⅲ. 탐험해봐! 나의 진로** 1. 특성화고 졸업생의 주요 진로 2. 계열별 주요 진출 직업분야 3. 직업정보탐색 4. 자격 탐색 5. 창업 6. 기업유형 **Ⅶ. 준비해봐! 성공취업** 1. 채용정보탐색

CDP와 SC⁺EP의 '진로탐색' 활동수를 활동지 중심으로 살펴보면, 표 11-11과 같다. '교육 기회의 탐색' 활동은 대학 진학을 앞둔 일반고 프로그램에 가장 많고, '직업정보의 탐색' 활동은 취업을 앞둔 특성화고 프로그램에 가장 많다. 특히 CDP-H는 '교육 기회의 탐색' 활동이, SC⁺EP-SH는 '직업정보의 탐색' 활동이 많이 구성되었다. 일반고는 대학 진학에 필요한 교육 기회 탐색 활동 뿐만 아니라 입시를 준비하기 위한 학업 전략 활동이 중요한 반면에 특성화고는 취업에 필요한 직업정보탐색 활동이 더 중요하게 다루어졌다.

표 11-11 진로탐색 활동지

프로그램 / 활동	교육 기회의 탐색			직업정보의탐색			합계
	중학교	일반고	특성화고	중학교	일반고	특성화고	
CDP	9	16	8	3	7	5	48
SC⁺EP	10[14]	12	12	13	21	27	95
합계	19	28	20	16	28	32	143

표 11-11의 143개 활동지를 활동방법에 따라 분류하면, '교육 기회의 탐색' 활동은 표 11-12와 같고, '직업정보의 탐색' 활동은 표 11-13과 같다. '교육 기회의 탐색' 활동은 '질문지'가, '직업정보의 탐색' 활동은 '정보탐색'이 가장 많이 활용되었다. 그리고 '교육 기회의 탐색' 활동으로 '정보탐색', '집단 활동', '글쓰기', '그리기', '인터뷰' 등의 방법이, '직업정보의 탐색' 활동으로 '글쓰기', '질문지', '집단 활동', '사례 탐구', '동영상 시청', '현장 체험 및 인터뷰', '심리검사 및 관련 활동', '직업카드', '그리기' 등의 방법이 활용되었다. '직업정보의 탐색' 활동이 좀 더 다양한 방법으로 구성되었다.

표 11-12 교육 기회의 탐색 활동

활동영역 활동방법	교육 기회의 탐색
질문지	**CDP-M** '나의 꿈을 이루기 위한 고등학교 탐색', '내가 가고 싶은 고등학교 계열', '우리 지역 고등학교 정보 알아보기', '진로선택카드', '배움의 목적과 의의', '나의 공부하는 습관은?', '나는 공부를 하고자 하는 의지가 있는가?', '공부에 대한 나의 자신감은?', '나의 시간관리 습관은?', **CDP-H** '학과 및 대학 선택시 나의 기준', '내가 희망하는 직업과 관련 학과 선택 연습', '내가 희망하는 직업 관련 학과 및 대학 선택', '나의 학습습관을 점검합시다'[15], '나의 학습습관 점수 매기기', '나는 얼마만큼 집중력을 가지고 있는가?', '좋은 학습습관을 갖기 위한 나의 전략', '효과적인 학습전략의 활용 점검표', '시험태도 진단지'[16], '시험전략 수립하기', '내 인생에서의 큰 돌은?', '나의 시간관리 스타일', '시간을 보내는 형태', '소중한 것을 먼저 하기 위한 나의 주간계획표', **특성화고 CDP** '나의 학습습관을 점검합시다', '나의 학습습관 점수', '나무꾼과 톱날', '나의 시간이용 실태 점검', '나의 고등학교 계획표', **SC⁺EP-M** '시간관리 방해 요인 점검'[17], '시간관리 우선순위'[18], '공부 방법 진단 검사', '나의 시험 불안 정도는?', '공부의 방해꾼 점검하기', '공부의 방해꾼 잡기', '고교 선택에서 생각해야 할 일들', **SC⁺EP-H** '학업계약서 작성하기', '나의 학습습관 점검하기', '학습태도평가표', '학업 성취수준 높이기', '자기주도학습 계획표 작성하기', '대학 시간표 짜보기'
정보탐색	**SC⁺EP-M** '고등학교 유형 및 특성 찾아보기', '특성화고! 그것이 알고 싶다', **SC⁺EP-H** '전공 계열 및 학과', '희망대학(학과) 입학전형 확인하기', '대학과 전공계열의 합리적 선택', '평생학습기관과 평생학습과정 탐색하기', '평생교육기관 탐색 및 활용'
집단 활동	**CDP-H** '시험전략 수립하기', **특성화고 CDP** '진학 후 취업, 취업 후 진학', **SC⁺EP-H** '나의 진로에서 대학진학의 의미 생각해 보기', '꿈을 위한 첫 걸음, 대학과 전공계열의 합리적 선택'

---

14 원래는 활동지가 8개인데, 활동 성격을 고려하여 '시간관리 방해 요인 점검'과 '시간관리 우선순위' 활동 2개를 중영역 '자아이해 및 긍정적 자아개념 형성'에서 '교육 기회의 탐색'으로 옮김.

15 교사 매뉴얼에는 있지만 학생 워크북에는 누락되었음.

16 교사 매뉴얼에는 있지만 학생 워크북에는 누락되었음.

17, 18 SC⁺EP-M에는 '자아이해 및 긍정적 자아개념 형성' 활동이지만 활동 특성을 고려하여 '교육 기회 탐색' 활동으로 분류함.

글쓰기	**CDP-H** '나의 시간관리 10계명', **SC⁺EP-M** '배우는 즐거움'
그리기	**특성화고 CDP** '좋은 학습습관을 갖기 위한 나의 전략 마인드맵'
인터뷰	**SC⁺EP-SH** '평생학습자 인터뷰'
읽기 자료	**CDP-M** '공학도꿈 실현 위해 공고 진학', '습관을 길러라', '공부에 대한 자신감을 가져라', '시간을 관리하라', **CDP-H** '시간관리 일화 및 속담', '시간 보내는 유형별 특징', '시간관리전문가가 들려주는 행복하게 사는 방법', **특성화고 CDP** '공부하는 습관', '공부 9단 오기 10단', '시간관리 일화 및 속담', '시간관리의 중요성'

표 11-13 직업정보의 탐색 활동

활동방법 \ 활동영역	직업정보의 탐색
정보탐색	**CDP-H** '한국직업정보시스템과 함께하는 직업카드 정보 사냥', **특성화고 CDP** '직업정보탐색 대회', '자격정보탐색하기', '기업정보사냥', '일자리 정보 찾기', '취업희망 일자리 정보 파악하기', **SC⁺EP-M** '여러 경로로 직업 찾아보기', '관심 직업 탐색하기', **SC⁺EP-H** '나만의 직업 목록 만들기', '직업정보 수집하기', '직업정보 비교 평가하기', '나의 전공과 직업', '큐넷(Q-net)을 활용한 교육·훈련 방안 탐색', '일학습병행제도에 대해 조사하기', '일학습병행제 참여 기업 알아보기', '선취업후진학정보 알아보기', '우리 지역 탐구를 통한 직업체험 자원 조사하기', '현장체험 프로그램 찾아보기', '직업체험기관에 대하여 사전조사하기', **SC⁺EP-SH** '관심 직업의 직업 경로, 자격, 훈련 방법 탐색하기', '대학별 재직자 특별전형 정보탐색해 보기'
글쓰기	**SC⁺EP-M** '그들이 알고 싶다', **SC⁺EP-H** '커리어넷을 통한 희망 직업 보고서 작성하기', '영화나 TV를 통한 희망 직업 보고서 작성하기', '직업인 인터뷰를 통한 희망 직업 보고서 작성하기', '견학/관찰을 통한 직업체험 보고서 작성하기', '인터뷰를 통한 직업체험 보고서 작성하기', '직접체험을 통한 직업체험 보고서 작성하기', 'SWOT 분석으로 살펴보는 나의 진로', **SC⁺EP-SH** '재직자 특별전형 자기소개서 작성하기'
질문지	**CDP-M** '선호하는 직업목록과 추천하는 직업목록', '나와 관련된 직업목록 정리하기', '새로운 직업에 대하여 탐색하기', **CDP-H** '나의 희망 직업', **SC⁺EP-M** '직업퀴즈', '맞춤식 진로체험 설계해 보기', **SC⁺EP-H** '나의 진로설계에 중요한 항목들을 찾아보기'
집단 활동	**CDP-H** '친구를 통해 본 나의 직업', **특성화고 CDP** '직업 퍼즐', **SC⁺EP-M** '직업 퍼즐', '우리 시대의 직업 멘토를 찾아서', **SC⁺EP-H** '직업 체험 결과 나누기'
사례 탐구	**특성화고 CDP** '창업 사례', **SC⁺EP-M** '역할 모델 따라잡기', **SC⁺EP-H** '일학습병행제 학습자, 기업 사례 조사하기', **SC⁺EP-SH** '후진학사례 탐색해 보기'
동영상 시청	**SC⁺EP-M** '새로운 직업, 미디어로 체험하기', '흥미로운 직업, 미디어로 체험하기', '창업 이야기, 미디어로 체험하기'
현장체험 및 인터뷰	**SC⁺EP-M** '현장체험(정보탐색＋현장체험＋질문지)', **SC⁺EP-SH** '직업인 인터뷰하기'

심리검사 및 관련 활동	**CDP-H** '직업기초능력 진단도구', '직업기초능력 진단도구 결과 해석'
직업카드	**CDP-H** '색으로 찾아가는 나의 흥미', '선호직업선택 및 직업정보 기입'
그리기	**SC⁺EP-M** '나의 직업정보 획득경로 점검', **SC⁺EP-SH** '자신의 후진학 경로 그려보기'
읽기 자료	**CDP-M** '꿈꾸는 자가 아름답다', '유명 야구 선수', **특성화고 CDP** '특성화고교 계열별 주요 특성', '계열별 관련 직업', '자격, 이것이 궁금하다', '자격취득 시 고려사항', '전공계열별 취득 자격', '업종별 선호자격', '창업 사례1~6', '세계 최초의 벤처기업: 휴렛팩커드', '사회적 기업 사례', '행복지수 1등 기업'

4) 진로 디자인과 준비 활동

'진로 디자인과 준비' 활동은 '진로의사결정능력 개발' 활동과 '진로설계와 준비' 활동으로 분류된다. 이 중 '진로의사결정능력 개발' 활동을 통해 중학교는 진로의사결정능력을 함양하며, 진로장벽 요인 및 해결 방법을 찾을 수 있다. 고등학교는 진로의사결정 방식을 점검하여 개선하고, 진로장벽 요인을 해결하기 위해 노력할 수 있다. 그리고 '진로설계와 준비' 활동을 통해 중학교는 자신의 특성을 바탕으로 잠정적 진로목표와 계획을 세우고, 진로목표에 따른 고등학교 진학 계획을 수립하고 준비할 수 있다. 고등학교는 진로목표와 구체적 계획을 수립한 후 상황변화에 맞춰 보완하며, 고등학교 이후 진로계획을 수립하고 실천하도록 노력할 수 있다. 학생들은 '진로 디자인과 준비' 활동으로 앞서 경험한 활동들의 결과를 통합하여 의사결정을 할 수 있으며, 진로계획을 수립하고 준비할 수 있다.

이 영역에 해당하는 학교급별 CDP 활동을 분류하면, 표 11-14와 같다. 특성화고 CDP는 '진로설계와 준비'를 위한 활동이 다른 학교급에 비해 많은 편이다. 부록 11-1~부록 11-3에 수록된 학교급별 SC⁺EP 활동을 살펴보면, SC⁺EP-GH와 SC⁺EP-SH의 '진로의사결정능력 개발' 활동 내용 모두가 같다. '진로설계와 준비' 활동은 SC⁺EP-GH보다 SC⁺EP-SH에 더 다양한 활동들이 추가되어 있다.

표 11-14 CDP의 진로 디자인과 준비 활동

활동영역 \ 프로그램	CDP-M	CDP-H	특성화고 CDP
진로의사결정능력 개발	**Ⅳ. 진로의사결정** 1. 의사결정 유형 이해하기 2. 합리적인 의사결정 절차	**Ⅴ. 진로의사결정** 1. 나의 진로의사결정 유형 2. 진로의사결정 연습 3. 나의 희망 직업 선택 4. 나의 희망전공 선택	**Ⅵ. 설계해봐! 나의 꿈** 1. 진로의사결정과 경로 2. 나의 진로의사결정 3. 진로의사결정 연습
진로설계와 준비	**Ⅴ. 진로계획 및 준비** 1. 나의 진로계획 세우기 2. 나의 진로준비	**Ⅵ. 진로계획 및 준비** 1. 진로포부 선언하기 2. 진로계획 수립하기 5. 이력서 작성하기 6. 자기소개서 작성하기	**Ⅵ. 설계해봐! 나의 꿈** 4. 진로계획 수립 5. 진로포부 선언 **Ⅶ. 준비해봐! 성공취업** 3. 이력서 작성 4. 자기소개서 작성 5. 면접 준비와 연습(1) (2) **Ⅷ. 꿈꿔봐! 멋진 사회인** 4. 평생학습과 경력개발 5. 일과 삶의 균형

CDP와 SC⁺EP의 '진로 디자인과 준비' 활동수를 활동지 중심으로 살펴보면, 표 11-15와 같다. '진로의사결정능력 개발' 활동은 일반고 프로그램에 가장 많고, '진로설계와 준비' 활동은 특성화고 프로그램에 가장 많다. '진로설계와 준비' 활동은 사회 진출을 앞두고 있는 특성화고 학생들에게 특히 비중 있게 다루어짐을 알 수 있다.

표 11-15 진로 디자인과 준비 활동지

프로그램 \ 활동	진로의사결정능력 개발			진로설계와 준비			합계
	중학교	일반고	특성화고	중학교	일반고	특성화고	
CDP	4	12	4	6	13	17	56
SC⁺EP	4	12	12	17	26	38	109
합계	8	24	16	23	39	55	165

표 11-15의 165개 활동지를 활동방법에 따라 분류하면, '진로의사결정능력 개발' 활동은 표 11-16과 같고, '진로설계와 준비' 활동은 표 11-17과 같다. 두 활동 모두 '질문지'를 가장 많이 활용했다. 그 외에 '진로의사결정능력 개발' 활동은 '사례 탐구', '집단 활동', '심리검사 및 관련 활동', '노래', '그리기, 만들기' 등의 방법을 활용하였다. '진로설계와 준비' 활동은 '글쓰기', '정보탐색과 관련 활동', '그리기, 만들기', '현장체험 및 관련 활동', '집단 활동', '사례 탐구', '통합 활동' 등의 방법을 활용하였다.

표 11-16 진로의사결정능력 개발 활동

활동방법 / 활동영역	진로의사결정능력 개발
질문지	**CDP-M** '의사결정방식 조사', '합리적 의사결정하기', **CDP-H와 특성화고 CDP** '내 꿈의 정보를 모아 봐!', '우리 이렇게 의사결정 해봐요!', **CDP-H** '희망 직업 목록표', '직업선택 기준표', '희망 직업 선택표', '나의 희망 직업과 희망계열' '나의 희망 직업과 희망학과', '희망학과 기준표', '희망학과 선택표', '나의 희망전공과 관련교과' **SC⁺EP-M** '진로의사결정 고정관념 알아보기', **SC⁺EP-H** '의사결정 방법 연습하기', '갈등상황에서의 의사결정 연습하기', '나의 진로결정 정도는?', '나의 의사결정 되돌아보기', '진로장벽과 갈등요인 파악해 보기', '내가 생각하는 나의 진로장벽?', '진로장벽 해결 방안을 탐색해 보자', '나의 문제해결 행동을 알아보자', '문제해결 연습'
사례 탐구	**SC⁺EP-M** '직업을 바꾼 사람들', '진로장벽을 경험하고 극복한 사례 기사 만들기', SC⁺EP-H '앞선 사람에게 길을 묻자!'
집단 활동	**CDP-M** '나와 친구의 의사 결정', **CDP-H와 특성화고 CDP** '우리는 이렇게 의사결정 해요', 특성화고 CDP '진로경로도'
심리검사 및 관련 활동	**CDP** '의사결정 유형 검사', **SC⁺EP-H** '나의 진로의사결정 유형 알아보기', '나의 진로성숙도는?'
노래	**특성화고 CDP** '거꾸로 강을 거슬러 오르는 저 힘찬 연어들처럼, 달팽이, 길, 거위의 꿈'
그리기, 만들기	**SC⁺EP-M** '내가 만난 진로장벽'
읽기 자료	**CDP-M** '그것을 하게 된 동기가 뭐냐고요?', '과일 깎는 아들', '아빠 일터 보며 제 미래를 보아요', '합리적 의사결정 절차'

표 11-17 진로설계와 준비 활동

활동방법 \ 활동영역	진로설계와 준비
질문지	**CDP-M** '나의 특성에 적합한 직업 탐색하기', '수렴적 기법을 적용한 직업 선택', '직업에 대한 상세 정보탐색', '진로목표와 행동 지침', **CDP-H** '진학 및 취업 결정에 따른 나의 미래 모습은?', '진로목표와 계획 수립하기', '나의 삶을 위한 약속 이행표', **특성화고 CDP** '나의 삶을 위한 약속 이행표', '나의 면접질문 대처능력은?', '면접 준비사항 점검하기' '면접문제 출제지', '관찰자용 평가지', '경력 로드맵과 평생학습 내용', '나에겐 이런 여가활동이', '나의 일, 나의 삶', **SC⁺EP-M** '나의 미래 진로', '세부 진로계획 작성하기', '자신의 진로목표와 관련된 학교 활동 계획하기', '고등학교 생활을 계획하고 준비하기', '나의 건강관리', '지출기록장 기록하기', **SC⁺EP-H** '나의 인생 로드맵 만들기', '진로계획에 따른 단계별 세부과제 설정', '나의 생활기록부 정리하기', '학교연간계획에 따른 나의 활동사항 점검하기', '활동계획표 작성하기', '나의 진로목표 달성을 위한 학교 활동 계획', '진로계획의 평가와 수정해 보기', '나의 진로계획에 대한 실제 준비 정도 파악하기', '직업 기초 능력 기르기', '자기관리능력 점검하기', **SC⁺EP-GH** '하고 싶은 경험 작성하기', '계열 선택하기', **SC⁺EP-SH** '모의 면접 체크 리스트'
글쓰기	**CDP-M** '나의 사명서', **CDP-H** '진로설계를 위한 나 분석하기', '꿈을 이룬 나! 나의 뇌 들여다 보기', '내 꿈의 선언문', '이력서 작성하기', '이력서 작성 시 느낀 점', **특성화고 CDP** '자기소개서 쓰기', '나의 일, 나의 삶', '나는 미래에 어떻게 살까?', '꿈을 이룬 나! 나의 뇌 들여다 보기', '내 꿈의 선언문', '이력서 작성하기', **SC⁺EP-M** '고등학교 지원을 위한 자기소개서 쓰기', '돈 이란?', **SC⁺EP-H** '나의 비전선언문 작성하기', '진학설계노트', '실패에서 배우기', **SC⁺EP-SH** '취업과 진학 진로 비교 로드맵 작성', '이력서 작성', '자기소개서 작성', '자기추천서 작성'
정보탐색 및 관련 활동	**SC⁺EP-M** '희망 고등학교 선택하기', '고교 선택을 위한 의사결정 비교표 작성', '진학 희망 고등학교 알아보기', '내가 가고 싶은 고등학교', '무엇을 어떻게 준비할까?', '우리 학교, 지역사회 진로교육 자원 알아보기', **SC⁺EP-H** '진로계획에 따라 적합한 학과 조사하기', '장기 진로계획과 희망 직업의 관련성 분석', '취업 vs 진학 결정하기' **SC⁺EP-SH** '진로계획 세우기', '자신의 진로목표를 달성하기 위한 NCS에 맞는 활동 계획하기', '희망 직업세계의 미래의 변화모습 상상해 보기', '채용정보 찾아보기', '입사지원을 위한 체크리스트 만들기', '근로조건 알아보기', '희망대학(학과) 입학 전형 확인하기'
그리기, 만들기	**CDP-M** '직업인으로서 미래 나의 모습 4컷 만화', **CDP-H** '나의 미래 모습 그리기', '내 꿈을 이루기 위한 직업진로계획 카드', **특성화고 CDP** '진로실현을 위한 나 분석하기', **SC⁺EP-M** '미래 나의 회사 만들기', '나의 미래 진로 경로', '고등학생이 된 나의 모습 상상하기', **SC⁺EP-SH** '나의 마인드맵 그리기'
현장체험 및 관련 활동	**SC⁺EP-M** '내가 가고 싶은 학교 방문하기', **SC⁺EP-H** '관심학과 및 관심대학 현장방문하기 1,2', '관심대학 현장방문하기1,2', '진로계획에 따라 적합한 학과 비교하기', '희망학과에 따라 적합한 대학 비교하기', **SC⁺EP-SH** '현장 실습 경험과 진로계획 적합성 비교하기', '현장 실습 경험을 바탕으로 진로계획 수정하기'
집단 활동	**CDP-H와 특성화고 CDP** '자기소개서, 노하우를 찾아라!', **CDP-H** '학업계획서, 노하우를 찾아라!', **SC⁺EP-GH** '진로 고민 상담', **SC⁺EP-SH** '취업 vs 진로 상담하기'
사례 탐구	**SC⁺EP-SH** '역할 모델 찾기'
통합 활동	**SC⁺EP-H** '2046년의 어느 날'(명함 만들기＋집단상황극＋느낀 점 쓰기)

읽기 자료	**CDP-M** '나의 꿈을 이루기 위하여', '나의 인생 나의 진로', '꿈꾸고 계획하며', **CDP-H** '자기 암시 형성', '자기소개서 사례', '학업계획서 사례', **특성화고 CDP** '자기소개서 사례', '나의 면접질문 대처 능력, 그 수준은?', '채용 면접의 유형 및 방식', '면접시 코디 연출', '면접의 자세와 태도', '면접에 자주 나오는 질문', '면접 진행 절차에서 알아둘 사항', '업종별 면접 출제 문제', '선배들의 취업 후 경력개발에 대한 한마디', '고교 졸업 뒤 취업하면 입영 연기', '취업 후에 공부하자, 재직자 특별전형', '새내기 직장인, 프로가 되는 경력관리 5계명', '일과 여가의 불균형 사례'

3 학교 진로진학지도 프로그램 활동 방법

앞서 살펴본 바에 의하면, '자아이해 및 긍정적 자아개념 형성' 프로그램은 '심리검사 및 관련 활동'이, '직업정보의 탐색' 프로그램은 '정보탐색'이, 나머지 영역 프로그램은 '질문지'가 가장 많이 활용된다. 영역별 프로그램 특성에 따라 주된 활동 방법이 다르긴 하지만 대체로 다양한 방법이 활용되고 있다. 이러한 방법들은 진로진학지도 뿐만 아니라 개인이나 소집단을 대상으로 하는 진로상담에서도 활용할 수 있는 기법들이다. 주로 활용된 활동을 중심으로 활동 방법에 대해 간단하게 살펴보기로 한다.

1) 질문지 활동

진로진학지도 프로그램이 학생들에게 워크북의 형태로 제공되는 경우 활동지 대부분이 질문지 형식을 지닌다. 심리검사, 정보탐색, 현장체험, 집단토론 등 진로관련활동 대부분이 그 활동 전후에 질문지 활동과 함께 이루어진다. 앞의 활동 분류에서는 다른 활동 없이 질문지 활동 하나만을 실행하는 활동을 질문지 활동으로 분류하였다. 그럼에도 질문지는 모든 영역에서 가장 많이 활용된다. 질문지는 개인의 심리적 특성이나 의견을 탐색하기에 적절하고 많은 학생들에게 동시에 활용할 수 있다.

학교 진로진학지도 프로그램은 다음과 같이 다양한 종류의 질문지를 활용한다.

첫째, 자유반응형 질문지가 가장 많다. 자유반응형은 어떤 질문에 대해 자신의 생각을 자유롭게 쓰는 비구조화된 응답양식이다. 이 자유반응형은 '글쓰기' 활동 방법과 매우 유사하다. 자유반응형 질문지를 통해 다양한 진로활동을 개발할 수 있다.

둘째, 평정척도형 질문지가 많이 활용된다. 구조화된 응답양식의 대표적인 것인데, 주로 3, 4, 5단계 척도를 활용한다. 예를 들면, 3점 척도에는 SC⁺EP-H '나의 대인관계 점검', '바람직한 인간관계를 갖기 위한 나의 노력', 직업 기초 능력 기르기' 등이 있다. 4점 척도에는 SC⁺EP-M '나의 직업 인식수준', '여러 경로로 직업 찾아보기' 등이 있다. 5점 척도에는 CDP-H '시험태도 진단지', SC⁺EP-M '공부 방법 진단 검사', SC⁺EP-H '자신이 생각하는 직업의 가치 점검하기', '나의 직업윤리 수준 진단하기', SC⁺EP-SH '모의 면접 체크 리스트' 등이 있는데, 이 외에도 많은 질문지가 5점 척도를 활용한다.

셋째, ○×나 예, 아니오로 답하는 양자택일형 질문지가 활용된다. CDP-M '나를 이해해야 하는 이유 ○×퀴즈', CDP-H '나의 시간관리 스타일', SC⁺EP-M '나의 대인관계 능력 알아보기', '진로의사결정 고정관념 알아보기', SC⁺EP-H '내가 생각하는 나의 진로장벽?' 등이 있다.

이 외에 여러 항목 중 해당되는 것만 골라서 체크하는 질문지, 순위를 정하는 질문지, 목록 적기 질문지, 실천계획 작성하기 질문지 등 다양한 질문지들이 있다.

2) 글쓰기 활동

글쓰기는 자유반응형 질문지의 글쓰기와 유사하지만, 여러 개의 질문이 아닌 한 가지 주제에 대해 글을 쓰는 활동 방법으로 간주하고 구분하였다. 글쓰기는 '진로설계와 준비' 영역에서 가장 많이 활용된다. 자유반응형 질문지의 글쓰기까지 합하면 '진로설계와 준비' 영역에서는 글쓰기 활동의 비중은 매우 크다. 글쓰기를 진로상담에 활용한 브라운과 리안 크라네(2000)는 진로 핵심 개입 전략 중 하나로 글쓰기를 제시하면서, 자신의 진로목표와 계획을 글로 적어 두도록 했으며, 자신의 진로발달과 관련된 성찰, 생각, 느낌 등을 기록하는 것이 좋다고 했다. 이는 언어가 새로운 통찰과 새로운 전략을 발전시킬 기회를 제공하므로 글쓰기 전에는 확실하게 구조화되지 않았던 사고와 감정의 구조를 이끌어낸다(Baumeister & Vohs, 2002)고 할 수 있다.

편지 형식의 글쓰기로 CDP-M '새롭게 발견한 나에게 편지 쓰기', SC⁺EP-M '20년 후의 나에게 하는 인터뷰', '내가 희망하는 미래의 나에게 쓰는 편지' 등이 있다. 목록이나 단어를 적는 글쓰기로 CDP-M '나의 자랑, 장점 적기', CDP-H '직업과 연상되는 단어 작성', '나의 시간관리 10계명', CDP-H와 특성화고 CDP '내 인생의 10대 자랑거리 작성하기', CDP-H '자신의 행복 10계명' 등이 있다. 이 외에도 생각이나 느낌 쓰기, 보고서 쓰기, 사명서 쓰기, 자기소개서 쓰기, 자기추천서 쓰기, 이력서 쓰기 등의 글쓰기가 있다.

3) 심리검사 및 관련 활동

심리검사란 인간 내면의 행동적 특성이나 심리적 특성을 간접적으로 측정하는 도구를 말한다(이재창 외, 2014). 이러한 심리검사를 통해 성격, 흥미, 적성, 가치 등 개인의 다양한 특성을 탐색할 수 있다. 심리검사를 한 후에는 검사 결과를 해석하고 정리하는 활동이 질문지나 집단 활동을 통해 이루어진다. 자가진단에 의한 평가 결과를 정리하고 또래와 함께 활동함으로써 자신에 대한 평가를 객관화할 수 있다. 또한 심리검사 결과에 따라 자신의 특성에 적합한 직업 탐색하기가 주로 이루어진다. '심리검사 및 관련 활동'은 '자아이해 및 긍정적 자아개념 형성' 활동에서 가장 많이 활용된다. 대부분 컴퓨터를 이용한 검사로 학생들의 응답을 채점하여 결과를 즉시 알려주는 시스템으로 구성되어 있다.

CDP는 한국고용정보원(워크넷) 사이트 http://www.work.go.kr의 직업흥미검사, 적성검사, 직업인성검사, 직업가치관검사 등을 통해 흥미, 성격, 적성, 가치관 등을 탐색하게 한다. SC⁺EP는 한국직업능력개발원(커리어넷) 사이트 http://www.career. go.kr의 직업적성검사, 직업흥미검사, 직업가치관검사, 진로성숙도 등을 통해 개인의 심리적 특성과 진로성숙도를 탐색하게 한다. 워크넷의 직업심리검사와 커리어넷의 진로심리검사에는 표 11-18과 같은 심리검사가 있다. 음영 부분은 CDP와 SC⁺EP에서 활용하는 심리검사이다. '진로성숙도검사'를 제외한 대부분 심리검사가 '자아이해 및 긍정적 자아개념 형성' 활동으로 활용된다. 음영 이외의 심리검사도 필요에 따라 활용 가능하다. 심리검사는 학교에서 실시할 수도 있고, CDP에서처럼 심리검사를 하고 결과물을 출력해 오도록 과제를 제시할 수도 있다.

표 11-18 심리검사 종류

	검사 종류	대상	하위 척도	검사시간
워크넷 직업심리검사	청소년직업흥미검사	중, 고	13개 분야 185개 문항	20분
	고등학생적성검사	고	9개 적성 요인	65분
	청소년적성검사	중	8개 적성 요인	70분
	직업가치관검사	중3~고	13개 가치 요인	20분
	청소년직업인성검사(단축형)	중, 고	5가지 성격요인 30가지 하위요인	20분
	청소년직업인성검사(전체형)	중, 고	5가지 성격요인 30가지 하위요인	40분
	고교계열 흥미검사	고	208개 문항	30분
	대학 전공(학과) 흥미검사	고	7개 계열 49개 학과 410개 문항	30분
	청소년진로발달검사	중2~고	진로성숙도검사(57개 문항) 진로미결정검사(40개 문항)	40분
커리어넷 진로심리검사	직업적성검사	중	10개 영역 59개 문항	20분
		고	12개 영역 96개 문항	30분
	직업흥미검사(K형)	중, 고	16개 영역 96개 문항	15분
	직업흥미검사(H형)	중	141개 문항	20~25분
		고	130개 문항	20~25분
	직업가치관검사	중, 고	8개 영역 28개 문항	10분
	진로성숙도검사	중, 고	8개 영역 64개 문항	20분

이밖에 '의사결정유형 검사'와 '직업기초능력 진단도구'와 같이 표준화된 검사지를 이용한 검사도 있다. 검사지를 통해 심리검사를 한 경우에는 학생들이 자신의 응답을 채점하고 해석할 수 있는 활동지를 함께 제공한다.

4) 정보탐색, 사례 탐구, 동영상 시청 활동

진로진학상담교사는 학생들이 객관적이고 정확한 최신 정보를 탐색할 수 있도록 도와주어야 한다. 정보가 부족하거나 잘못된 정보를 알고 있을 경우에는 진로설계에 어려움을 겪게 된다. 정보탐색 및 사례 탐구를 통해 필요한 정보를 확장하고 왜곡된 정보를 수정하도록 해야 한다. 또한 성공사례 탐구는 성공한 인물이나 사례를 모델링함으로써 구체적인 진로계획을 수립하는 데 도움을 받을 수 있다. 동영상 시청은 정보탐색뿐만 아니라 사례 탐구에도 도움이 되는 활동이다. 표 11-19는 중고등학생들이 정보를 탐색하고 사례를 탐구할 수 있는 내용이다. 워크넷, 커리어넷, 커리어패스는 최신의 직업정보와 학과 정보를 제공하고, 다양한 정보와 사례를 담은 동영상을 탑재하고 있다.

표 11-19 정보탐색 내용

정보 종류		항목	정보탐색 내용
워크넷 www.work.go.kr	직업정보	한국직업정보 시스템	키워드로 직종 찾기, 평균연봉 및 직업전망으로 조건별 검색, 나의 특성에 맞는 직업 찾기, 직업 분류별 검색 등 직업정보
		한국직업전망	우리나라 대표 17개 분야 약 200개 직업에 대한 상세정보
		한국직업사전	2015년 말 기준, 직업명 기준으로 11,927개 직업에 유사 직업명 3,610개를 더한 15,537개 직업명
		직업탐방	테마별 직업여행, 눈길 끄는 이색직업, 외국직업, 직업인 인터뷰
		대상별 추천 직업	대상별 추천 직업
		미래를 함께할 새로운 직업	5개 분야 신직업
		우리들의 직업 만들기(창직)	창직자 인터뷰, 창직 성공기, 창직할 직업 찾기 등
		워크넷에서 만난 사람들	다양한 분야에서 자신만의 입지를 다지고 널리 이름을 알린 직업인들의 이야기 53건
		카드로 보는 직업정보	짧은 글과 이미지 형태로 제공하는 새로운 직업정보

		잡맵	228개 산업과 426개 직업별 소득, 종사자수, 여성비율, 근속년수 등 노동시장 정보
	학과정보	학과정보 검색	학과나 업무의 키워드, 학과 계열과 취업률 조건, 7개 계열 등 다양한 조건을 통해 학과 검색
		이색 학과정보	7개 분야의 이색학과정보
	직업·학과 동영상	직업 동영상	우리나라 전 산업분야에 걸친 다양한 직업의 생생한 현장 모습 및 인터뷰를 담은 직업군별, 연도별, 신직업별 동영상
		취업지원 동영상	취업을 원하는 구직자에게 다양한 정보를 제공하는 청년층 동영상
		기업관련 동영상	작지만 강한 강소기업. 일자리창출 우수기업 소개 및 기업에서의 직무 소개 동영상
		학과정보 동영상	해당 학과 졸업 후 진출할 수 있는 직업과 분야에 대해 소개 및 취업 준비를 위한 대학생활 안내 동영상, 7개 대학 계열 정보 동영상
커리어넷 www.career.go.kr	직업·학과 정보	직업정보	직업 분류에 따른 직업정보 454건
		학과 정보	고등학교 학과 정보 56건, 대학교 학과 정보 509건
		학교 정보	초·중·고·대학교, 특수/각종학교, 대안학교 홈페이지와 연결
		열린진로정보잼	열린직업잼, 열린학과잼, 우학소, 명예의 전당 등의 열린지식공간
		해외 신직업	해외 신직업 50건
		인터뷰	도전하는 한국인, 직업인 인터뷰 동영상 21건, 창의적 기업가 인터뷰, 학과 인터뷰 150건
		자료실	학과 자료실, 직업자료실, 연구보고서
	진로 동영상	직업정보	직업 분류에 따른 직업정보 동영상 2526건
		학과	학과 분류에 따른 학과 동영상 195건
		진로교육	자기이해 및 개발, 일과 직업의 세계, 진로탐색 및 준비, 기타 등의 동영상
		기타	81건의 나양한 진로 동영상
커리어패스 path.career.go.kr		커리어패스 사례	글로벌, 연극공연, 음악, 방송, 미술, 과학, 창업, 창직, 관광, 대안학교, 문화콘텐츠, 스포츠, 애니메이션 분야 사례
		사례집 다운로드	2013~2015 커리어패스 사례집

이외에도 CDP와 SC⁺EP에서는 학교알리미[19], 대학알리미[20], 기업일학습[21], 일학습병행블로그[22], 산업인력관리공단[23], 특성화고·마이스터고포털[24], 교육기부[25], 창의인성넷[26] 등의 사이트를 정보탐색에 활용한다.

5) 기타 활동

'가치관 경매'와 '진로가계도'는 자아이해를 위해, '현장체험 및 인터뷰', '직업카드'는 진로탐색을 위해 활용된다. 이외에도 '집단 활동', '그리기, 만들기', '통합 활동', '읽기 자료' 등이 활용된다.

① 가치관 경매는 가치관 탐색을 위해 진로프로그램에서 자주 활용하는 방법이다. 가치관 목록과 경매 사용 금액을 제공하고 가치관에 투자하도록 하는 방법이다. CDP-H와 특성화고 CDP는 직업가치관검사와, SC⁺EP-M은 가치관 카드 놀이와 연결하여 활용한다.

② 진로가계도는 가족관계를 도식화하는 가계도에 가족의 직업정보를 작성하는 방법이다. CDP-M은 '진로가계도' 활동 후 가족과 친척의 직업 환경을 질문지에 정리하게 한다.

---

19   학교알리미 www.schoolinfo.go.kr
20   대학알리미 www.academyinfo.go.kr
21   기업일학습 www.bizhrd.net
22   일학습병행블로그 blog.naver.com/bizhrdnet
23   산업인력관리공단 www.hrdkorea.or.kr
24   특성화고·마이스터고포털 www.hifive.go.kr
25   교육기부 www.teachforkorea.go.kr
26   창의인성넷 www.crezone.net

③ 현장 체험 및 인터뷰는 학생들이 현장을 방문하여 직접 진로정보를 수집하거나 체험을 하는 방법이다. 현장 체험 전에는 정보탐색 활동을, 현장 체험 후에는 보고서 작성하기 활동을 병행하기도 한다. 인터뷰는 체계적으로 정보를 수집할 수 있도록 구조화된 질문지를 준비하는 것이 바람직하다.

④ 직업카드 분류는 직업에 대한 소개를 카드로 만들어 분류하는 활동을 통해 직업 흥미를 탐색하는 방법 또는 도구를 말한다(김봉환, 2011). 서현주(2015)는 직업카드를 활용한 진로지도프로그램 효과 연구를 분석한 결과, 성별·학교급·참여자수·회기 등과 상관없이 모두 큰 효과가 있다고 보고하였다. 직업카드는 학생들이 흥미를 갖고 자발적으로 참여하게 하는 장점을 지니고 있다.

⑤ 집단 활동은 소집단으로 모여 토의 및 토론, 놀이, 만들기 등을 함께하는 활동이다. 이 중 토의 및 토론이 집단 활동으로 가장 많이 활용되는데, 대체로 질문지에 자신의 생각을 정리한 후에 집단원이 함께 활동한다. '우리는 나보다 더 똑똑하다', '사람들 앞에서 당당하게 발표를 잘하려면', '직장생활과 직업윤리', '직업을 가져야 할까?', '직업에서 연상되는 느낌 알아보기', '직업윤리의 갈등상황에 있을 때 나는 어떻게 할까?' 등이 집단 활동 주제로 다루어진다. 이외에도 많은 주제를 중심으로 집단 활동이 이루어진다. 놀이에는 흥미 카드, 적성 카드, 가치관 카드, 성격 카드, 자기소개 카드 등 카드를 활용한 놀이가 있다. '듣기 훈련 게임', '문장 완성 놀이', '공동체 놀이'와 같은 놀이도 있다. 그리고 SC⁺EP-M '결말이 있는 이야기 만들기를 통한 창업가 정신 알기'의 이야기 만들기, SC⁺EP-H '미래 사회의 변화 예측해 보기'의 이어 적기, SC⁺EP-M '신상품 박람회'의 신상품 홍보 포스터 만들기 등도 집단 활동으로 진행된다.

⑥ 그리기 활동으로 장단점 마인드맵, 직업 마인드맵, 학습전략 마인드맵 등 마인드맵을 그리는 활동이 있다. CDP-M '직업인으로서 미래 나의 모습 4컷 만화', SC⁺EP-M '창업 스토리 만화로 표현하기'와 같이 만화 그리기도 있다. 자신의 모습을 표현하는 데 그리기나 만들기를 활용하기도 한다. CDP-H '나의 이미지', CDP-H '나의

미래 모습 그리기', SC⁺EP '나를 광고하기' SC⁺EP-M '나의 강점 그리기', '고등학생이 된 나의 모습 상상하기', SC⁺EP-H '미니 아바타 만들기' 등이 그 예이다. 이외에 여러 활동에서 그리기와 만들기를 활용한다.

⑦ 통합 활동은 앞에서도 언급했듯이 1개 활동지 안에서 3개 이상의 활동이 이루지는 경우를 통합 활동이라고 지칭하였다. 예를 들면, SC⁺EP-M '상상나무 그리기와 이야기 전달'은 모둠으로 모여 각자 상상의 나무를 그리고, 나무 중 하나를 골라 이야기를 만들고, 그 이야기를 연극으로 만들고, 마지막으로 모둠별 연극 줄거리를 글로 쓰는 활동이다. SC⁺EP-M '직업에 대한 고정관념 살펴보기'는 질문지를 정리하여 집단토의를 하고 동영상 시청 후 편지 쓰기를 하는 활동이다. SC⁺EP-H '2046년의 어느 날'은 개인 명함을 만든 후 모둠별로 '2046년의 하루' 이야기를 쓰고 상황극으로 표현하여 그 느낌을 쓰는 활동이다. 이와 같은 통합 활동은 SC⁺EP에서 활용되고 있다.

⑧ 읽기 자료는 활동지는 아니지만 CDP의 많은 부분을 차지하고 있다. 진로교육의 주제와 연관된 자료를 통해 학생들에게 정보를 제공하거나 간접경험을 하게 함으로써 진로발달에 도움을 준다. 특히 특성화고 CDP는 '자아이해 및 긍정적 자아개념 형성', '직업정보탐색', '진로설계와 준비' 영역에서 읽기자료를 많이 활용한다.

연구과제

1. 학교 진로진학지도 프로그램 활동 방법 외에 활용할 수 있는 활동 방법에 대해 토의해 보자.

2. 학교 진로진학지도 프로그램의 8개 영역 중 한 영역을 선택하여 질문지를 만들어 보자.

3. 학교 진로진학지도 프로그램 활동을 재구성하여 10회기 프로그램을 구성해 보자.

부록 11-1 SC⁺EP-M 활동지 목록

I. 자아이해와 사회적 역량 개발	1. 자아이해 및 긍정적 자아개념 형성	M I 1.1.1 A1 진로의 의미
		M I 1.1.1 A2 생활 속의 행복 찾기
		M I 1.1.2 A1 나를 광고하기
		M I 1.1.3 A1 나는 누구인가?
		M I 1.1.3 A2 내가 보는 '나'와 다른 사람이 보는 '나'
		M I 1.1.4 A1 나의 강점 발견하기
		M I 1.1.4 A2 시간관리 방해 요인 점검
		M I 1.1.4 A3 시간관리 우선순위
		M I 1.1.4 A4 내가 잘하는 것
		M I 1.2.1 A1 나의 직업적성 알아보기
		M I 1.2.1 A2 적성카드로 알아보는 직업적성
		M I 1.2.1 A3 나의 직업흥미 알아보기
		M I 1.2.1 A4 나의 역할 모델
		M I 1.2.2 A1 직업가치관 탐색1
		M I 1.2.2 A2 직업가치관 탐색2
		M I 1.2.2 A3 성격 특성 탐색
		M I 1.2.3 A1 적성과 흥미와의 관계에 대한 이해
		M I 1.2.3 A2 직업적성검사와 직업흥미검사 관계 살펴보기
	2. 대인관계 및 의사소통역량 개발	M I 2.1.1 A1 나의 친구
		M I 2.1.1 A2 나의 대인관계능력 알아보기
		M I 2.1.1 A3 바람직한 대인관계
		M I 2.1.2 A1 '다름'에 대한 이해와 존중
		M I 2.1.3 A1 진로체험의 자세
		M I 2.2.1 A1 나의 의사소통 방법 살펴보기
		M I 2.2.1 A2 상상나무 그리기와 이야기 전달
		M I 2.2.2 A1 나 전달법
		M I 2.2.2 A2 눈으로 말해요
II. 일과 직업세계 이해	1. 변화하는 직업세계 이해	M II 1.1.1 A1 내가 생각하는 직업이란?
		M II 1.1.1 A2 나의 직업 인식수준
		M II 1.1.1 A3 직업은 나에게 무엇인가?
		M II 1.1.1 A4 직업일까? 아닐까?
		M II 1.1.2 A1 생활 속의 직업세계
		M II 1.1.2 A2 다양한 직업세계 알아보기
		M II 1.2.1 A1 기술변화에 따른 직업 변화 탐구
		M II 1.2.1 A2 인터넷의 발달로 새롭게 나타난 직업
		M II 1.2.2 A1 새로 등장한 직업 찾기
		M II 1.2.2 A2 지금은 사라진 직업들
		M II 1.2.2 A3 미래의 교육
		M II 1.2.3 A1 희망 직업의 미래 그려보기
		M II 1.2.3 A2 새로운 직업 상상해 보기

		M Ⅱ 1.2.3 A3 신생 및 이색 직업 알아보기
		M Ⅱ 1.3.1 A1 공동체 놀이를 통한 창업가 정신 알기
		M Ⅱ 1.3.1 A2 결말이 있는 이야기 만들기를 통한 창업가 정신 알기
		M Ⅱ 1.3.2 A1 그들은 왜 창업을 선택했을까?
		M Ⅱ 1.3.2 A2 창업 스토리 만화로 표현하기
		M Ⅱ 1.3.3 A1 상상을 현실로!
		M Ⅱ 1.3.3 A2 신상품 박람회
	2. 건강한 직업의식 형성	M Ⅱ 2.1.1 A1 직업을 가져야 할까?
		M Ⅱ 2.1.2 A1 20년 후의 나에게 하는 인터뷰
		M Ⅱ 2.1.2 A2 내가 희망하는 미래의 나에게 쓰는 편지
		M Ⅱ 2.2.1 A1 직업윤리 생각해 보기
		M Ⅱ 2.2.2 A1 근로자의 기본권에 대한 나의 지식과 권리
		M Ⅱ 2.3.1 A1 직업에 대한 고정관념 살펴보기
		M Ⅱ 2.3.2 A1 직업에 대한 편견과 고정관념 극복하기
Ⅲ. 진로탐색	1. 교육 기회의 탐색	M Ⅲ 1.1.1 A1 배우는 즐거움
		M Ⅲ 1.1.2 A1 공부 방법 진단 검사
		M Ⅲ 1.1.2 A2 나의 시험 불안 정도는?
		M Ⅲ 1.1.2 A3 공부의 방해꾼 점검하기
		M Ⅲ 1.1.2 A4 공부의 방해꾼 잡기
		M Ⅲ 1.2.1 A1 고등학교 유형 및 특성 찾아보기
		M Ⅲ 1.2.1 A2 특성화고! 그것이 알고 싶다
		M Ⅲ 1.2.2 A1 고교 선택에서 생각해야 할 일들
	2. 직업정보의 탐색	M Ⅲ 2.1.1 A1 나의 직업정보 획득 경로 점검
		M Ⅲ 2.1.1 A2 여러 경로로 직업 찾아보기
		M Ⅲ 2.1.1 A3 직업퍼즐
		M Ⅲ 2.1.1 A4 직업퀴즈
		M Ⅲ 2.1.1 A5 관심 직업 탐색하기
		M Ⅲ 2.1.2 A1 맞춤식 진로체험 설계해 보기
		M Ⅲ 2.1.2 A2 현장체험
		M Ⅲ 2.2.1 A1 새로운 직업, 미디어로 체험하기
		M Ⅲ 2.2.1 A2 흥미로운 직업, 미디어로 체험하기
		M Ⅲ 2.2.1 A3 창업 이야기, 미디어로 체험하기
		M Ⅲ 2.2.2 A1 역할 모델 따라잡기
		M Ⅲ 2.2.3 A1 그들이 알고 싶다
		M Ⅲ 2.2.3 A2 우리 시대의 직업 멘토를 찾아서
Ⅳ. 진로 디자인과 준비	1. 진로의사결정 능력 개발	M Ⅳ 1.1.1 A1 진로의사결정 고정관념 알아보기
		M Ⅳ 1.1.2 A1 직업을 바꾼 사람들
		M Ⅳ 1.2.1 A1 진로장벽을 경험하고 극복한 사례 기사 만들기
		M Ⅳ 1.2.2 A1 내가 만난 진로장벽

	M Ⅳ 2.1.1 A1 미래 나의 회사 만들기
	M Ⅳ 2.1.2 A1 나의 미래 진로 경로
	M Ⅳ 2.1.3 A1 나의 미래 진로
	M Ⅳ 2.1.3 A2 세부 진로계획 작성하기
	M Ⅳ 2.1.4 A1 자신의 진로목표와 관련된 학교 활동 계획하기
	M Ⅳ 2.2.1 A1 희망 고등학교 선택하기
	M Ⅳ 2.2.1 A2 고교 선택을 위한 의사결정 비교표 작성
2.	M Ⅳ 2.2.2 A1 내가 가고 싶은 학교 방문하기
진로설계와	M Ⅳ 2.2.2 A2 진학 희망 고등학교 알아보기
준비	M Ⅳ 2.2.2 A3 내가 가고 싶은 고등학교, 무엇을 어떻게 준비할까?
	M Ⅳ 2.2.2 A4 고등학교 지원을 위한 자기소개서 쓰기
	M Ⅳ 2.2.3 A1. 고등학생이 된 나의 모습 상상하기
	M Ⅳ 2.2.3 A2. 고등학교 생활을 계획하고 준비하기
	M Ⅳ 2.2.4 A1 나의 건강관리
	M Ⅳ 2.2.4 A2 '돈' 이란?
	M Ⅳ 2.2.4 A3 지출기록장 기록하기
	M Ⅳ 2.2.5 A1 우리 학교, 지역사회 진로교육 자원 알아보기

부록 11-2 SC⁺EP-GH 활동지 목록

I. 자아이해와 사회적 역량 개발	1. 자아이해 및 긍정적 자아개념 형성	GH I 1.1.1 A1 나를 상징해 보기 GH I 1.1.1 A2 자신에 대한 느낌을 형용사로 표현해 보기 GH I 1.1.1 A3 '나'를 채용해 보자 GH I 1.1.1 A4 '나 광고' 만들기 GH I 1.1.1 A5 '나'에 대한 비합리적 생각 바꾸어보기 GH I 1.1.1 A6 긍정적인 자기대화 GH I 1.1.2 A1 '미니 아바타' 만들기를 통한 자신의 미래다짐 나누기 GH I 1.2.1 A1 진로심리검사를 통해 살펴본 나의 장단점 GH I 1.2.1 A2 내가 보는 '나'와 다른 사람이 보는 '나' GH I 1.2.2 A1 장단점 마인드맵 그리기 GH I 1.2.2 A2 내가 가지고 싶은 강점
	2. 대인관계 및 의사소통역량 개발	GH I 2.1.1 A1 나의 인맥지도 그리기 GH I 2.1.1 A2 나의 대인관계 점검 GH I 2.1.1 A3 갈등관리법 GH I 2.1.1 A4 바람직한 인간관계를 갖기 위한 나의 노력 GH I 2.1.2 A1 문장완성 놀이를 통한 대인관계 중요성 인식 GH I 2.1.3 A1 우리는 나보다 더 똑똑하다 GH I 2.1.3 A2 신문의 사진, 글자, 광고 등을 이용하여 ( )에 관한 홍보자료 만들기 GH I 2.2.1 A1 긍정적인 언어 습관 테스트 GH I 2.2.1 A2 나의 의사소통수준 진단 GH I 2.2.2 A1 나의 의사소통 방법 살펴보기 GH I 2.2.2 A2 사람들 앞에서 당당하게 발표를 잘하려면 GH I 2.2.2 A3 토론하기
II. 일과 직업세계 이해	1. 변화하는 직업세계 이해	GH II 1.1.1 A1 미래 사회의 모습 상상해 보기 GH II 1.1.1 A2 미래 사회의 변화 예측해 보기 GH II 1.1.2 A1 생활 속의 직업과 변화 GH II 1.1.2 A2 새로운 직업 상상해 보기 GH II 1.1.2 A3 기술변화와 일자리 변화 GH II 1.2.1 A1 직업세계의 변화가 자신의 진로에 미치는 영향 탐구 GH II 1.2.2 A1 직업세계의 변화와 필요한 역량 GH II 1.3.1 A1 진로개척역량 토론하기 GH II 1.3.1 A2 나의 창업가 정신(앙터프레너십) 알아보기 GH II 1.3.2 A1 사회적 기업 알아보기 GH II 1.3.2 A2 청년창업 알아보기 GH II 1.3.3 A1 내가 만약 회사를 만든다면? GH II 1.3.3 A2 창업 아이템 탐색하기 GH II 1.3.3 A3 창업 아이템 분석하기 GH II 1.3.3 A4 창업계획서 작성해 보기

	2. 건강한 직업의식 형성	GH II 2.1.1 A1 직업에서 연상되는 느낌 알아보기
		GH II 2.1.1 A2 삶과 직업에 관한 긍정적인 태도
		GH II 2.1.1 A3 자신이 생각하는 직업의 가치 점검하기
		GH II 2.1.1 A4 직업의 긍정적 가치 찾기
		GH II 2.1.1 A5 나의 직업 가치 부여하기
		GH II 2.1.2 A1 직업생활이 주는 의미
		GH II 2.1.2 A2 직업생활을 통해 독립적 주체적 삶 만들기
		GH II 2.2.1 A1 나의 직업윤리 수준 진단하기
		GH II 2.2.1 A2 직업윤리의 갈등상황에 있을 때 나는 어떻게 할까?
		GH II 2.2.1 A3 직업인의 윤리의식에 대하여 토론하기
		GH II 2.2.1 A4 직업윤리 생각해 보기
		GH II 2.2.2 A1 근로자의 기본권에 대한 나의 지식과 권리
		GH II 2.2.2 A2 퀴즈를 통해 근로자의 권리 알아보기
III. 진로탐색	1. 교육 기회의 탐색	GH III 1.1.1 A1 학업계약서 작성하기 – 간절함이 나를 이끄는 방법
		GH III 1.1.2 A1 나의 학습습관 점검하기
		GH III 1.1.2 A2 학습태도평가표
		GH III 1.1.2 A3 학업 성취수준 높이기
		GH III 1.1.3 A1 자기주도학습 계획표 작성하기
		GH III 1.2.1 A1 나의 진로에서 대학진학의 의미 생각해 보기
		GH III 1.2.1 A2 전공 계열 및 학과
		GH III 1.2.1 A3 대학 시간표 짜보기
		GH III 1.2.1 A4 희망대학(학과) 입학 전형 확인하기
		GH III 1.2.2 A1 꿈을 위한 첫 걸음, 대학과 전공계열의 합리적 선택
		GH III 1.3.1 A1 평생학습기관과 평생학습과정 탐색하기
		GH III 1.3.2 A1 평생교육기관 탐색 및 활용
	2. 직업정보의 탐색	GH III 2.1.1 A1 나만의 직업 목록 만들기
		GH III 2.1.1 A2 커리어넷을 통한 희망 직업 보고서 작성하기
		GH III 2.1.1 A3 영화나 TV를 통한 희망 직업 보고서 작성하기
		GH III 2.1.1 A4 직업인 인터뷰를 통한 희망 직업 보고서 작성하기
		GH III 2.1.1 A5 직업정보 수집하기
		GH III 2.1.2 A1 직업정보 비교 평가하기
		GH III 2.1.2 A2 나의 전공과 직업
		GH III 2.1.2 A3 큐넷(Q-net)을 활용한 교육 · 훈련 방안 탐색
		GH III 2.1.3 A1 일학습병행제도에 대해 조사하기
		GH III 2.1.3 A2 일학습병행제 참여 기업 알아보기
		GH III 2.1.3 A3 일학습병행제 학습자, 기업 사례 조사하기
		GH III 2.1.3 A4 선취업후진학정보 알아보기
		GH III 2.2.1 A1 나의 진로설계에 중요한 항목들을 찾아보기
		GH III 2.2.2 A1 우리 지역 탐구를 통한 직업체험 자원 조사하기
		GH III 2.2.2 A2 현장체험 프로그램 찾아보기
		GH III 2.2.2 A3 직업체험기관에 대하여 사전조사하기
		GH III 2.2.2 A4 견학/관찰을 통한 직업체험 보고서 작성하기
		GH III 2.2.2 A5 인터뷰를 통한 직업체험 보고서 작성하기
		GH III 2.2.2 A6 직접체험을 통한 직업체험 보고서 작성하기

부록 11-3 SC⁺EP-SH 활동지 목록

I. 자아이해와 사회적 역량 개발	1. 자아이해 및 긍정적 자아개념 형성	SH I 1.1.1 A1 나를 상징해 보기 SH I 1.1.1 A2 자신에 대한 느낌을 형용사로 표현해 보기 SH I 1.1.1 A3 '나'를 채용해 보자 SH I 1.1.1 A4 '나 광고' 만들기 SH I 1.1.1 A5 '나'에 대한 비합리적 생각 바꾸어보기 SH I 1.1.1 A6 긍정적인 자기대화 SH I 1.1.2 A1 '미니 아바타' 만들기를 통한 자신의 미래다짐 나누기 SH I 1.2.1 A1 진로심리검사를 통해 살펴본 나의 특성 SH I 1.2.1 A2 내가 보는 '나'와 다른 사람이 보는 '나' SH I 1.2.2 A1 강점, 약점 마인드맵 그리기 SH I 1.2.2 A2 내가 가지고 싶은 강점
	2. 대인관계 및 의사소통역량개발	SH I 2.1.1 A1 나의 인맥지도 그리기 SH I 2.1.1 A2 나의 대인관계 점검 SH I 2.1.1 A3 갈등관리법 SH I 2.1.1 A4 바람직한 인간관계를 갖기 위한 나의 노력 SH I 2.1.2 A1 문장완성 놀이를 통한 대인관계 중요성 인식 SH I 2.1.3 A1 우리는 나보다 더 똑똑하다 SH I 2.1.3 A2 직업체험에서 대인관계경험 분석하기 SH I 2.1.3 A3 신문의 사진, 글자, 광고 등을 이용하여 홍보자료 만들기 SH I 2.2.1 A1 긍정적인 언어 습관 테스트 SH I 2.2.2 A1 나의 의사소통 방법 살펴보기 SH I 2.2.2 A2 사람들 앞에서 당당하게 발표를 잘하려면 SH I 2.2.2 A3 토론하기 SH I 2.2.2 A4 나의 의사소통수준 진단 SH I 2.2.3 A1 직업생활에서 필요한 문서이해 능력 키우기 SH I 2.2.3 A2 직업생활에서 필요한 문서작성 능력 키우기 SH I 2.2.3 A3 이 상황에서 나라면? SH I 2.2.3 A4 타인과 의견을 조율하기
II. 일과 직업세계 이해	1. 변화하는 직업세계 이해	SH II 1.1.1 A1 미래 사회의 모습 상상해 보기 SH II 1.1.1 A2 미래 사회의 변화 예측해 보기 SH II 1.1.2 A1 생활 속의 직업과 변화 SH II 1.1.2 A2 새로운 직업 상상해 보기 SH II 1.1.2 A3 기술변화와 일자리 변화 SH II 1.2.1 A1 직업세계의 변화가 자신의 진로에 미치는 영향 탐구 SH II 1.2.2 A1 직업세계의 변화와 필요한 역량 SH II 1.3.1 A1 진로개척역량 토론하기 SH II 1.3.1 A2 나의 창업가정신(앙터프레너십) 알아보기 SH II 1.3.2 A1 사회적 기업 알아보기 SH II 1.3.2 A2 청년창업 알아보기 SH II 1.3.3 A1 내가 만약 회사를 만들어 본다면?

		SH Ⅱ 1.3.3 A2 창업 아이템 탐색하기
		SH Ⅱ 1.3.3 A3 창업 아이템 분석하기
		SH Ⅱ 1.3.3 A4 창업계획서 작성해 보기
	2. 건강한 직업의식 형성	SH Ⅱ 2.1.1 A1 직업에서 연상되는 느낌 알아보기
		SH Ⅱ 2.1.1 A2 삶과 직업에 관한 긍정적인 태도
		SH Ⅱ 2.1.1 A3 자신이 생각하는 직업의 가치 점검하기
		SH Ⅱ 2.1.1 A4 직업의 긍정적 가치 찾기
		SH Ⅱ 2.1.1 A5 나의 직업가치 부여하기
		SH Ⅱ 2.1.2 A1 직업생활이 주는 의미
		SH Ⅱ 2.1.2 A2 직업생활을 통해 독립적 주체적 삶 만들기
		SH Ⅱ 2.2.1 A1 나의 직업윤리 수준 진단하기
		SH Ⅱ 2.2.1 A2 직업윤리의 갈등상황에 있을 때 나는 어떻게 할까?
		SH Ⅱ 2.2.1 A3 직업인의 윤리의식에 대하여 토론하기
		SH Ⅱ 2.2.1 A4 직업윤리 생각해 보기
		SH Ⅱ 2.2.2 A1 근로자의 기본권에 대한 나의 지식과 권리
		SH Ⅱ 2.2.2 A2 퀴즈를 통해 근로자의 권리 알아보기
Ⅲ. 진로탐색	1. 교육 기회의 탐색	SH Ⅲ 1.1.1 A1 학업계약서 작성하기 – '간절함이 나를 이끄는 방법'
		SH Ⅲ 1.1.2 A1 나의 학습습관 점검하기
		SH Ⅲ 1.1.2 A2 학습태도평가표
		SH Ⅲ 1.1.2 A3 학업 성취수준 높이기
		SH Ⅲ 1.1.3 A1 자기주도학습 계획표 작성하기
		SH Ⅲ 1.2.1 A1 나의 진로에서 대학진학의 의미 생각해 보기
		SH Ⅲ 1.2.1 A2 전공 계열 및 학과
		SH Ⅲ 1.2.1 A3 희망대학(학과) 입학 전형 확인하기
		SH Ⅲ 1.2.2 A1 꿈을 위한 첫 걸음, 고등교육기관의 합리적 선택
		SH Ⅲ 1.3.1 A1 평생교육기관과 평생학습과정 탐색하기
		SH Ⅲ 1.3.1 A2 평생학습자 인터뷰
		SH Ⅲ 1.3.2 A1 평생교육기관 탐색 및 활용
	2. 직업정보의 탐색	SH Ⅲ 2.1.1 A1 나만의 직업 목록 만들기
		SH Ⅲ 2.1.1 A2 커리어넷을 통한 관심 직업 보고서 작성하기
		SH Ⅲ 2.1.1 A3 영화나 TV를 통한 관심 직업 보고서 작성하기
		SH Ⅲ 2.1.1 A4 직업인 인터뷰를 통한 관심 직업 보고서 작성하기
		SH Ⅲ 2.1.1 A5 직업정보 수집하기
		SH Ⅲ 2.1.2 A1 관심 직업정보 비교 평가하기
		SH Ⅲ 2.1.2 A2 직업인 인터뷰하기
		SH Ⅲ 2.1.2 A3 큐넷(Q-net)을 활용한 교육 · 훈련 방안 탐색
		SH Ⅲ 2.1.2 A4 나의 전공과 직업
		SH Ⅲ 2.1.2 A5 관심 직업의 직업 경로, 자격, 훈련 방법 탐색하기
		SH Ⅲ 2.1.3 A1 일학습병행제도에 대해 조사하기
		SH Ⅲ 2.1.3 A2 일학습병행제 참여 기업 알아보기
		SH Ⅲ 2.1.3 A3 일학습병행제 학습자, 기업 사례 조사하기
		SH Ⅲ 2.1.3 A4 선취업후진학정보 알아보기
		SH Ⅲ 2.1.3 A5 대학별 재직자특별전형 정보탐색해 보기

		SH Ⅲ 2.1.3 A6 재직자 특별전형 자기소개서 작성하기
		SH Ⅲ 2.1.3 A7 후진학사례 탐색해 보기
		SH Ⅲ 2.1.3 A8 자신의 후진학 경로 그려보기
		SH Ⅲ 2.2.1 A1 나의 진로설계에 중요한 항목들을 찾아보기
		SH Ⅲ 2.2.2 A1 우리 지역 탐구를 통한 직업체험 자원 조사하기
		SH Ⅲ 2.2.2 A2 현장체험 프로그램 찾아보기
		SH Ⅲ 2.2.2 A3 직업체험기관에 대하여 사전조사하기
		SH Ⅲ 2.2.2 A4 견학/관찰을 통한 직업체험 보고서 작성하기
		SH Ⅲ 2.2.2 A5 인터뷰를 통한 현장실습 보고서 작성하기
		SH Ⅲ 2.2.2 A6 직접체험을 통한 직업체험 보고서 작성하기
		SH Ⅲ 2.2.2 A7 직업체험 결과 나누기
		SH Ⅲ 2.2.3 A1 SWOT 분석으로 살펴보는 나의 진로
Ⅳ. 진로 디자인과 준비	1. 진로의사결정 능력 개발	SH Ⅳ 1.1.1 A1 나의 진로성숙도는?
		SH Ⅳ 1.1.1 A2 나의 진로의사결정 유형 알아보기
		SH Ⅳ 1.1.1 A3 의사결정 방법 연습하기
		SH Ⅳ 1.1.1 A4 나의 진로결정 정도는?
		SH Ⅳ 1.1.2 A1 나의 의사결정 되돌아보기
		SH Ⅳ 1.1.2 A2 갈등상황에서의 의사결정 연습하기
		SH Ⅳ 1.2.1 A1 진로장벽과 갈등요인 파악해 보기
		SH Ⅳ 1.2.1 A2 내가 생각하는 나의 진로장벽
		SH Ⅳ 1.2.2 A1 진로장벽 해결 방안을 탐색해 보기
		SH Ⅳ 1.2.2 A2 나의 문제해결 행동을 알아보기
		SH Ⅳ 1.2.2 A3 문제해결 연습
		SH Ⅳ 1.2.2 A4 앞선 사람에게 길을 묻자!
	2. 진로설계와 준비	SH Ⅳ 2.1.1 A1 2046년의 어느 날
		SH Ⅳ 2.1.1 A2 나의 비전선언문 작성하기
		SH Ⅳ 2.1.1 A3 진로계획 세우기
		SH Ⅳ 2.1.2 A1 장기 진로계획과 희망 직업의 관련성 분석
		SH Ⅳ 2.1.2 A2 장기 진로계획과 희망 직업의 적합성 알아보기
		SH Ⅳ 2.1.2 A3 진로목표와 관련된 학과 전공 정보 알아보기
		SH Ⅳ 2.1.2 A4 진로계획에 따라 적합한 학과 비교하기
		SH Ⅳ 2.1.2 A5 희망 학과에 따라 적합한 대학 비교하기
		SH Ⅳ 2.1.3 A1 나의 인생 로드맵 만들기
		SH Ⅳ 2.1.3 A2 역할 모델 찾기
		SH Ⅳ 2.1.3 A3 나의 진로계획에 대한 단계별 세부과제 설정하기
		SH Ⅳ 2.1.4 A1 나의 생활기록부 정리하기
		SH Ⅳ 2.1.4 A2 학교연간계획에 따른 나의 활동사항 점검하기
		SH Ⅳ 2.1.4 A3 활동계획표 작성하기
		SH Ⅳ 2.1.4 A4 나의 진로목표 달성을 위한 학교 활동계획
		SH Ⅳ 2.1.4 A5 자신의 진로목표를 달성하기 위한 NCS에 맞는 활동계획하기
		SH Ⅳ 2.2.1 A1 희망 직업세계의 미래의 변화모습 상상해 보기
		SH Ⅳ 2.2.1 A2 진로계획 재평가
		SH Ⅳ 2.2.1 A3 현장 실습 경험과 진로계획 적합성 비교하기
		SH Ⅳ 2.2.1 A4 현장 실습 경험을 바탕으로 진로계획 수정하기

SH IV 2.2.1 A5 진로계획에 따른 진로 준비도 평가
SH IV 2.2.2 A1 실패에서 배우기
SH IV 2.3.1 A1 우리는 또래 상담자! 〈취업 vs 진로 상담하기〉
SH IV 2.3.1 A2 취업과 진학 진로를 비교하여 로드맵을 작성해 보기
SH IV 2.3.1 A3 취업 vs 진학 결정하기
SH IV 2.3.2 A1 채용정보 찾아보기
SH IV 2.3.2 A2 입사지원을 위한 체크리스트 만들기
SH IV 2.3.2 A3 근로조건 알아보기
SH IV 2.3.3 A1 나의 마인드맵 그리기
SH IV 2.3.3 A2 이력서 작성
SH IV 2.3.3 A3 자기소개서 작성
SH IV 2.3.3 A4 모의 면접 체크 리스트
SH IV 2.3.4 A1 희망대학(학과) 입학 전형 확인하기
SH IV 2.3.4 A2 관심학과 및 관심대학 현장방문하기 1
SH IV 2.3.4 A3 진학설계노트
SH IV 2.3.4 A4 자기추천서 작성
SH IV 2.3.5 A1 자기 관리 능력 점검하기
SH IV 2.3.5 A2 직업기초능력 기르기

참고 문헌

교육부(2016). 2015 학교 진로교육 목표와 성취기준. 서울: 교육부

김봉환(2011). 진로교육에서 직업카드 활용의 현황과 과제. 열린교육연구, 19(1), 175-196.

서현주(2015). 직업카드를 활용한 진로지도프로그램의 효과에 대한 메타분석. 진로교육연구, 28(2), 127-147.

이재창, 조봉환, 최인화, 임경희, 박미진, 김진희, 정민선, 최정인, 김수리(2014). 상담전문가를 위한 진로상담의 이론과 실제. 경기: 아카데미프레스.

한국고용정보원(2009a). 중학생을 위한 진로지도 프로그램 CDP-M 진로탐색여행 교사용 매뉴얼. 서울: 한국고용정보원.

한국고용정보원(2009b). 중학생을 위한 진로지도 프로그램 CDP-M 진로탐색여행 학생용 워크북. 서울: 한국고용정보원.

한국고용정보원(2010a). 고등학생용 진로지도 프로그램 CDP-H(진로모의주행) 교사용 매뉴얼. 서울: 한국고용정보원.

한국고용정보원(2010b). 고등학생용 진로지도 프로그램 CDP-H(진로모의주행) 학생용 워크북. 서울: 한국고용정보원.

한국고용정보원(2012a). 특성화고 진로지도 프로그램 CDP 교사용 매뉴얼. 서울: 한국고용정보원.

한국고용정보원(2012b). 특성화고 진로지도 프로그램 CDP 학생용 워크북. 서울: 한국고용정보원.

한국직업능력개발원(2015a). 창의적 진로개발(중학교 개정판). 서울: 한국직업능력개발원.

한국직업능력개발원(2015b). 창의적 진로개발(일반고 개정판). 서울: 한국직업능력개발원.

한국직업능력개발원(2015c). 창의적 진로개발(특성화고 개정판). 서울: 한국직업능력개발원.

Brown, S. D. & Ryan Krane, N. E. (2000). Four (or five) sessions and a cloud of dust: Old assumptions and new observations about career counseling. In S. D. Brown & R. W. Lent (Eds.), *Handbook of Counseling Psychology* (3rd ed., pp. 740-766). New York: Wiley.

Baumeister, R. & Vohs, K. D. (2002). The pursuit of meaningfullness in life, In C. R. Snyder & S. J. Lopez (Eds.), *Handbook of positive psychology* (pp. 608-618). Oxford: Oxford University Press.

고용노동부 워크넷 www.work.go.kr

커리어넷 www.career.go.kr

커리어패스 path.career.go.kr

12장

학교 진로진학지도 프로그램의 실제

이명희

목표

1) 학교 단위로 운영된 진로진학지도 프로그램에 대해 설명할 수 있다.

2) 학급 및 동아리 단위로 운영된 진로진학지도 프로그램에 대해 설명할 수 있다.

3) 소집단 단위로 운영된 진로진학지도 프로그램에 대해 설명할 수 있다.

이 장에서는 진로진학지도 프로그램을 학교, 학급 및 동아리, 소집단의 단위로 분류하여 실제 프로그램 운영 사례를 알아보기로 한다. 학교 단위로 운영된 진로진학지도 프로그램은 SC⁺EP 연구학교 보고서[1]를 통해, 학급 및 동아리와 소집단 단위로 운영된 진로진학지도 프로그램은 학교 현장의 연구를 담은 학위 논문[2]을 통해 그 실제를 살펴보자. 여기에서는 다양한 사례를 간단하게 소개하려고 한다. 진로진학상담교사들이 학교 현장에서 프로그램을 개발하거나 재구성할 때, 이 사례들을 직접 보고서나 논문을 찾아 참조할 수 있다.

1 학교 단위 진로진학지도 프로그램의 실제

최근 진로교육이 강화되면서 학교 단위로 실시하는 진로진학지도 프로그램은 더욱 다양해졌다. 진로 및 직업 체험, 체험보고서 대회, 진로 캠프, 진로 축제, 진로 연극제, 진로 아카데미, 원격화상 직업 멘토링, 미래 명함 만들기 대회 등의 프로그램을 학교 특색에 맞게 운영하고 있다. 이외에도 학교 행사 대부분이 진로교육의 성격을 띠고 있어서 진로진학지도 프로그램의 범위는 매우 넓다. 그중 학교 단위 프로그램으로 활용된 대표적 사례로 SC⁺EP을 들 수 있다. 2014년부터 2년 동안 SC⁺EP을 활용한 연구학교를 중심으로 창의적 진로개발 활동, 연극을 통한 꿈 찾기, Wi-Fi 창업 프로그램 등이 이렇게 운영되었는지 알아보자.

---

1   커리어넷 학교 진로교육 프로그램 SCEP(http://scep.career.go.kr/scep.do)에 탑재되어 있는 보고서를 이름.
2   학술연구정보서비스 http://www.riss.kr/에 탑재된 논문을 이름.

1) 창의적 진로개발 활동 프로그램의 실제

학교 단위로 진로진학지도 프로그램을 실행하기 위해서는 프로그램을 진행할 수 있는 진로교육과정이 먼저 편성되어야 한다. SC⁺EP 연구학교의 진로교육과정 편성 사례를 살펴보면, 표 12-1과 같이 주로 교양 교과의 '진로와 직업' 과목과 창의적 체험활동의 '진로활동'으로 편성되었다. 이외에도 덕산중은 자유학기제를, 제주중앙여중은 동아리 활동과 교과 시간을 편성 운영하였다. 인천연송고와 잠신고는 교과와 연계하여 프로그램을 운영하였다.

표 12-1 진로교육과정 편성 현황

학교급	학교명	진로교육과정	학년		
			1학년	2학년	3학년
중학교	덕산중학교	진로활동	34시간	-	-
		진로-교과 연계	-	32시간	28시간
		자유학기제(2학기)	68시간	-	-
	제주중앙여자중학교	진로와 직업	-	-	34시간
		진로활동	43시간	24시간	18시간
		기타	연극 17시간 동아리 34시간	동아리 및 교과 연계 7시간	-
고등학교	인천연송고등학교	진로와 직업	34시간	-	-
		진로활동	34시간	34시간	34시간
		진로-교과 연계	교과 연계 5분 진로교육 실시(교과연간지도계획 수립)		
	잠신고등학교	진로와 직업	-	-	68시간(이공 과정)
		진로활동	34시간	34시간	34시간
		진로-교과 연계	3개 교과 융합프로젝트 뮤지컬 발표	6개 교과 통합프로젝트 진로교육 수행평가	

표 12-1의 학교를 중심으로 창의적 진로개발 활동 프로그램이 운영된 실제를 간단하게 알아보자. 덕산중(2015)은 창의적 진로개발 활동 프로그램을 토대로 진로워크북 '꿈을 향한 날갯짓'을 제작하여 지도하였다. 1학년은 창의적 체험활동 중 진로활동 시간에 운영할 수 있도록 진로진학상담교사가 창의적 진로개발 활동지에서 내용을 선정하였다. 2, 3학년은 교과교육과정과 연계한 운영을 위해 각 교과에서 창의적 진로개발 프로그램을 토대로 교과연계 진로교육 워크북을 제작하였다. 학생들에게 적용한 교과연계 프로그램의 예를 들면 표 12-2와 같다.

표 12-2 진로워크북 '꿈을 향한 날갯짓' 교과연계프로그램 목록(덕산중 2학년)

진로영역		교과연계 진로프로그램
I. 자아이해와 사회적 역량 개발	1. 자아이해 및 긍정적 자아개념 형성	M I 1.1. 나는 누구인가?(도덕)
		M I 1.2. 나를 광고하기(미술)
		M I 1.3. 내가 잘하는 것은?(역사)
		M I 1.4. 미래의 나에게 편지 쓰기(영어)
		M I 1.5. 나를 위한 구인광고(음악)
		M I 1.6. 나의 직업적성 알아보기(정보)
		M I 1.7. 나의 직업흥미 알아보기(정보)
		M I 1.8. 나의 성격 유형(한문)
	2. 대인관계 및 의사소통역량 개발	M I 2.1. 건의하는 글쓰기(국어)
		M I 2.2. 나의 다짐(역사)
II. 일과 직업세계의 이해	1. 일과 직업의 이해	M II 1.1. 롤 모델 인터뷰하기(국어)
		M II 1.2. 직업이름 영어로 묻고 답하기(영어)
III. 진로탐색	1. 교육 기회의 탐색	M III 1.1. 나는 왜 공부를 해야 하나?(도덕)
	2. 직업정보의 탐색	M III 2.1. 경우의 수를 이용하여 진자 표현하기(과학)
		M III 2.2. 날씨는 어떻게 관측할까?(과학)
		M III 2.3. 일기예보 만들기(과학)
		M III 2.4. 지속가능한 주생활과 내 집 만들기(기술, 가정)
		M III 2.5. 천연섬유 관련 직업 찾기(기술, 가정)

		M Ⅲ 2.6. 축구경기에서의 확률(수학)
		M Ⅲ 2.7. 확률로 해결하자(수학)
		M Ⅲ 2.8. 영화 속 날씨 예보 따라잡기(과학)
		M Ⅲ 2.9. 공정한 경쟁(체육)
		M Ⅲ 2.10. 내가 만약 감독이라면?(체육)
		M Ⅲ 2.11. 스포츠를 통해 배우는 직업윤리(체육)
	1. 진로의사결정능력 개발	M Ⅳ 1.1. 나의 진로장벽 뛰어넘기(역사)
		M Ⅳ 1.1.직업 퍼즐 맞추기(도덕)
		M Ⅳ 1.2. 진로신문 만들기(국어)
Ⅳ. 진로 디자인과 준비	2. 진로계획과 준비	M Ⅳ 1.3. 가공식품 익히기를 통한 창업정신 이해(기술, 가정)
		M Ⅳ 1.4. 나의 미래 만화로 그리기(미술)
		M Ⅳ 1.5. 장래희망 조사하기(영어)
		M Ⅳ 1.6. MY DREAM, MY STORY, 랩 음악 만들기(음악)

제주중앙여중(2015)은 3학년을 대상으로 창의적 진로개발 활동 프로그램을 활용한 '진로와 직업' 수업을 진행하였다. 학기별로 17차시를 구성하되 표 12-3과 같이 창의적 진로개발 활동지와 연극을 통한 꿈 찾기 프로그램을 함께 적용하였다. 또한 수업에서 동기를 부여하고 흥미를 유도하기 위해 스마트 북을 활용하였다.

표 12-3 '진로와 직업' 수업(제주중앙여중 3학년)

학기	차시	학습 주제	SC⁺EP 활동
1학기	1~2	진로의 의미와 의의, 모둠 구성 및 모둠 세우기	SC⁺EP-M 대영역 Ⅰ 활동
	3~9	아이컨텍 드로잉, 공동체 놀이, 흥미 탐색, 잡지로 주제 내용 만들기, 어느 별에서 왔니?	연극으로 꿈 찾기
	10~14	나의 흥미 탐색, 나의 적성 탐색, 나의 가치 탐색	SC⁺EP-M 대영역 Ⅰ 활동
	15~17	일과 직업세계의 이해	SC⁺EP-M 대영역 Ⅱ 활동
2학기	1~7	일과 직업세계의 이해	SC⁺EP-M 대영역 Ⅱ 활동
	8~11	진로탐색	SC⁺EP-M 대영역 Ⅲ 활동
	12~17	진로계획 및 준비	SC⁺EP-M 대영역 Ⅳ 활동

잠신고(2015)는 창의적 진로개발 활동 프로그램을 학년별로 구성하여 진로활동 시간에 프로그램을 진행하였다. 표 12-4와 같이 1학년 20차시, 2학년 19차시, 3학년 14차시로 구성하였으며, 학년마다 4개 영역 모두를 적용하였다. '자아이해와 사회적 역량 개발'과 '진로탐색'은 3학년 때 차시를 줄인 반면에, '진로 디자인과 준비'는 모든 학년에서 가장 많은 차시를 다루고 있다.

표 12-4 창의적 진로개발 활동 프로그램 학년별 구성(잠신고)

학년 대영역	1학년	2학년	3학년
자아이해와 사회적 역량 개발	5차시	5차시	2차시
일과 직업세계 이해	4차시	4차시	4차시
진로탐색	5차시	4차시	2차시
진로 디자인과 준비	6차시	6차시	6차시
합 계	20차시	19차시	14차시

잠신고 1학년 과정을 예로 들면, 표 12-5와 같이 창의적 진로개발 활동지와 스마트북을 함께 활용하여 20차시를 운영하였다.

표 12-5 창의적 진로개발 활동 프로그램 운영 과정(잠신고 1학년)

대영역	창의적 진로개발 제목	활동지코드	스마트북	차시
자아이해와 사회적 역량 개발	'나'를 채용해 보자	GHⅠ1.1.1 A2		1
	장단점 마인드맵 그리기	GHⅠ1.2.2 A1	I-1, p 24~30	2
	2045년의 어느 날	GHⅠ1.3.1 A1	I-1, p 31~35	3
	나의 대인관계 점검	GHⅠ2.1.1 A1	I-2, p 4~8	4
	갈등 관리법	GHⅠ2.1.1 A2		5
일과 직업세계 이해	직업세계의 변화와 필요한 역량	GHⅡ1.1.2 A1	Ⅱ-1, p 8~12	6
	나의 직업인식 수준	GHⅡ1.1.3 A2		7

	나의 직업윤리 수준 진단하기	GH II 2.1.1 A1	II-2, p 4~6	8
	직업윤리의 갈등상황에 있을 때 나는 어떻게 할까?	GH II 2.1.1 A2	II-2, p 7~10	9
진로탐색	나의 학습습관 점검하기	GH III 1.1.1 A1	III-1, p 3~7	10
	학습태도평가표	GH III 1.1.1 A2	III-1, p 3~7	11
	전공 계열 및 학과	GH III 1.2.2 A1	III-1 p 17~20	12
	나만의 직업 목록 만들기	GH III 2.1.1 A1	III-2 p 4~7	13
	나의 진로에서 대학진학의 의미 생각해 보기	GH III 1.2.1 A1	III-2 p 12~16	14
진로 디자인과 준비	나의 진로결정 정도는?	GH IV 1.1.1 A2	IV-1, p 4~7	15
	나의 진로의사결정 유형 알아보기	GH IV 1.1.1 A3		16
	의사결정 방법 연습하기	GH IV 1.1.1 A5		17
	내가 생각하는 나의 진로장벽?	GH IV 1.2.1 A2	IV-1, p 8~12	18
	계열 선택하기	GH IV 2.3.3 A1	IV-2, p 34~39	19
	나의 인생 로드맵 만들기	GH IV 2.1.1 A2	IV-2, p 3~10	20

인천연송고(2015)는 잠신고(2015)와는 다르게 프로그램을 구성하였다. 잠신고(2015)는 학년마다 4개 영역을 모두 적용하여 구성한 반면에, 인천연송고(2015)는 4개 영역이 학년별 순차적으로 진행되도록 구성하였다. 표 12-6과 같이 1학년은 '자아이해와 사회적 역량 개발'과 '일과 직업세계 이해'가, 2학년은 '일과 직업세계 이해'와 '진로탐색'이, 3학년은 '진로 디자인과 준비'가 34차시씩 구성되었다.

표 12-6 창의적 진로개발 활동 프로그램 운영 과정(인천연송고 전학년)

학년	학기	성취영역		차시
		대영역	중영역	
1학년	1학기	자아이해와 사회적 역량개발	자아이해 및 긍정적 자아개념형성	1~12
			대인관계 및 의사소통역량 개발	13~17
	2학기			18~20
		일과 직업의 이해	일과 직업의 이해	21~34
2학년	1학기		건강한 직업의식 형성	1~9
		진로탐색	교육 기회의 탐색	10~17
	2학기			18~19
			직업정보의 탐색	20~34
3학년	1학기	진로 디자인과 준비	진로의사결정능력 개발	1~15
			진로계획과 준비	16~17
	2학기			18~34

　　이상과 같이 4개 학교의 사례를 중심으로 학교 단위 창의적 진로개발 활동 프로그램 운영에 대해 간단하게 살펴보았다. 같은 프로그램이지만 학교 상황에 따라 운영하는 방법이 다르다는 것을 알 수 있다.

2) '연극을 통한 꿈 찾기'의 실제

　　SC⁺EP의 하나인 '연극을 통한 꿈 찾기'[3] 프로그램은 학교급별 프로그램이 각각 3개 활동으로 구성되었다. 중학교는 '자연에게 말 걸기', '나의 일대기', '어느 별에서 왔니?'의 활동으로, 고등학교는 '나, 이런 사람이야', '통! 통! 통하자!', '몸으로 표현하기'

3　커리어넷 학교 진로교육 프로그램 SCEP(http://scep.career.go.kr/scep.do)에 탑재되어 있음.

의 활동으로 구성되었다. 이 활동은 '창조적 집중 작업 → 구현 작업 → 감상 및 소통 작업'의 순서로 이루어져 있으나 교실 상황이나 교사의 재량에 따라 조율이 가능하다.

주례여중(2015)은 이 프로그램을 변형하여 전교생에게 진행하였다. 교과(국어, 도덕, 사회, 음악, 미술 등) 간 수업을 연계하여 진로와 꿈이 비슷한 학생들을 같은 모둠으로 하여 즉흥극을 만들고 피드백을 통해 연극을 완성하였다. '꿈·끼 탐색 주간'을 이용하여 '연극 주제 공모 → 즉흥극 만들기 → 피드백 나누기 → 연극 완성 → 연극 발표' 등의 순서로 진행하였다. SC⁺EP에서 제시한 활동을 그대로 실시한 것은 아니지만 연극을 통해 진로를 설계하고 표현력과 창의성을 증진시킬 수 있도록 하였다.

인천효성중(2015)은 2014년에는 스마트북 내용 중 '연극을 통한 꿈 찾기' 관련 차시를 추출하여 연극 수업을 진행하였다. 1학년 '진로와 직업' 수업 중 6차시를 구성하여 1학년 전체 10개 학급에서 운영하였다. 각 학급별로 학생들이 대본을 쓰고 큐시트를 작성하여 배역을 정한 후 연극을 만들어 발표하도록 하였다. 2015년에는 예술진흥원 강사의 지원을 받아 '전래동화를 따라 찾아가는 나의 진로여행'을 주제로 연극 수업을 진행하였다. 1학년 '진로와 직업' 수업 중 9차시를 구성하여 1학년 전체 9개 학급에서 운영하였다. '아기장수 우투리', '별주부전', '토끼와 거북이' 등 3개의 전래동화를 활용하였다. 한 개 동화의 전체 이야기를 5막으로 구성하고 각 학급의 5개 모둠이 한 막씩을 맡아 연극에 참여하였다. 5개 모둠이 이야기 전체를 연극으로 완성함으로써 진로를 설계하고 대인관계 및 의사소통능력을 키울 수 있도록 하였다.

대정고(2015)는 학생들이 직접 기획하고 만드는 동아리 연극축제를 통해 '연극을 통한 꿈 찾기'를 운영하였다. 1, 2학년 모든 학생들이 동아리별 특성에 맞는 연극 주제를 선정하고, 진로를 주제로 한 연극 공연을 준비하였다. 여름방학 전 공연과 겨울방학 전 축제 때에 연극 형식의 동아리별 발표대회를 열어 협업능력과 의사소통능력을 신장시킬 수 있는 기회를 제공하였다.

인천연송고(2015)는 진로활동 시간을 활용하여 1학년 학생 전체에게 '연극을 통한 꿈 찾기' 프로그램을 실시하였다. SC⁺EP에서 제공한 3개 활동 중 '나, 이런 사람이야', '몸으로 표현하기'를 운영하였다. 전문강사의 지원을 받아 학급별 2차시씩 진행되었다.

이상과 같이 '연극을 통한 꿈 찾기' 프로그램은 SC⁺EP 활동을 그대로 적용하기보다는 연극을 진로지도의 한 방법으로 활용하는 경우가 많다. 학생들이 스스로 연극을 만들어 가는 과정을 통해 함께 문제를 해결하며 창의력과 의사소통능력을 높이도록 하였다. 전문강사의 지원을 받아 연극의 완성도를 높이기도 하였다.

3) Wi-Fi 창업 프로그램의 실제

주례여중(2015)은 전교생을 대상으로 Wi-Fi 창업 경진대회를 실시하였다. 대회 참가를 희망하는 개인 및 팀 100명 학생들에게 창업 관련 정보를 제공하여 창업동기를 부여하고 진로체험 분위기를 조성하였다. 학생들이 토론을 통해 아이디어의 사업화 가능성을 모색할 수 있도록 하였다. 표 12-7과 같이 창업 아이디어 스케치 및 제안서 작성안을 심사한 후, 본선 진출팀을 선정하여 결과물을 제작·발표하도록 운영하였다.

표 12-7 Wi-Fi 창업 경진대회 운영 일정(주례여중)

연번		일정	내용
1	사업계획 수립	2014.3.20.(목)	• 사업계획 수립 및 추진 일정 결정
2	학부모 계획	2014.3.20.(목) 15분	• 진로교육의 패러다임의 변화 • 학생들과 눈높이 맞춤식 진로 설정 • 아이들과 소통을 통한 청소년아카데미 지원 요청
3	전체학생 교육 및 참가자 접수	2014.4.10.(목) 7, 8교시	• 진로교육의 패러다임의 변화 • 사업안내 및 사업계획 접수 및 오프라인 홍보 • 행사 참가자 모집 및 접수(개인 및 팀 단위 접수)
4	팀 빌딩	2014.4.17.(목) 7, 8교시	• 팀워크 팀 빌딩을 통한 팀 협업 • 팀아이디어 창출을 위한 아이디어 나눔 • 신뢰관계를 통한 협업 충전
5	아이디어 토론	2014.5.8.(목) 7, 8교시	• 발표 준비(노트북 등 활용) • 창업 아이디어 스케치 및 제안서 작성
6	액션플랜	2014.5.15.(목) 7, 8교시	• 액션플랜 및 계획 작성(아이디어를 통한 사업계획서) • 구체적인 계획 세우기

7	아이디어 토론 액션플랜 멘토와의 만남	2014.5.22.(목) 7, 8교시	• 발표 자료를 통한 창업아이디어(영상촬영) (아이디어 스케치 및 노트북 등 활용) • 심사위원 심사 및 학생들의 투표 결과 수령
8	결과물 제작	2014.6.12.(목) 7, 8교시	• 결과물 제작 시연 및 지원 설명회
9	발표 및 전시회	2014.7.22	• 창업경영 발표 및 전시회, 판매

인천연송고(2015)는 Wi-Fi 창업 프로그램을 1학년을 대상으로 한 교내 창업캠프, 2학년을 대상으로 한 창업수업으로 운영하였다. 교내 창업캠프는 진로활동 시간을 활용하여 1학년 전체 학생에게 실시하였다. 사전에 창업가 정신에 대해 진로캠프를 실시한 후 표 12-8과 같이 3차시로 진행하였다. 창업수업은 2학년 전체 학생에게 4단계로 이루어졌다. 1단계는 연 1회 창업 관련 교재를 활용하여 창업가 정신을 교육하고 조를 편성한다. 2단계는 월 3~4회 창업 아이템을 선정한다. 3단계는 월 1회 창업 제품에 대한 설명회를 갖는다. 마지막 4단계는 월 1회 창업 제품 결과물을 제작한다. 이러한 창업수업 외에 창업동아리 'TIDE'를 조직하여 Wi-Fi 창업 프로그램을 운영하였다.

표 12-8 창업캠프 프로그램 운영(인천연송고 1학년)

시간	창업캠프 프로그램	세부 설명
1차시	Holland 직업적성검사를 실시한 후 필수 성향 포함 팀 구성	자신이 어떤 진로와 성향 혹은 성격이 맞는지를 검사하고 체험하기 원하는 진로를 선택하는 시간 및 창업 시 필요한 성향별 팀 구성
2차시	아이디어 구상 및 시제품 제작	각자 팀이 아이템 회의를 하여 시제품을 구상한 후 제작
3차시	박람회 또는 투자설명회	제작한 시제품을 가지고 박람회나 투자설명회를 통해 투자금을 받는 활동

이상과 같이 Wi-Fi 창업 프로그램이 대회, 캠프. 수업, 동아리활동 등의 학교 단위 프로그램으로 운영되는 사례를 살펴보았다.

학급 및 동아리 진로진학지도 프로그램은 교과 연계 진로프로그램과 진로관련 활동 프로그램으로 분류하여 살펴보기로 한다. 학급 단위로 구성된 학생 집단에서 가장 자연스럽게 실시할 수 있는 프로그램은 교과와 연계한 프로그램이다. 교과 수업이 학교 교육과정 중 대부분을 차지하고 있어서 교과 연계 진로프로그램 운영은 매우 중요한 진로교육이다. 진로관련 활동 프로그램도 학급 및 동아리와 같이 진로발달 단계가 유사한 집단에 실시하기에 적절한 프로그램이라고 할 수 있다.

1) 교과 연계 진로프로그램

중학교에서는 2016년부터 자유학기제 전면 도입을 추진하고 있으며, 고등학교에서는 대학 입시와 취업을 앞두고 진로교육의 중요성이 늘 강조되고 있다. 이러한 학교 현장에서 진로교육을 진로진학상담교사가 혼자 감당하기는 매우 어렵다. 효율적인 진로교육을 위해 교과 담당 교사의 참여가 필수적임을 인식하고 교과 연계 진로프로그램이 활성화되어야 한다. 지금까지 국어, 수학, 영어, 과학, 도덕, 미술, 음악, 기술·가정, 한국사, 중국어 등 다양한 교과에서 교과와 연계한 진로프로그램이 운영되었다. 여기에서는 가장 많이 운영된 미술, 국어(독서), 음악 교과 연계 진로프로그램의 사례를 살펴보기로 한다.

(1) 미술 교과 진로프로그램

미술 교과는 다른 교과에 비해 학생들의 흥미 유발에 유리하다. 그리기와 만들기의 표현 수단을 활용하여 다양한 진로 활동이 가능하다. 중학교 미술 교과는 자유학기제에서 운영하기 수월하며, 고등학교 미술 교과는 다른 교과에 비해 입시에서 자유로운 편이라 다소 유연한 교육과정 운영이 가능하다.

김소연(2016)은 미술과 중심의 자유학기제 학생 선택프로그램을 개발하여 중학교 1학년 16명(남학생 8명, 여학생 8명)에게 매주 2차시씩 총 14차시를 적용하였다. 프로그램 전 과정을 통해 '과거-현재-미래'의 연속선상에서 자아성찰을 할 수 있도록 중학교 1학년의 발달단계를 고려하였다. 진로교과의 '자기이해'와 미술교과의 '자기표현'을 연계하여 그림 12-1과 같이 다양한 표현활동으로 프로그램을 구성하였다. 그 결과 참여자들의 자아정체감과 자기효능감에 긍정적 영향을 미친 것으로 나타났다.

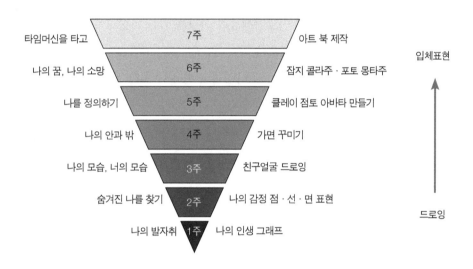

그림 12-1 주차별 주제에 따른 표현활동(김소연, 2016)

김윤정(2015)도 중학교 1학년 학생에게 진로탐색 미술프로그램을 실시하였다. 생애 단계별 이론에 근거하여 '1단계-자기이해 미술 프로그램', '2단계-진로탐색 미술 프로그램', '3단계-진로계획 미술 프로그램'의 3단계로 프로그램을 구성하고, 35명에게 9차시를 적용하였다. 1단계에서는 역할 탐색 및 생각하기 활동을 통해 자신에 대한 이해를 확장하고, 2단계에서는 강점 탐색 및 직업정보 활용 활동을 통해 진로를 탐색하며, 3단계에서는 생애 단계를 만들어보는 활동을 통해 진로계획을 세우도록 하였다. 그 결과 참여자들의 진로탐색에 긍정적 영향을 미친 것으로 나타났다.

최한나(2016)는 미술교과를 통한 진로교육 프로그램을 구안하여 중학교 2학년 4학급 학생들에게 3차시를 실시하였다. '1차시-명함 디자인', '2차시-진로캐릭터 디자인', '3차시-컵 아트 디자인'으로 구성한 프로그램을 수업에 적용한 후, 학생들의 소감을 고찰하여 이 프로그램이 진로탐색에 미친 영향과 효과를 분석하였다. 그 결과, 이 프로그램을 통해 학생들은 자기 자신에 대해 생각하고 진로를 구체적으로 계획하는 계기가 되었다. 또한 스스로 선택한 직업의 특징과 장단점을 구체적으로 파악할 수 있었다. 자신들의 생각을 언어와 이미지로 표현하는 과정을 통해 진로에 대해 깊게 생각할 수 있었다고 연구자는 평가하였다.

남궁유빈(2014)은 청소년의 진로탐색능력 신장을 위한 미술교육 프로그램으로 '미술수업을 통한 진로교육 프로그램(ACP: Art Career Program)' 6차시를 개발하였다. 연구자가 제공한 프로그램을 협력교사가 미술과 수업에서 중학교 3학년 2개 학급 학생 74명에게 적용하였다. '나의 꿈 찾기'를 주제로 한 이 프로그램은 1차시 '마인드맵 그리기', 2차시 '20년 후의 자화상 스케치', 3~4차시 '자화상 수채화', 5차시 '명함 만들기', 6차시 '나의 미래 소감문 쓰기'로 진행되었다. 이 프로그램을 미술과 수업에 적용하고 수업 평가를 한 결과, 참여자들의 자기이해가 높아져 진로의식 향상에 긍정적 효과가 나타났다.

이외에도 중학생을 대상으로 한 미술 교과 진로프로그램은 매우 많다. 이 프로그램들을 살펴보면, 참여자의 흥미를 유발하고 표현력과 창의력을 높이며 효과적으로 진로교육을 할 수 있는 활동들을 만날 수 있다. 다음은 고등학교의 사례이다.

강국원(2012)은 미술교과에서 미래의 모습 그리기 프로그램을 개발하여 고등학교 1학년 2개 학급 여학생 60명에게 적용하였다. 긍정적 자아 탐색 및 직업 탐색을 바탕으로 가장 관심 있는 직업을 선택하여 그 직업을 갖기 위한 설계와 노력 과정을 그림으로 나타내게 하였다. 자신의 진로를 설계하여 기승전결 구조로 4칸 만화 작품을 완성하도록 하였다. 이와 같은 미래 표현 활동이 신로성숙도, 자아존중감, 진로자기효능감 등을 향상시키는 효과가 있는 것으로 나타났다.

(2) 국어 교과 및 독서 활용 진로프로그램

국어 교과의 내용은 학생들이 진로를 능동적으로 탐색하고 준비하는 데 있어서 기초가 되는 지식과 능력이라고 말할 수 있다(교육부, 2012). 국어 교과에서는 듣기, 말하기, 읽기, 쓰기, 문법, 문학 등의 학습 능력을 향상시키는 동시에 진로교육 목표도 달성할 수 있는 다양한 학습 활동이 가능하다. 국어 교과 및 독서를 활용한 진로프로그램에 대해 살펴보자.

정지영(2016)은 국어 교과 통합 진로교육 프로그램을 중학교 2학년 2개 학급 학생 68명에게 실시하였다. 국어교육의 목표와 진로교육의 목표를 분석한 후 중학교 2학년 국어 교과서에서 관련 내용을 추출하여 표 12-9와 같은 프로그램을 개발하였다. 진로목표와 연계 가능한 교과 단원 내용을 찾아 활동을 구성하였다. 수업 중 진로교육을

표 12-9 국어 교과 통합 진로교육 프로그램(정지영, 2016)

차시	교과 단원	진로교육 목표	활동
1		자아이해 및 긍정적 자아개념 형성	1. 나는 누구인가?
2	1. 문학과 소통	자아이해 및 긍정적 자아개념 형성	2. 나를 닮은 캐릭터 만들기
3	(1) 서동요/ 동서남북	자아이해 및 긍정적 자아개념 형성	3. 나를 위한 구인광고
4		진로계획 및 준비	4. 나의 미래, 만화로 그리기
5		진로의사결정능력 개발	5. 나의 진로장벽 뛰어넘기
6	1. 문학과 소통	자아이해 및 긍정적 자아개념 형성	6. 나의 성격 유형
7	(2) 물 한 모금	대인관계 및 의사소통역량 개발	7. 나의 대인관계능력 알아보기
8		대인관계 및 의사소통역량 개발	8. 눈으로 말해요
9		자아이해 및 긍정적 자아개념 형성	
10	1. 문학과 소통	자아이해 및 긍정적 자아개념 형성	9. 롤 모델 인터뷰하기
11	(3) 다양한 화법과 소통	자아이해 및 긍정적 자아개념 형성	
12		대인관계 및 의사소통역량 개발	
13	1. 말하는 이와 말하기 방식 더 읽어보기 자료 '빨래꽃'	대인관계 및 의사소통역량 개발	10. 상상나무 그리기와 이야기 전달
14	1. 말하는 이와 말하기 방식 (3) 다양한 화법과 소통	건강한 직업의식 형성	11. 직업에 대한 고정관념 살펴보기
15	2. 문장 구조와 표현 방식 (2) 글의 표현 방식	건강한 직업의식 형성	

실시하는 데 있어 시간적 부담을 해결하고자 45분 수업 중 10분 동안 진행하였다. 총 15차시 동안 프로그램을 실시한 결과, 참여자들의 진로결정효능감과 진로성숙도가 향상된 것으로 나타났다.

김성오(2012)는 학생 활동 중심의 전기문 읽기 워크숍을 구안하여 특성화고 1학년 남학생 24명에게 적용하였다. 10차시 프로그램을 국어 수업 중에 '워크숍 안내 → 모둠 구성 → 간이 독서지도 → 자기주도적 독서 및 개인 독서활동지 작성 → 되새기기와 재검토하기 → 모둠 토의와 모둠 독서활동지 작성 → 모둠별 발표 및 정리 평가'의 순서로 진행하였다. 독서 자료로 '빵 굽는 CEO 김영모', '스티브 잡스 이야기', '컴퓨터 의사 안철수 네 꿈에 미쳐라' 등 세 권의 전기를 활용하였다. 프로그램을 실시한 결과, 전기문 읽기 워크숍은 참여자들의 진로성숙도 향상에 효과적이었다. 연구자는 직업적으로 성공한 인물의 전기가 청소년들에게 인생 목표를 설정하게 하고 진로를 설계하는 데 효과가 있다고 보고하였다.

김상수(2016)는 진로독서의 목적, 제재, 활동 등에 관한 요구조사를 국어교사 66명과 사서교사 20명을 대상으로 실시하였다. 요구조사 결과를 바탕으로 진로독서 프로그램의 구성 원리 및 방향을 구안하고, 다섯 가지 진로개발역량을 중심으로 한 진로독서 프로그램 구성 방안을 표 12-10과 같이 제안하였다.

표 12-10 진로독서 프로그램 구성 방안(김상수, 2016)

진로개발역량	진로독서 프로그램	프로그램 내용
자기이해	진로독서 토론	도서를 바탕으로 한 발문에 대해 자신의 경험이나 생각을 발언하고 다른 사람의 의견을 경청함
	부모와 함께하는 진로독서	부모와 함께 독서를 하고 이야기를 나눔
직업관 형성	진로독서 상황극	직업현장 갈등상황 속 인물의 역할을 수행하면서 고민함
	전문 직업인의 만남	직업 관련 도서를 추천하고 추천 도서를 중심으로 이야기함
진로탐색	진로독서 신문 만들기	기사 목적에 맞게 관련 자료를 수집하고 내용을 조직함
	진로독서 보고서 쓰기 및 프리젠테이션	다양한 형태의 정보를 수집하고 목적에 맞게 재구성하여 발표함

진로설계	의사결정 게임	등장인물의 결정을 바꾸어 새로운 결말을 씀
	새로운 직업 만들기	사람들의 바람을 파악하여 시대의 변화 속에서 새로운 직업을 디자인함
평생학습	평생 진로교육 계획 세우기	앞선 과정들을 종합하여 자신의 생애주기별로 진로와 독서 계획을 세움
	진로독서 한마당	동아리, 학년, 학교, 도시에 걸쳐 같은 도서를 읽고 다양한 진로독서 활동을 펼침. 진로독서 포트폴리오 전시, 상황극, 독후감대회, UCC경진대회, 토론대회, 독서감상화 그리기 대회 등 다양한 공연 및 전시 등을 할 수 있음

김상수(2016)의 진로독서 프로그램 제안은 국어교과뿐만 아니라 학교, 학급, 동아리 단위 진로프로그램으로 활용하기에도 적절하다. 실제로 운영된 진로독서 프로그램 사례를 살펴보면 학교급별이나 성별 상관없이 적용할 수 있음을 알 수 있다.

김지율(2016)은 일반고 1학년 남학생 30명을 대상으로 다중지능이론 기반 진로독서 프로그램을 실시하였다. 다중지능이론이 언어, 논리-수학, 공간, 음악적 지능 등 다수의 능력요인으로 구성되어서 진로독서 프로그램을 설계하는 데 적절하다고 볼 수 있다. 다중지능이론에 기초한 진로독서 프로그램을 50분씩 17차시에 걸쳐 운영한 결과, 고등학생 진로정체감 형성에 긍정적 영향을 준 것으로 나타났다.

김지은(2014)은 자기 선택적 독서프로그램을 바탕으로 진로독서 프로그램을 구안하여 특성화고 1학년 21명(남학생 5명, 여학생 16명)에게 적용하였다. 이들 참가자는 동아리활동 조직 시 1학년 '식품진로독서반'으로 모집하여 구성하였다. 100분씩 8회기 프로그램을 '책 선정하기 → 공감하며 읽기 → 공유하기 → 모둠별 대표 발표하기'의 순서로 진행하였다. 학생과 교사가 함께 참여하여 선정한 최종 도서목록 65권 중 참여자들이 자신의 진로와 관련된 도서를 자율적으로 선택하여 읽은 후 또래 학생과 공유하였다. 이 프로그램은 진로 관련 도서를 통해 참여자들의 흥미를 유발하여, 읽기 동기 향상에 긍정적 영향을 미쳤다.

강보라(2014)는 진로독서지도를 통한 전기문 쓰기 프로그램을 구안하여 중학교 2학년 학생 32명(남학생 15명, 여학생 17명)에게 20차시를 '진로와 직업' 수업에 적용하였다. 홀랜드 성격 유형을 기반으로 선정한 도서를 참여자 수준을 고려하여 두 권씩 제시하고 2차시 블록타임으로 운영하였다. 이 프로그램은 '진로 도서 읽기 → 내용 생성하기 및 조직하기 → 전기문 쓰기 → 출판하기' 순으로 진행되었다. 중학생의 진로성숙도에 긍정적 영향을 미쳤으며 특히 희망 직업에 대한 지식 향상에 긍정적 효과를 미쳤다.

(3) 음악 교과 진로프로그램

음악 교과와 연계한 진로프로그램으로 자유학기제 운영을 위한 프로그램을 소개한다. 손지현(2016)은 자유학기제 음악프로그램이 중학생의 진로성숙도에 미치는 영향에 대해 연구하였다. 대상 학교는 2014학년도부터 2년간 교육부 지정 자유학기제 연구학교로 미술, 체육, 음악 등 여러 프로그램이 진행되었다. 음악프로그램 선택 학생인 중학교 1학년 학생 33명(뮤지컬반 15명, 판소리반 18명)을 대상으로 하였다. 학생들이 적성과 진로를 탐색할 수 있도록 구성한 뮤지컬 프로그램과 판소리 프로그램을 매주 2차시 블록타임으로 선택프로그램 활동시간에 실시하였다. 연구자는 뮤지컬반과 판소리반 학생들의 수업 14차시를 비참여 관찰로 분석하였다. 그 결과 자유학기제 음악프로그램은 중학생의 진로성숙도에 긍정적 영향을 미쳤다.

송한나(2016)는 자유학기제의 효율적 운영을 위한 제안으로 '음악과 진로' 동아리 프로그램을 개발했다. 이 프로그램은 음악 진로교육이 체계적으로 이루어질 수 있도록 중학교 선택과목인 '진로와 직업'의 내용영역인 '나의 발견', '직업세계의 이해', '진로의 탐색', '진로의사결정 및 계획'으로 단계를 설정하여 연계성 있게 구성하였다. 진로를 탐색하고 체험하는 과정이 개별적 탐구 과정뿐 아니라, 모둠별로 협동하는 탐구 과정으로 이루어져 있어 음악 분야의 다양한 직업에 대한 이해를 확장할 수 있도록 하였다. 개인의 적성과 흥미를 고려한 진로탐색을 위해 음악 직업에 대한 가상 체험 활동도 제공하였다.

2) 진로 관련 활동 프로그램

진로 관련 활동 프로그램은 CDP, 커리어넷, 포트폴리오, 직업체험, 진로카드 등을 활용한 프로그램이다. 진로 관련 활동에 대해서는 11장에서 다뤘으므로 이들 프로그램의 사례는 간단하게 소개하려고 한다.

(1) CDP를 활용한 진로프로그램

이정연(2013)은 학급단위 진로지도 프로그램(CDP-H)을 고등학교 1학년 한 학급 33명(남학생 18명, 여학생 15명)에게 실시하였다. 이 프로그램은 진로지도 프로그램(CDP-H)(2005)을 기초로 하여 50분 수업 8차시에 맞게 재구성한 프로그램이다. 전문가의 조언을 반영하여 조사, 분석, 설계, 구안, 적용의 과정을 거쳐 수정·변경하였다. 이 프로그램은 자신의 강점을 찾아내고 그에 맞는 희망 직업을 선택한 후 그에 따른 정보를 찾는 것을 전제로 시작하였다. 장래진로와 대학의 전공 선택을 고려한 학습이 이루어지기 위해서 관련 계열 및 학과 선택과 희망 대학교 선택, 그에 따른 학습계획 설정에 중점을 두었다. 그 결과 CDP-H를 활용한 학급단위 진로지도 프로그램이 참여자의 진로성숙도와 학습동기에 긍정적 효과가 있는 것으로 나타났다.

(2) 커리어넷을 활용한 진로프로그램

양혜정(2012)은 커리어넷을 활용한 진로지도 프로그램을 고등학교 3학년 여학생 한 학급 22명에게 실시하였다. 수능 후 주 1회(회당 90분씩) 총 7회 프로그램을 제공하였다. 이 프로그램은 커리어넷에 탑재된 다양한 진로프로그램과 심리검사를 중심으로 연구자가 재구성하였다. 수능 직후부터 성적 발표까지 학교 교육과정 진행이 비교적 느슨해진 상황에서 학생들의 진로고민을 돕고자 실시하였다. 그 결과 커리어넷을 활용한 진로지도 프로그램이 참여자의 진로의사결정능력과 성숙도에 효과를 미치는 것으로 나타났다. 이 프로그램은 수능 후 고3 학생들을 대상으로 했다는 점에서 의의가 있다.

(3) 포트폴리오를 활용한 진로프로그램

빈윤경(2015)은 포트폴리오를 활용한 진로교육 프로그램을 중학교 1학년 여학생 1개 학급 24명에게 총 12회기에 걸쳐 실시하였다. 연구자는 기존의 다양한 진로탐색 프로그램을 중학교 1학년 여학생의 특성에 맞게 수정하였고, 참여자들이 포트폴리오를 제작하게 하였다. 그 결과 참여자의 진로성숙도와 진로결정 자기효능감에 긍정적 효과를 미치는 것으로 나타났다. 신임선(2012)은 커리어포트폴리오형 진로프로그램을 수업중심형 진로프로그램과 비교하였다. 중학교 3학년 2개 학급 60명에게 커리어포트폴리오형 진로프로그램을, 다른 2개 학급 60명에게는 수업중심형 진로프로그램을 45분씩 총 9차시 진행하였다. 중학교 3학년 기술·가정의 「산업과 진로」 단원 수업 중에 실시하였다. 그 결과 커리어포트폴리오형 진로프로그램 참여자가 수업중심형 진로프로그램 참여자보다 진로성숙도와 진로정체감이 더 향상된 것으로 나타났다.

(4) 직업체험을 활용한 진로프로그램

체험 중심의 진로교육이 확대되고 있는 가운데 중학교에서는 자유학기제 전면 실시와 함께 더욱 체험을 중시하고 있다. 김은실(2016)은 직업체험을 활용한 진로탐색 프로그램을 중학교 2학년 동아리 학생 20명에게 실시하였다. 이 학생들은 동아리활동과 진로활동을 융합한 프로그램에 자발적으로 신청한 학생들이다. 동아리활동 중에 직업체험을 활용한 진로프로그램을 실시한 결과, 참여자의 진로성숙도와 직업가치관에 긍정적 효과를 미치는 것으로 나타났다. 오은연(2014)은 직업체험을 활용한 진로프로그램을 중학교 1학년 학생 166명에게 실시하였다. '지역사회 기반 직업체험 프로그램 운영 모형'을 기반으로 지역사회의 협조를 받아 운영하였다. 학생들이 2~5명씩 소규모 그룹으로 나뉘어 다양한 직업 현장을 찾아가 직업인을 만나고 직접 체험해 보는 진로탐색이다. 직업체험을 활용한 이 진로프로그램은 참여자의 진로정체감과 직업가치관에 긍정적 효과가 있는 것으로 나타났다.

(5) 진로(직업)카드를 활용한 진로프로그램

임다예(2013)는 진로카드를 활용한 학급단위 진로지도 프로그램을 일반고 1학년 여학생 1개 학급 36명에게 실시하였다. 고등학생 진로지도 프로그램 선행연구를 기초로 하여 한국고용정보원에서 구안한 직업카드 활용 매뉴얼을 재구성하여 사용하였다. 회기 당 50분으로 총 6회기 프로그램을 실시한 결과, 참여자의 진로성숙도에 긍정적 효과를 미치는 것으로 나타났다. 진로카드를 활용한 진로프로그램은 학생들이 흥미를 가지고 적극적으로 참여하는 활동 중심의 프로그램으로 학급단위에서도 유용한 것으로 보인다.

3 소집단 진로진학지도 프로그램의 실제

소집단 진로진학지도 프로그램으로 참여자 특성에 따른 진로프로그램과 다양한 매체를 활용한 진로프로그램에 대해 알아보자. 소집단 진로진학지도 프로그램은 집단상담 프로그램의 성격이 강한 편이다. 소집단으로 진로프로그램을 운영할 때에는 참여자의 특성을 반영하여 프로그램을 실시하기에 용이하다. 그리고 치유적 특성을 지닌 다양한 매체를 진로프로그램에 활용함으로써 진로진학지도 효과를 높일 수 있다.

1) 참여자 특성에 따른 진로프로그램

(1) 진로 관련 변인이 낮은 학생을 위한 진로프로그램

먼저 진로미결정 학생을 위해 독서나 토론을 활용한 진로프로그램을 소개한다. 박세화(2015)는 진로미결정 학생을 위해 직업흥미 기반 진로도서목록을 선정하고 진로독서 프로그램을 구안하였다. 고등학교 1, 2학년 진로미결정 학생 16명(남학생 9명, 여학생 7명)에게 10차시 프로그램을 두 차시씩 묶어 100분 5회로 운영하였다. 참여자들은 이 프로그램을 통해 자신의 진로를 결정하고, 홀랜드 유형별 추천도서 138권 목록 중 각자 선정한 도서를 읽고 발표하였다. 그 결과 직업흥미 기반 진로독서 프로그램은 진로성숙도를 향상시키는 데 효과적이었다. 연구자는 이 프로그램을 통해 진로미결정 학생들이 자기에 대한 이해를 높이고, 진로정보를 얻어 주체적이고 합리적으로 진로를 결정할 수 있는 자질을 기를 수 있다는 데 의의를 두었다.

고지연(2015)은 진로미결정 학생을 위해 토론을 활용하였다. 토론을 활용한 진로프로그램을 고등학교 1학년 진로미결정 학생 12명(남학생 5명, 여학생 7명)에게 실시하였다. 이들을 자율동아리로 구성하고 인터넷 카페를 만들어 소통하며, 진로프로그램 활동 내용을 공유하였다. 100분씩 총 10회기 동안 '자기이해 → 일의 세계 → 일에 대한 긍정적 태도 → 진로의사결정 → 진로에 대한 확신'의 단계를 토론활동으로 진행하였다. 학생들이 자신과 진로에 대해 스스로 질문하고 생각하며 자료를 수집·분석하여 의사결정을 할 수 있도록 하였다. 그 결과, 이 프로그램은 진로성숙도에 긍정적 영향을 미친 것으로 나타났다.

이상의 두 사례는 일반고의 진로미결정 학생을 위한 진로프로그램이다. 다음 사례는 특성화고의 학습된 무기력과 낮은 진로의식을 지닌 학생을 위해 인지행동이론과 더불어 미술치료를 활용한 진로프로그램이다.

김혜나(2014)는 학습된 무기력에 대해 인지행동이론을 적용한 집단미술치료 프로그램을 구성하였다. 학습된 무기력의 감소, 진로에 대한 합리적 계획, 적합한 직업 선택 등으로 특성화고 학생들의 삶을 향상시키고자 하였다. 학습된 무기력 점수가 높고, 진로태도성숙도 점수가 낮은 학생 1학년 8명에게 60분씩 19회기 프로그램을 실시하였다. '친밀감 형성 → 인지행동 탐색 → 인지행동 수정 → 인지행동 유지'의 5단계로 진행하였다. 그 결과 참여자들의 학습된 무기력이 감소되었고, 진로태도성숙이 향상되었다. 질적 분석인 PPAT 그림검사에서는 내적 에너지 수준과 문제해결능력이 향상된 것으로 나타났다. 참여자들의 소감문과 담임교사의 면담기록에 의하면 학습된 무기력이 감소됨에 따라 자신의 진로에 대한 관심이 생기기 시작하였고, 진로목표를 이루기 위한 실제적 활동으로 이어졌다고 한다.

김시현(2013)은 진로의식성숙을 위한 인지행동 미술치료 프로그램을 특성화고 2학년 학생 10명에게 실시하였다. 특성화고 2학년 전체를 설문조사하여 진로의식성숙 점수가 낮은 하위 20명을 선발하여 10명을 실험집단으로 구성하였다. 인지행동이론을 바탕으로 '인지 탐색 → 인지 재구성 → 인지 유지 → 행동 변화'의 4단계로 진행하였다. 진로의식성숙 하위 영역인 '진로성향, 진로타협, 진로독립, 진로결정, 진로관여'를 프로그램 목표에 반영하여 11회기를 실시한 결과, 참여자들의 진로의식성숙에 효과적이었다. 질적 분석인 PPAT 그림검사에서는 문제해결능력에 긍정적 효과를 나타냈다.

(2) 학교 부적응 학생을 위한 진로프로그램

이윤규(2014)는 진로탐색 집단상담 프로그램을 특성화고 1학년 남학생 6명에게 90분씩 총 6회기에 걸쳐 실시하였다. 프로그램 참여자들은 표 12-11과 같은 행동과 특성을 지닌 부적응 학생들이다. 이들이 '자기탐색 및 이해 I → 자기탐색 및 이해 II → 직업세계 탐색 I → 직업세계 탐색 II → 진로의사결정 → 진로계획 세워보기'의 순으로 진행되는 프로그램을 통해서 보인 반응의 일부(5회기 반응)를 표 12-11에 제시하였다. 이 프로그램을 통해 참여자들은 진로결정 자기효능감과 학교생활 부적응행동에 긍정적 변화를 가져왔다.

표 12-11 참여자 특성과 5회기 반응(이윤규, 2014)

참여자명	부적응 행동	기타 특성	5회기 진로의사결정 활동의 반응
강○○	가출, 결석	조용하고 내성적임	어른이 된 나의 모습은 전기업체사장이다. 돈을 모을 것이다. 돈을 많이 모아서 내 자식에게 물려줘서 내 자식은 고생 없이 살 수 있게 해줄 것이다.
김○○	폭행	수업 도중 자주 없어짐	내가 이루려는 꿈에 도달하려면 중간에 많은 고비가 있을 거라 생각한다. 노력하고 노력해서 꼭 그 꿈을 이룰 것이다.
이○○	가출, 결석	산만함	파티시엘이 된 미래를 그려보았다. 내가 그린 그림을 보기만 해도 기대되고 행복하다. 꼭 훌륭한 파티시엘이 되고 말겠다.
정○○	잦은 지각	매사에 부정적임	어른이 된 나의 모습을 그려보았다. 성실하고 인정받는 헬스트레이너가 되어 건강한 삶을 살고 싶다. 꼭 꿈을 이루어서 원하는 일을 하면서 살 것이다.
최○○	결석	수업 중에 주로 자고 있음	경찰이 돼서 도둑을 쫓는 미래모습을 그렸다. 그런데 경찰이 되려면 어떻게 해야 하지?

| 홍○○ | 결석 | 스마트폰 게임을 즐겨함 | 어른이 된 나의 모습이 하나가 아닌 두 가지인 것은 아직 대학에 갈지 취업을 할지 정하지 않아서이다. 솔직히 아직도 결정을 못하고 방황하고 있다. 어느 쪽이든 현실에 충실해서 열심히 해야 한다. |

박상철(2013)은 진로집단상담 프로그램을 일반고 1학년 여학생 20명에게 실시하였다. 이들 참가자는 학교적응검사에서 낮은 점수를 보인 학생들로 대부분 하위권 학업수준을 보이고 있다. '관계형성 및 구조화 → 자기이해 → 직업이해 → 의사결정 → 진로계획'의 순으로 50분씩 총 10회기에 거쳐 실시하였다. 그 결과, 부적응 학생들이 자신에 대한 이해를 바탕으로 합리적 진로선택을 함으로써 진로성숙도를 높이고 학교 적응 행동이 향상된 것으로 나타났다.

위 사례가 진로교육 전(全) 영역을 순서대로 연계한 진로프로그램이라면, 다음 사례는 한 영역만을 다룬 진로프로그램이다. 김세란(2011)은 자아탐색만으로 프로그램을 구성하여 특성화고 1학년 부적응 학생 8명에게 실시하였다. 선행연구를 분석하여 참여자 수준과 학교 상황에 맞게 재구성한 자아탐색 프로그램을 45분씩 총 10회기에 걸쳐 운영하였다. 이 프로그램은 부적응 고등학생에게 자신과 타인을 이해하는 기회를 줌으로써 긍정적 자아존중감 향상에 효과를 가져왔다.

이상과 같이 진로프로그램이 학교 부적응 학생들에게 효과적인 프로그램이라는 사실을 알 수 있다. 부적응 행동을 수정하기 위한 활동을 별도로 구성하지 않고도 진로프로그램 자체로 부적응 행동을 줄이고 다양한 진로 변인의 효과를 가져왔다. 다음에 소개하는 사례는 부적응 학생에 초점을 두고 개발한 진로프로그램이다.

조성심(2011)은 학교부적응 중학생을 위한 생태체계 관점의 진로탐색 프로그램을 개발하였다. 선행연구와 요구조사 분석을 거쳐 프로그램의 준거를 마련한 후, 프로그램 목표에 부합하는 생태체계 관점의 진로탐색 프로그램을 개발하였다. 프로그램 개발의 타당성을 확보하기 위하여 기획단계의 조사와 분석, 설계단계, 실행단계의 구안 및 적용, 평가단계를 거쳤다. 개발된 프로그램의 각 단계별 내용에 대해 전문가들의 내용타당성 검증을 받았다. 자기이해 및 자기탐색, 직업세계 탐색, 일에 대한 긍정적 태도, 합리적인 의사결정능력, 또래와 학교생활 속에서의 진로, 진로설계, 체험중심의 진로 등의 요소를 추출하여 총 12회기로 프로그램의 구성 내용을 구안하였다. 프로그램의 효과성을 검증하기 위하여 중학교 부적응 학생 24명에게 3개월여에 걸쳐 프로그램을 실행하였다. 양적평가와 질적평가를 병행한 결과, 이 프로그램은 참여자의 자아존중감과 진로결정 자기효능감 및 진로성숙도를 향상시키는 데 긍정적 영향을 미치는 것으로 검증되었다. 또한 참여자의 학교생활 적응력이 향상되었고, 학교 및 가정생활 태도에서도 긍정적 변화를 가져온 것으로 나타났다. 1, 2차 프로그램 실시 후 최종 수정된 프로그램을 간단하게 정리하면 표 12-12와 같다. 12회기 학생 프로그램과 더불어 4회기 부모 프로그램과 1회기 교사 프로그램도 함께 개발하였다. 이 프로그램은 부적응 학생을 위해 생태체계적 관점으로 개인, 학교, 가정, 지역사회가 함께 접근하는 진로프로그램이다.

표 12-12 학생 대상 최종 수정 프로그램(조성심, 2011)

진로영역	회기	프로그램	진로 성숙	진로 결정	생태 체계
준비과정	1	오리엔테이션 – 기대되는 첫 모임 –	사전조사	사전조사	–
자기이해 및 자기탐색 & 진로와 직업 이해	2	내 안의 나를 보아요 – 1	능력(자기이해)	문제해결	개인
	3	일의 소중함과 보람에 대한 나의 생각	태도(일에 대한 태도)	직업정보	개인
	4	내 안의 나를 보아요 – 2	능력(자기이해)	문제해결	개인
	5	나의 신체, 성격, 흥미, 적성과 직업	능력(자기이해)	문제해결	개인
	6	나의 의사를 결정하게 하는 것은?	능력(합리적 의사결정)	문제해결	개인
또래와 학교생활 속 진로	7	친구와의 관계 속에서 나의 진로	능력(자기이해)	문제해결	또래
	8	학교생활 속에서의 나의 진로	능력(자기이해)	문제해결	학교생활
진로와 직업이해	9	직업세계에 대한 이해 & 나의 적성과 흥미, 그리고 나의 진로설계	능력(정보활용) 태도(계획성) 행동(진로탐색준비행동)	직업정보 목표설정	개인/ 가정
직업탐색	10	나의 관심 대학 학과 멘토와 직업인과의 만남 직장 방문/진로체험활동	행동(진로탐색준비행동)	목표설정 & 계획	가정/ 지역사회
진로설계	11	나의 진로목표 및 진로설계 재조정 / 진로계획 세우기	태도(계획성)	계획	개인/ 가정/학교
종결	12	마무리 및 총 평가	사후검사	사후검사	–

2) 다양한 매체를 활용한 진로프로그램

(1) 독서치료를 활용한 진로프로그램

명창순(2016)은 기존 독서치료 프로그램의 문제점을 보완한 개발 모형을 구안하였다. 이 모형 단계에 따라 독서치료의 특성을 살린 내용과 구조로 중학생의 진로탐색과정에서 자아정체감 형성을 돕는 독서치료 프로그램을 개발하였다. 인지적·정서적·행동적 특성이 포함된 독서치료 기법과 활동, 중학생의 특성과 수준을 고려한 자료선정을 통해 참여자들이 흥미를 가질 수 있도록 하였다. 예비평가를 통해 수정·보완한 최종 프로그램을 '두근두근 북콘서트'라고 명명하였다. 그중 일부를 살펴보면 표 12-13과 같이 진로목표 '자기이해'를 위한 활동요소를 프로그램의 초기, 중기, 후기에 구성하고 독서자료를 활용하였다. '자기이해'와 함께 '일과 학습', '일과 직업에 대한 태도와 습관 형성', '진로계획' 등을 진로목표로 삼았고, 자아정체감 목표도 함께 구현하였다. 이 프로그램의 효과를 검증하고자 중학교 1, 2학년 20명에게 회기 당 45분씩 총 10회기를 실시한 결과, 참여자들의 자아정체감 형성에 효과가 있는 것으로 나타났다.

표 12-13 '자기이해' 회기 주제 및 활동 내용(명창순, 2016)

단계	회기	회기명	회기 주제	활동 내용	독서자료	목표 영역	
						진로	자아정체감
초기	2	나를 만나다	• 나의 과거·현재·미래를 점검하고 표현하기	• 활동: 나는 어떤 나무? – 나의 모습 찾아보기 • 활동: 난 ○○색 – 모방시 쓰기	• 시 '난 빨강' (『난 빨강』 중에서) • 그림책 『나무는 참 좋다.』	자기이해	주체성
중기	5	나와 함께	• 대인관계 및 상호작용 능력 향상하기	• 활동: 마음을 여는 한 줄 카드 작성하고 이야기 나누기 • 활동: 차 한 잔의 힘 – 직접 만든 차를 격려받고 싶은 선생님께 드리고, 긍정 메시지 받기	• 책 『관계』	자기이해	친밀성

| 후기 | 7 | 나답게 | • 가치 있는 목표를 찾고 노력하기 | • 활동: 나는 나비 - 데칼코마니로 나비그림 그리기
• 활동: 소설 읽기, 나 읽기 - '나는 이런 나비가 될 테야' 글쓰기 또는 노래가사 바꿔쓰기 | • 책 『꽃들에게 희망을』 1~3장
• 노래 '나는 나비' | 자기이해 | 목표지향성 주체성 |

함선규(2015)는 이야기치료를 활용한 진로 집단상담 프로그램을 일반계 고등학교 1학년 학생 12명에게 100분씩 4회기를 실시하였다. 이 프로그램은 이야기치료와 진로 문제 주제를 결합하여 '지배적 진로이야기 해체하기 → 대안적 진로이야기 만들기 → 대안적 진로이야기 강화하기'의 단계로 구성되었다. 참여자들이 프로그램을 통해 자신이 선호하는 이야기를 진로이야기로 구성함으로써 개인의 요구, 흥미, 능력, 가치를 반영한 진로를 설계할 수 있도록 기여하였다는 데 연구자는 의의를 두었다. 이 프로그램은 참여자들의 진로정체감 향상에 효과적이었다.

이명희(2013)는 저널치료를 활용한 진로프로그램을 개발하여 수능 직전의 고3 학생들에게 3년간 실행하고 수정·보완하였다. 고3 수험생의 심리 문제와 진로문제를 함께 다룬 이 프로그램을 '진로저널 프로그램(Career Journal Program, CJP)'이라 명명하였다. 진로저널 프로그램은 진로저널 쓰기로 구성된 8회기 프로그램이다. 진로저널은 Adams(1990, 1998)의 저널치료 기법을 진로상담에 활용하고자 개발한 기법으로서 '진로에 관련된 다양한 문제를 성찰하고 탐색하기 위해 자신의 생각과 느낌을 표현하는 글'을 이른다. 이 프로그램은 회기당 시간이 매우 짧으며(15~20분), 8회기 프로그램을 단회기에서 10회기 이상까지 응용하여 적용할 수 있다. 진로저널 프로그램은 '자기이해' 3회기, '일과 학습' 2회기, 진로계획' 3회기의 총 8회기로 구성하였다. 각 회기별 1~3개 프로그램으로 총 16개 프로그램을 제시하여 프로그램 진행자나 참여자 특성에 맞게 선택할 수 있도록 하였다. 이 프로그램을 실시한 결과, 고3 학생들의 정신건강, 자기효능감, 시험불안, 진로발달 등에 긍정적 효과가 나타났다.

(2) 미술치료를 활용한 진로프로그램

2010년부터 최근 6년 동안 청소년 대상 집단 미술치료 국내 연구 동향을 분석한 연구(홍효주, 2016)에 의하면 집단 미술치료 연구 주제의 많은 부분을 '진로'가 차지하고 있다. '진로적성 및 자아성장'을 주제로 한 연구가 28.7%, '의사소통 및 대인관계'가 14.2%로 진로관련 주제가 총 42.9%를 차지하였다. 진로프로그램에서 미술치료를 많이 활용하고 있음을 알 수 있다.

신봉인(2014)은 집단 미술치료 프로그램 12회기를 고등학교 2학년 여학생 10명에게 실시하였다. 표 12-14와 같이 3단계로 구성하였고 회기당 시간은 60~90분으로 진행하였다. 프로그램 목표를 보면 자기탐색과 자기이해가 주를 이루고 있다. 이 프로그램은 참여자의 자아존중감과 자기효능감 향상에 긍정적 영향을 미친 것으로 나타났다.

표 12-14 집단 미술치료 프로그램(신봉인, 2014)

단계	회기(시간)	프로그램 목표	활동 주제
초기 흥미유발 라포형성	1(90분)	미술치료 소개와 구조화	오리엔테이션 및 이미지로 나를 소개하기
	2(60분)	심리적 이완 및 흥미 유발	집단 난화 그리기(스토리텔링)
	3(90분)	자기표현 및 라포 형성	요즘 내 마음은?(나의 감정 표현하기)
중기 자기탐색 상호작용	4(75분)	자기탐색 및 자기이해	나의 장단점
	5(60분)	자기표현 및 친밀감 형성	나의 나무 그리기
	6(90분)	진로탐색	꿈을 찾아서!(직업카드 활동)
	7(75분)	자기탐색 및 자기이해	삶에서 가장 자랑스러웠던 순간
	8(60분)	자기탐색 및 자기이해	삶에서 가장 어려웠던 순간
	9(90분)	자기탐색 및 미래 설계	My Life Story
종결 통합	10(75분)	자아존중감 향상	내 안의 가능성
	11(60분)	통합 및 집단 내 수용 경험	나무가 있는 풍경
	12(90분)	통합 및 종결	앨범 만들기

신혜란(2013)은 진로집단 미술치료 프로그램을 중학교 1학년 여학생 11명에 실시

하였다. 10회기 예비프로그램을 1학년 학생 8명(남학생 4명, 여학생 4명)에게 적용한 후 문제점을 보완하여 13회기 프로그램을 구성하였다. '자기이해 → 직업정보탐색 → 합리적 의사결정 및 문제해결 증진 → 미래 설계'의 단계로 프로그램을 진행하였다. 그 결과 참여자들의 자기효능감과 진로의식성숙에 긍정적 효과를 미치는 것으로 나타났다.

(3) 음악치료를 활용한 진로프로그램

여기에서 소개하는 김화정(2015)의 사례는 학교가 아닌 교회에서 진행된 프로그램이고, 박진아(2013)의 사례는 특수학급 학생에게 실시한 프로그램이다. 보편적인 프로그램이 아니라고 볼 수도 있지만 학교 진로프로그램에 음악을 활용하고자 할 때 참고할 만한 구성요소들을 담고 있는 프로그램이다.

김화정(2015)은 노래 중심 음악치료를 B교회에 소속된 고등학생 10명(남학생 7명, 여학생 3명)에게 실시하였다. 매 회기 50분씩 주 3회 총 12회기를 실시하였다. 진로성숙도의 하위요인인 '진로계획, 진로태도, 자기지식, 진로행동, 독립성'을 프로그램 목표로 삼아 프로그램을 구성하였다. 목표 영역에 따라 곡을 선정하되 참여자들의 관심을 끌 수 있는 대중가요를 위주로 하였다. 매 회기마다 'hello song 인사 → 긴장이완활동 → 본 활동(노래감상, songwriting, 가사토론) → 음악적 경험과 느낌 나누기 → good bye song 인사'의 순으로 진행하였다. 그 결과 참여자의 진로성숙도에 긍정적 영향을 미치는 것으로 나타났다.

박진아(2013)는 음악치료 집단상담 프로그램을 표 12-15와 같이 역량강화모델 절차인 '대화 → 발견 → 발달'의 단계에 따라 구성하였다. 진로관련 과제영역을 반영한 진로프로그램을 중학교 특수학급 학생 15명(남학생 12명, 여학생 3명)에게 실시하였다. 참여자들을 학년별 5인씩 소집단으로 조직하여 매 회기 45분씩 주 2회 총 8회기에 걸쳐 실시하였다. 그 결과, 역량강화모델에 기초한 음악치료 집단상담 프로그램이 참여자들의 진로성숙도에 긍정적 영향을 미치는 것으로 나타났다.

표 12-15 음악치료 집단상담 프로그램(박진아, 2013)

역량 강화 단계	회 기	활동 주제	과제 영역	활동 내용	사용 음악
대화	1	직업 별칭	자기표현 라포 형성	• 직업별칭 짓기 • 별칭 소개하기(songwriting) • 별칭 노래 릴레이하기	• 김건모의 'My Son' • 동요 '돌과 물', '동물농장'
	2	난파선 구조	직업가치관 탐색	• 심상 떠올리기 • 개인 순위 매기기 • 팀 순위 매기기 • 발표하기 • 심상 떠올리기	• 류이치 사카모토의 'Rain' • 그리그의 '아침의 기분'
	3	생각 버리기	직업가치관 탐색	• 노래 부르고 가사 분석하기 • 덜 중요한 가치관 버리기 • 이야기 나누기	• god의 '길'
발견	4	특별한 사람	강점 찾기	• 한 사람씩 돌아가며 장점 세례 해주기 • 한 사람씩 노래 불러 주기	• 창작곡 '특별한 사람'
	5	직업 월드컵	직업 탐색	• 노래 부르기 • 토너먼트로 직업 선택하기 • 이야기 나누기	• 크라잉 넛의 '오 필승 코리아'

발달	6	2033
		타임머신
			진로탐색	• 심상 떠올리기
				• 장래의 하루를 정해 하루생활
				  구체적으로 떠올리기
				• 긍정적이고 흡족한 미래상으로 수정하기
				• 자성예언하기
					• 여행스케치의 '산다는 건
					  다 그런 게 아니겠니'
					• 효과음 '천사의 등장'

	7	거위의 꿈	자기 성찰	• 노래 부르기 • 가사 토의하기 • '○○의 꿈' 나누기	• 인순이의 '거위의 꿈'
	8	꿈의 명함	진로선택	• 노래 부르고 가사 분석하기 • 명함 만들기 • 명함 나누기	• 처진 달팽이의 '말하는 대로'

(4) 영화치료를 활용한 진로프로그램

영화는 중고등학생들에게 재미, 감동과 함께 간접 경험의 기회와 정보를 제공한다. 영화 속 등장인물의 직업과 그 직업 이미지가 학생들의 가치관과 진로설계에 영향을 끼칠 수 있다.

한수선(2015)은 영화를 활용한 진로 집단상담 프로그램을 중학교 2학년 여학생 12명에게 실시하였다. 연구자는 기존의 영화를 활용한 진로 집단상담 프로그램들을 분석하여 중학생에게 적합하도록 재구성하였다. '도입 → 자기이해 → 진로탐색 → 목표설정 및 진로준비행동 → 마무리'의 5단계로 90분씩 총 8회기 프로그램을 구성하였다.

'쿵푸 팬더', '글러브', '스윙걸즈', '악마는 프라다를 입는다', '스텝업1', '업(up)' 등 6편의 영화를 필요한 부분만 선택하여 약 20분 정도 감상하고 활용하였다. 그 결과, 중학생의 자아정체감과 진로태도성숙도를 향상시키는 데 효과적이었다.

정연우(2013)는 영화를 활용한 진로상담 프로그램을 개발하여 중학교 2학년 학생 15명(남학생 5명, 여학생 10명)에게 적용하였다. '들어가기 → 자기이해 → 직업이해 → 진로의사결정 → 진로확신 → 마무리'의 단계로 프로그램을 구성하고, '키드', '쿵푸 팬더', '악마는 프라다를 입는다', '제리 맥과이어', '루키', '크림슨타이드', '죽은 시인의 사회', '옥토버 스카이', '세 얼간이들' 등 영화 9편을 프로그램에 활용하였다. 매주 1회 90분씩 10회기에 걸쳐 진행한 결과, 이 프로그램은 중학생의 진로자기효능감과 진로성숙도에 효과적이었다. 참여자가 영화를 시청하며 구조화된 활동지를 해결함으로써 자기이해, 정보탐색, 진로결정에 대한 자신감 등이 높아졌으며 미래에 대한 긍정적 사고능력 및 합리적 의사결정능력이 향상되었기 때문이라고 연구자는 해석했다.

(5) 예술치료를 활용한 진로프로그램

이주연(2016)은 무용/동작치료, 미술치료, 음악치료, 푸드표현 예술치료 등 다양한 예술치료를 활용하여 진로집단 통합예술심리치료 프로그램을 구성하였다. 50분 프로그램을 2회기씩 묶어 총 12회기를 대안학교 고등학생 12명(남학생 6명, 여학생 6명)에게 실시하였다. 이 프로그램은 대안학교 학생의 자아존중감, 우울감, 진로결정 자기효능감, 만족감을 향상시키는 데 효과가 있는 것으로 나타났다.

윤지온(2014)은 중학교 1학년 8명에게 진로결정 자기효능감 증진을 위한 예술치료 프로그램을 실시하였다. 주 2회 50분씩 총 18회기를 실시하였다. 프로그램의 일부를 살펴보면, 표 12-16과 같다. 표 12-16에서 알 수 있듯이 다양한 예술치료를 활용하여 활동요소를 구성하였다. 질적분석을 위하여 PPAT 그림검사를 실시하여 비교분석하였다. 그 결과, 예술치료 프로그램이 중학생의 진로결정 자기효능감에 긍정적 영향을 미친 것으로 나타났다.

표 12-16 진로결정 자기효능감 증진을 위한 예술치료 프로그램의 일부(윤지온, 2014)

단계	회기	주제	활동요소[4]
직업유형 탐색 및 직업탐색	3	치료적 노래 부르기	컬러다이어리, 자기 모습 발견, 자신의 장점 이미지 노래 만들어 부르기
	4	난화 상호 이야기	컬러다이어리, 직업카드 퀴즈놀이, 직업카드를 활용한 생애진로 보드게임, 긍정 상황과 부정 상황 이야기 나누기, 발표 후 느낌 나누기
	5	이미지 연상하기 (9분할법)	컬러다이어리, 희망 직업 연상 후 이미지 찾아 테두리 안에 그려 넣기(9분할법), 자신이 지키고 싶은 것을 나누어 표현하기, 발표 후 느낌 나누기
내면 탐색	6	자신 PR하기	컬러다이어리, 자신을 홍보하는 개사 노래 부르기, 자신의 진로와 관계되는 것을 사탕이나 초콜릿으로 표현하기, 발표 후 느낌 나누기
	7	소조 만들기	컬러다이어리, 과거 부정적 감정과 연결하여 뻥튀기로 분노 표출하기, 눈을 뜨고 확인해서 재창조하기, 작품 보고 느낌 나누기
	8	신체활동(콜라주)	컬러다이어리, 가장 힘들었던 일 생각하며 부정적 감정이 없어질 때까지 신문지 찢기, 전지에 자신의 성공한 모습을 콜라주로 표현, 발표 후 느낌 나누기
	9	역할극(웅덩이)	컬러다이어리, 학교생활 중 매우 어려운 상황일 때는 언제이며 어떻게 대처하는지?, U자 모양의 웅덩이 속의 자신을 그리고 자신을 도와줄 사람을 떠올리며 역할극하기, 소감 나누기
	10	명화 따라 그리기	컬러다이어리, 화가 작품 중 마음에 와닿는 작품을 선택하여 모사하기, 발표 후 느낌 나누기
	11	인형극	컬러다이어리, 진로 멘토를 찾아보고 가상현실을 핫바 인형으로 역할극하기, 소감 나누기

---

4   예술치료 프로그램 회기별 내용(윤지온, 2014)을 참조하여 요약 정리함.

연구과제

1. SC⁺EP을 활용하여 학교 단위 진로진학지도 프로그램을 기획해 보자.

2. 학급 단위 진로진학지도 프로그램 10회기를 구성해 보자.

3. 소집단 단위로 운영된 진로진학지도 프로그램의 사례 중 하나를 들어 프로그램 개발 이론에 맞춰 분석해 보자.

참고문헌

강국원(2012). 미술교과에서 자신의 미래표현 활동이 진로성숙도, 자아존중감 및 진로자기효능감에 미치는 영향. 경남대학교 교육대학원 석사학위 논문.

강보라(2014). 진로독서지도를 통한 전기문 쓰기가 중학생의 진로성숙도와 쓰기 효능감에 미치는 영향. 한국교원대학교 교육대학원 석사학위 논문.

고지연(2015). 토론을 활용한 진로프로그램이 고등학교 동아리 학생의 진로성숙도에 미치는 영향. 인천대학교 교육대학원 석사학위 논문.

교육부(2012). 중등 국어 교과 통합 진로교육 교수 · 학습지도안. 서울: 교육부.

김상수(2016). 요구조사에 기반한 진로개발역량 중심 진로독서 프로그램 구성 방안 연구. 한국교원대학교 교육대학원 석사학위 논문.

김성오(2012). 전기문 읽기 워크숍 활동이 진로성숙도 향상에 미치는 효과. 한국교원대학교 대학원 석사학위 논문.

김세란(2011). 자아탐색프로그램이 부적응 고등학생의 자아존중감에 미치는 효과. 제주대학교 교육대학원 석사학위 논문.

김소연(2016). 미술과 중심의 자유학기제 학생 선택프로그램이 학습자의 자아정체감과 자기효능감에 미치는 영향. 이화여자대학교 교육대학원 석사학위 논문.

김시현(2013). 인지행동 미술치료 프로그램이 특성화 고등학교 학생의 진로의식성숙에 미치는 효과. 대구한의대학교 대학원 석사학위 논문.

김윤정(2015). 생애 단계별 진로교육을 통한 진로탐색 미술 프로그램 개발 연구: 중학생을 대상으로. 경희대학교 교육대학원 석사학위 논문.

김은실(2016). 직업체험을 활용한 진로탐색프로그램이 중학생의 진로성숙도와 직업가치관에 미치는 효과. 서강대학교 교육대학원 석사학위 논문.

김지율(2016). 다중지능이론에 기초한 진로독서 활동이 진로정체감 형성에 미치는 효과. 공주대학교 교육대학원 석사학위 논문.

김지은(2014). 자기 선택적 진로독서프로그램이 특성화 고등학교 학생들의 읽기 동기에 미치는 영향 연구. 한국교원대학교 교육대학원 석사학위 논문.

김혜나(2014). 전문계 고등학생의 학습된 무기력과 진로태도성숙을 위한 집단미술치료 : 인지행동을 중심으로. 명지대학교 사회교육대학원 석사학위 논문.

김화정(2015). 노래 중심 음악치료가 고등학생의 진로성숙도에 미치는 영향. 고신대학교 교회음악대학원 석사학위 논문.

남궁유빈(2014). 청소년의 진로탐색능력 신장을 위한 미술교육 프로그램 개발. 한양대학교 교육대학원 석사학위 논문.

대정고등학교(2015). 학교진로교육프로그램(SC⁺EP) 적용을 통한 진로개발역량 신장. 2015 연구학교 운영 보고서.

덕산중학교(2015). 맞춤형 학교진로교육프로그램(SC⁺EP) 적용을 통한 진로목표성취도 신장. 2015 연구학교 운영 보고서.

명창순(2016). 중학생의 진로탐색과정에서 자아정체감 형성을 돕는 독서치료프로그램 개발. 공주대학교 대학원 박사학위 논문.

박상철(2013). 진로집단상담이 학교부적응 학생의 진로성숙도와 학교적응력 향상에 미치는 효과. 공주대학교 교육대학원 석사학위 논문.

박세화(2015). 직업흥미 기반 진로독서 프로그램이 진로성숙도와 독서태도에 미친 영향. 가톨릭대학교 교육대학원 석사학위 논문.

박진아(2013). 역량강화 모델에 기초한 음악치료 집단상담 프로그램이 중학교 특수학급 학생의 진로성숙도에 미치는 영향. 성신여자대학교 일반대학원 석사학위 논문.

빈윤경(2015). 포트폴리오를 활용한 진로교육프로그램이 여중생의 진로성숙도와 진로결정 자기효능감에 미치는 효과. 부산대학교 교육대학원 석사학위 논문.

손지현(2016). 자유학기제 음악프로그램이 중학생의 진로성숙도에 미치는 영향. 이화여자대학교 교육대학원 석사학위 논문.

송한나(2016). 자유학기제의 효율적 운영을 위한 제안: '음악과 진로'동아리 프로그램 개발. 전남대학교 교육대학원 석사학위 논문.

신봉인(2014). 집단미술치료가 청소년의 자아존중감, 자기효능감 및 진로태도성숙에 미치는 영향. 서울여자대학교 특수치료전문대학원 석사학위 논문.

신임선(2012). 커리어포트폴리오형 및 수업중심형 진로탐색 프로그램이 중학생의 진로성숙도와 진로정체감에 미치는 효과. 경북대학교 교육대학원 석사학위 논문.

신혜란(2013). 집단미술치료가 중학생의 자기효능감과 진로의식성숙에 미치는 효과. 영남대학교 환경보건대학원 석사학위 논문.

양혜정(2012). 커리어넷을 활용한 진로지도프로그램이 고등학생의 진로의사결정능력과 진로성숙도에 미치는 효과. 충남대학교 교육대학원 석사학위 논문.

오은연(2014). 직업체험을 활용한 진로프로그램이 중학생의 진로정체감과 직업가치관에 미치는 영향. 숙명여자대학교 교육대학원 석사학위 논문.

윤지온(2014). 예술치료프로그램이 중학생의 진로결정 자기효능감에 미치는 효과. 대구한의대학교 대학원 석사학위 논문.

이명희(2013). 수능 직전 고3 학생을 위한 진로저널 프로그램에 관한 실행연구. 한국기술교육대학교 테크노인력개발전문대학원 박사학위 논문.

이윤규(2014). 진로탐색 집단상담 프로그램이 부적응 학생의 진로결정 자기효능감, 학교생활 부적응행동에 미치는 효과 : 전문계 고등학교 학생을 대상으로. 한세대학교 치료상담대학원 교육대학원 석사학위 논문.

이정연(2013). 학급단위 진로지도 프로그램이 인문계 고등학생의 진로성숙도와 학습동기에 미치는 효과. 경희대학교 교육대학원 석사학위 논문.

이주연(2016). 진로집단 통합예술심리치료 프로그램이 청소년의 심리.정서적 발달의 진로결정효능감에 미치는 영향: 대안학교 중심으로. 건국대학교 행정대학원 석사학위 논문.

인천연송고등학교(2015). SC⁺EP(학교진로교육프로그램) 적용을 통한 자기주도적 진로 디자인 능력 신장. 2015 연구학교 운영 보고서.

인천효성중학교(2015). 샛별 SC⁺EP을 적용한 자기주도적 진로탐색 역량 개발. 2015 연구학교 운영 보고서.

임다예(2013). 진로카드를 활용한 학급단위 진로지도프로그램이 일반계 고등학생의 진로성숙도에 미치는 효과. 숙명여자대학교 교육대학원 석사학위 논문.

잠신고등학교(2015). 학교진로교육프로그램(SC⁺EP)의 학습자 주도형 모델 개발 및 적용을 통한 진로 개발역량 강화. 2015 연구학교 운영 보고서.

정연우(2013). 영화 활용 진로상담 프로그램이 중학생의 진로자기효능감 및 진로성숙도에 미치는 효과. 국민대학교 교육대학원 석사학위 논문.

정지영(2016). 국어 교과 통합 진로교육 프로그램이 중학생의 진로결정효능감, 진로성숙도에 미치는 효과. 이화여자대학교 교육대학원 석사학위 논문.

제주중앙여자중학교(2015). SC⁺EP 적용을 통한 창의적 진로개발역량 향상. 2015 연구학교 운영 보고서.

조성심(2011). 학교부적응 중학생을 위한 생태체계 관점의 진로탐색 프로그램 개발. 평택대학교 대학원 박사학위 논문.

주례여자중학교(2015). 학교진로교육프로그램(SC⁺EP)을 활용한 '스토리가 있는 나만의 드림 프로젝트'. 2015 연구학교 운영 보고서.

최한나(2016). 중학교 미술수업에서의 진로탐색 지도방안. 숙명여자대학교 교육대학원 석사학위 논문.

한수선(2015). 영화를 활용한 진로집단상담 프로그램이 중학생의 자아정체감과 진로태도성숙도에 미치는 영향. 경성대학교 교육대학원 석사학위 논문.

함선규(2015). 이야기치료를 활용한 진로집단상담프로그램이 일반계고등학교 학생의 진로정체감에 미치는 효과. 평택대학교 상담대학원 석사학위 논문.

홍효주(2016). 청소년을 대상으로 한 집단 미술치료 국내 연구 동향: 2010년-2015년 발표논문을 중심으로. 명지대학교 사회교육대학원 석사학위 논문.

Adams, K.(2006). 저널치료(*Journal to the self*). (강은주, 이봉희 공역). 서울: 학지사(원전은 1990에 출간).

Adams, K.(2006). 저널치료의 실제(*The Way of the journal: A journal therapy workbook for healing* (2nd ed.)). (강은주, 이봉희, 이영식 공역). 서울: 학지사(원전은 1998에 출간).

Baumeister, R., & Vohs, K. D. (2002). The pursuit of meaningfullness in life, In C. R. Snyder & S. J. Lopez (Eds.), *Handbook of positive psychology*(pp. 608-618). Oxford: Oxford University Press.

커리어넷 학교 진로교육 프로그램 SCEP http://scep.career.go.kr/scep.do

학술연구정보서비스 http://www.riss.kr

찾아보기

저자 소개

선혜연
서울대학교 교육학과 학사, 석사 및 박사(교육상담)
(전) 건양대학교 심리상담치료학과 교수
(전) 한국기술교육대학교 대우교수
(전) 서울대학교 대학생활문화원 학생상담센터 상담연구원
한국교원대학교 교육학과(상담심리) 교수, KNUE심리상담센터장
한국상담학회 학교상담학회 중등상담위원장, 한국상담학회 생애개발상담학회 이사,
한국진로교육학회 교재편찬위원장
상담심리사 1급, 정신건강증진상담사 1급, 한국영상영화심리상담사 1급

이제경
서울대학교 교육학과 석사 및 박사(교육상담)
(전) 서울대학교 경력개발센터 전문위원
(전) 미네소타대학교 교육심리학과 객원연구원
(전) 서울대학교 교육학과 초빙교수
한국기술교육대학교 교수, 상담·진로개발센터장
한국잡월드 이사, 한국상담학회 생애개발상담학회, 아동청소년상담학회 이사,
대전충남상담학회 이사

이자명
서울대학교 교육학과 석사 및 박사(교육상담)
(전) 한국기술대학교 테크노인력개발대학원 진로 및 직업상담 전공 대우교수
(전) 세종대학교 학생생활상담소 전임상담원
명지대학교 교육대학원 상담교육전공 조교수
한국상담학회 생애개발상담학회 총무이사, 한국상담학회 중독상담학회 프로그램개발이사,
한국심리유형학회 학술위원장
청소년상담사 1급, 한국영상영화심리상담사 1급

이명희

인하대학교 대학원 교육학 석사, 가톨릭대학교 대학원 상담심리학 석사,

한국기술교육대학교 대학원 상담학 박사(진로 및 직업 상담)

(전) 중고등학교 국어교사

샘상담교육연구소 소장

전문상담교사 1급, 학교상담전문가 1급, 한국에니어그램 전문강사,

한국에니어그램 진로상담전문가, 학습클리닉 전문강사